《肉羊标准化生态养殖与保健新技术》
编委会

著　杨鸿斌（吴忠市红寺堡区畜牧兽医技术推广服务中心　高级畜牧师）

刘维平（银川市畜牧技术推广服务中心　高级畜牧师）

副　著　张桂杰（宁夏大学　教授、博士生导师）

李世满（吴忠市红寺堡区畜牧兽医技术推广服务中心　高级兽医师）

周　颖（宁夏农业学校　高级畜牧师）

编写人员　卜建华（宁夏农垦农林牧技术推广服务中心　高级畜牧师）

赵亚国（宁夏同心县畜牧技术推广服务中心　高级畜牧师）

杨　刚（宁夏职业技术学院　博士　副教授）

魏小平（宁夏吴忠市红寺堡区农业农村局　高级畜牧师）

李应科（宁夏吴忠市红寺堡区农业农村局　高级畜牧师）

王万峰（宁夏吴忠市红寺堡区新庄集乡畜牧兽医站　高级兽医师）

施兴梅（宁夏吴忠市红寺堡区畜牧兽医技术推广服务中心　畜牧师）

杜　龙（宁夏吴忠市红寺堡区太阳山镇畜牧兽医站）

廖萌萌（宁夏吴忠市红寺堡区大河乡畜牧兽医站）

肉羊

标准化生态养殖与保健新技术

杨鸿斌 刘维平 著

黄河出版传媒集团

阳光出版社

图书在版编目（CIP）数据

肉羊标准化生态养殖与保健新技术 / 杨鸿斌，刘维平著. -- 银川：阳光出版社，2021.12
ISBN 978-7-5525-6217-0

Ⅰ.①肉… Ⅱ.①杨… ②刘… Ⅲ.①肉用羊－生态养殖－标准化 Ⅳ.①S826.9-65

中国版本图书馆CIP数据核字(2021)第267160号

肉羊标准化生态养殖与保健新技术　　　　　　　　　　　杨鸿斌　刘维平　著

责任编辑　马　晖
封面设计　赵　倩
责任印制　岳建宁

出 版 人　薛文斌
地　　址　宁夏银川市北京东路139号出版大厦（750001）
网　　址　http://www.ygchbs.com
网上书店　http://shop129132959.taobao.com
电子信箱　yangguangchubanshe@163.com
邮购电话　0951-5014139
经　　销　全国新华书店
印刷装订　宁夏银报智能印刷科技有限公司
印刷委托书号　（宁）0022476

开　　本　787 mm×1092 mm　1/16
印　　张　21.5
字　　数　280千字
版　　次　2021年12月第1版
印　　次　2021年12月第1次印刷
书　　号　ISBN 978-7-5525-6217-0
定　　价　58.00元

前　言

肉羊标准化生态养殖与保健新技术是以指导肉羊生态养殖为手段，以保护羊只健康、保护消费者健康、保护生态相对安全为根本，以生产营养安全、质量可靠的畜产品为目的，对资源进行良性开发利用，实现经济效益、社会效益和生态效益的高度有机统一，形成可持续的生产模式，是现代肉羊高质量发展的主要方式和有效途径之一。全书按照肉羊标准化生态养殖过程的先后顺序分为：生态羊场的规划与建设、饲草料加工与调制、品种与繁殖、生态养殖、生态保健、疾病诊断和常见病防治技术等七章三十八节内容。本书是在参阅大量文献资料，吸收、引用和借鉴畜牧兽医学者对肉羊生产的研究成果的基础上，归纳总结笔者多年生产实践中的具体经验和做法而完成的。力求内容全面、论述简练、深入浅出、通俗易懂，旨在将基础理论和生产实践有机结合，目的是为肉羊标准化生态养殖提供技术指导、理论参考和经验交流。本书可供肉羊生产管理人员、畜牧兽医技术人员和广大农村肉羊养殖户参考，也可作为基层动物防疫人员和新型职业农民的培训教材。

本书主编杨鸿斌、刘维平，副主编张桂杰、李世满、周颖，卜建华、赵亚国、杨刚、魏小平、李应科、王万峰、施兴梅、杜龙、廖萌萌等共同参与了该书的编写工作，全书的整体框架设计和统稿工作由杨鸿斌负责。

　　本书在编辑出版过程中，得到畜牧兽医界前辈、专家、教授和吴忠市红寺堡区农业农村局领导的大力支持和帮助，在此表示衷心感谢。因学识水平和时间所限，漏误之处在所难免，敬请同行专家批评指正！

编著者

2021年5月

目　录

第一章　生态羊场的规划与建设

"生态"一词从广义上来讲，是指生物在一定的自然环境下生存和发展的状态，包括自然生态和社会生态两个方面。肉羊的生产既离不开自然生态因素，也离不开社会生态因素。自然生态因素是羊生存的必需因素，也是唯一因素，没有自然生态因素，肉羊就难以具备生存的条件；社会生态因素是肉羊生产的目的和意义所在，也就是说肉羊生产的价值只有在社会生态因素中才能得到充分的体现。从传统养殖方式来说，羊的生态养殖是以放牧为主的肉羊生产，但因肉羊饲养量的增加和过度放牧导致大面积草（原）地植被和生态环境的破坏。进入21世纪以来，特别是中国加入WTO以来，对肉羊产品质量要求越来越高，对生态环境的保护也越来越重视，生态养殖技术逐步得到肉羊养殖户的认可，从而得到进一步推广。而本章的生态羊场建设，其实质是为肉羊生产活动提供舒适、安全，符合其自然生长规律，对自然环境不会造成过度破坏或影响的场所。社会生态因素包括政治因素、经济因素、历史因素、文化因素和民俗习惯等，这些社会生态因素共同构成了复杂的肉羊生存环境。所以生态羊场的建设需要考虑方方面面的因素，做到自然生态和社会生态的和谐统一，实现肉羊养殖质量最优效益最大。

第一节　生态羊场建设环境要求

羊的生活习性决定了羊场建设的环境要求。羊的食谱范围广泛，对各种自然环境具有极强的适应性。也就是说，只要有草有水它就可以生存。随着人们生活条件的改善，对物质生活的高质量追求和膳食营养健康的需要，传统的肉羊养殖已经远远不能满足畜牧业经济发展的需要，必须转变生产方式，按照肉羊标准化生态养殖的要求发展肉羊产业，这对肉羊养殖提出了较高的要求。标准化生态养殖对生产环境特别是场址的选择有严格的要求。羊场选址位置的合理确定是有效预防工业有害气体对羊场的污染和解决肉羊场有害气体对人类环境污染的关键。场址应选择在城市的郊区、郊县，远离工业区、人口密集区，尤其是医院、动物产品加工厂、垃圾场等污染源。

一、生态羊场的空间布局

肉羊场根据空间布局由外向内可分为缓冲区、场区、舍区3个部分。沿羊场场院向外小于500 m范围的区域为缓冲区；羊场围栏或院墙以内，羊舍以外的区域为场区；肉羊直接生活的环境区即羊舍叫作舍区。生态肉羊场的建设对环境质量具有较高的要求，在生态羊场的建设中，在不同空间布局的区域内，其对环境质量特别是空气质量的要求也不相同。总体来说，由外向内对环境的质量要求呈渐高趋势。

二、生态羊场对环境因素的质量要求

（一）空气质量要求

生态肉羊场各区中对空气环境的质量要求各不相同，总体应符合国家标准（NY/T 388—1999）。具体标准值参考表1-1。

表1-1　畜禽场空气环境质量

序号	项目	单位	缓冲区	场区	舍区
1	氨气	g/m^3	2	5	20
2	硫化氢	g/m^3	1	2	8
3	二氧化碳	g/m^3	380	750	1 500
4	PM10	g/m^3	0.5	1	2

序号	项目	单位	缓冲区	场区	舍区
5	TSP（总悬浮颗粒物）	g/m³	1	2	4
6	恶臭	稀释倍数	40	50	70

（二）舍区气候环境质量要求

舍区是羊只直接生活的场所，气候环境质量的好坏直接影响着羊的生长发育和生产潜力的发挥。生产实践证明：家畜适宜的生态环境温度是8~20℃，在这个温度范围内各种草食家畜的增膘速度最快，气温每下降1℃，家畜表观消化率降低0.4%，所以温度对家畜生产性能（生长速度、产奶量）影响非常大，温度越低家畜采食量将会增加，生产性能就会下降。羊舍小气候生态环境质量标准指标详见表1-2。

表 1-2　舍区生态环境质量指标

序号	项目	单位	羊
1	温度	℃	10~15
2	相对湿度	%	80
3	换气量	m³/（只·h）	3~18
4	光照	lx	30~50
5	细菌	个/m³	20 000
6	噪声	dB	65~75
7	粪便清理	次/d	1

（三）饮用水质量要求

水是生命之源，无论何种方式进行肉羊生产，饮用水的质量必须符合城乡居民饮用水质标准。标准化生态羊场饮用水的质量标准见表1-3。

表 1-3　畜禽饮用水质量标准

序号	项目	单位	自备井	地面水	自来水
1	大肠杆菌菌群	个 / L	3	3	不得检出
2	细菌总数	个 / L	100	200	≤ 80
3	pH	—	5.5~8.5	6.8~8.5	6.5~8.5
4	总硬度	Mg / L	600	—	450 mg/L
5	溶解性总固体（$CaCO_3$ 计）	Mg / L	2 000	—	450 mg/L
6	铅	Mg / L	≤ 0.05	—	0.20 mg/L
7	铬（六价）	Mg / L	≤ 0.05	—	0.05 mg/L
8	砷	Mg / L	≤ 0.05	—	0.05 mg/L
9	氰化物	Mg / L	≤ 0.05	—	1.00 mg/L
10	氟化物（以 F 计）	Mg / L	≤ 1.0	—	1.00 mg/L
11	氯化物（以 CL 计）	Mg / L	≤ 250	—	1.00 mg/L

（四）土壤质量要求

生态羊场的土壤质量应该是无污染，透气性强、毛细管作用弱、吸湿性和导热性小，质地均匀、抗压性强的砂壤土为主。同时多以地势高燥、地下水位在2 m 以下的地段最好。

（五）噪声质量要求

羊生性胆小，对噪声特别敏感。在饲养过程中，噪声对羊的增重有一定影响，据报道75~100 dB 的噪声，可使绵羊的日增重和饲料利用率下降。90 dB 噪声可降低绵羊的甲状腺功能，当羊受到100 dB 的噪声时，心跳加快，饲料利用率下降，90~100 dB 的噪声初期绵羊的反刍停止。可见噪声对肉羊生态养殖影响不小，在进行生态羊场建设中，必须避开道路主干道，尽量选择在安静的地方进行肉羊生产。

三、肉羊场对环境的污染

环境质量会影响肉羊生产，相反，肉羊养殖场也会造成环境的污染。养殖场对环境的污染包括养殖场产生的有毒有害气体、粉尘、病原微生物、噪声、未被动物消化吸收的有机物、矿物质等，如果羊场废弃物处理不当，均会对大气、水体、土壤造成污染。生产中，保持粪床或沟内有良好的排水与通风，使排出的粪便及时干燥，则可大大减少舍内氨和硫化氢等的产生。应用微生态制剂、沸石、膨润土、海泡石、蛭石和硅藻土等添加剂处理羊的粪便可减少羊舍臭气、污染物数量。

（一）对大气的污染

养殖场产生的有毒有害气体、粉尘、病原微生物等排入大气后，可随大气扩散和传播。当这些物质的排出量超过大气环境的承受力（自净能力）时，将对人和动物造成危害。集约化肉羊场以舍饲为主，肉羊起居和排泄粪尿都在肉羊舍内，产生的有害气体和恶臭，往往造成舍内外空气污染，主要表现在空气中二氧化碳、水汽等增多，氮气、氧气减少，并出现许多有毒有害成分，如氨气、硫化氢、一氧化碳、甲烷、酰胺、硫醇、甲胺、乙胺、乙醇、丙酮、2-丁酮、丁二酮、粪臭素和吲哚等。舍内有害气体的气味可刺激人的嗅觉，产生厌恶感，故又称为恶臭或恶臭物质，但恶臭物质除了羊只粪尿、垫料和饲料等分解产生的有害气体外，还包括皮脂腺和汗腺的分泌物、羊体的外激素以及黏附在体表的污物等，羊呼出二氧化碳也会散发出难闻的气味。

肉羊采食的饲料消化吸收后进入后段肠道（结肠和直肠），未被消化的部分被微生物发酵，分解产生多种臭气成分，具有一定的臭味。粪便排出体外后，粪便中原有的和外来的微生物和酶继续分解其中的有机物，生成的某些中间产物或终产物形成有害气体和恶臭，一般来说臭气浓度与粪便氮、磷酸盐含量成正比。有害气体的主要成分是硫化氢、有机酸、酚、醛、醇、酮、酯、盐基性物质、杂环化合物、碳氢化合物等。

（二）对水体的污染

养殖场对水体的污染主要是有机物污染、微生物污染、有毒有害物污染。有机物污染主要是养殖场粪污中含有的碳氢化合物，含氮、磷有机物和未被消化的营养物质排放进入自然水体后，可使水体固体悬浮物（SS）、化学需氧量（COD）、生化需氧量（BOD）升高。当超量的有机物进入水体后，超过其自净能力时，水质便会恶化。有机物被水中的微生物降解，为水生生物提供了丰富的营养，水生生物（主要是藻类）大量滋生，产生一些毒素并消耗水中大量的溶氧（DO），最后溶氧耗尽，水中生物大量死亡。此时因缺氧，水中的有机物（包括水生生物尸体）降解转为厌氧腐解，使水变黑变臭，水体"富营养化"，这种水体很难再净化和恢复生机。

（三）对土壤的污染

养殖场粪污不经无害化处理直接进（施）入土壤，粪污中的有机物被土壤中的微生物分解，一部分被植物利用，一部分被微生物降解为二氧化碳（CO_2）和水（H_2O），使土壤得到净化或改良。但粪污进（施）入量超过了土壤的自净能力，便会出现不完全降解或厌氧腐解，产生恶臭物质和亚硝酸盐等有害物质，引起土壤成分和性状改变，破坏了土壤的基本功能。另外，粪污中的一些矿物质（如铜、锌、铁）及微生物会随同粪污一同进入土壤，引起土壤中相应的物质含量异常高（营养富集），不仅对土壤本身结构造成破坏或改变，而且还会影响人和动物的健康。

所以，在羊场的建设中，不仅要考虑环境对羊场的影响，同时也要想方设法减少肉羊生产对环境的影响。

第二节　羊场建设布局要求

肉羊标准化生态养殖场的建设应本着投资小、占地少、用料省、利用率高、经济适用、无污染和便于防疫的原则进行规划布局。

一、场址选择
（一）符合法律法规要求
肉羊标准化生态养殖场的选址首先要遵循《中华人民共和国土地法》及相

关地方条例、法规和城乡统一规划、空间布局规划等，符合《中华人民共和国动物防疫法》《中华人民共和国畜牧法》及相关地方性畜牧法规要求，避开禁养区和污染区。不占或少占耕地，肉羊场的建设用地面积根据肉羊的种类、饲养管理方式、集约化程度和饲料供应情况等因素各不相同。此外，根据发展需要，应留有余地，一般建议每只肉羊按 20 m² 计算用地面积。

（二）符合条件便利要求

羊场建设中要求水电充足、水质良好、饲料来源方便，同时要远离居民区（远离居民区3 km 以上）和交通主要道（一般距离在1.0 km 以上）。在水源充方面，肉羊生产要有充足的符合人畜卫生标准要求的水源，保证生产生活及人畜饮水安全、充足。水质良好，不含毒物，确保人畜饮水安全、健康；在草料方面，肉羊饲养所需的饲草料特别是粗饲料需要量大，不宜运输。肉羊场应距秸秆、青贮和干草饲料资源场所较近，既可保证草料供应，也能减少运费开支，降低养殖成本。在交通方面，羊舍特别是育肥羊舍大多设在农区、半农半牧区，架子羊和大批饲草、饲料的购入及肥育羊和粪肥的销售等运输量很大，来往频繁，有些运输要求风雨无阻，因此，应建在交通便利的地方。

（三）符合地理环境要求

肉羊标准化生态养殖场应建在地势高燥、背风向阳、空气流通、地下水位较低（一般建议在 2 m 以下）、排水良好、土质坚实、地势平坦开阔或具有缓坡（北高南低）的地段。切不可建在地势低凹或风口处，以免排水困难、汛期积水及冬季防寒困难。建设羊场的土质以砂壤土为宜。土质松软，透水性强，雨水、尿液不易积聚，雨后没有硬结，有利于羊舍及运动场的清洁与卫生干燥，也能防止蹄病及其他疾病的发生。

（四）符合动物卫生防疫要求

羊场建设要远离交通主要道、村镇工厂1.0 km 以外，同时避开对肉羊场污染的屠宰、加工和工矿企业，特别是化工类企业，周围3 km，以内无污染源。符合兽医卫生和环境卫生的要求，羊场周围有围墙或防疫沟，并建立绿化隔离带。

二、建设布局

羊场建设布局既要有利于肉羊的饲养管理，又要便于卫生防疫，做到因地制宜、统筹兼顾、合理布局。

（一）布局原则

1. 防疫原则

羊场建设要符合《中华人民共和国动物防疫法》及相关地方动物防疫管理条例，各区之间应保持一定的距离，既符合人畜保健要求和卫生防疫条件又便于与市场建立联系。结合地势和主风向进行合理分区。

2. 节约原则

羊场建设要明确目标、任务，在满足生产要求的前提下，做到节约用地，不占或少占耕地。因地制宜，减少投资，降低前期投资成本。

3. 环保原则

羊场生产做好粪尿和污水的无害化处理与综合有效利用，防止畜禽粪便污染水源、土壤等。

4. 发展原则

羊场建设布局中，对生产区规划既要考虑当下又要为今后的发展留有余地。

（二）功能区划分

羊场的功能区一般分为生活区、管理区、生产区（包括养殖生产区和饲草料加工调制区、病羊隔离治疗区和无害化处理区五个部分。也是我们常说的五区划分法。

1. 生活区

生活区应设在羊场上风口和地势较高的地段，并于生产区保持100 m以上的距离。生活区的设置要因地势制宜，不可生搬硬套。生活区中包括职工宿舍、食堂、浴室及与职工生活相关的所有活动场所等。

2. 管理区

管理区应建在地势较高地段，位于羊场的上风向且便于出入，紧靠生活区，与生产区严格分开，距离保持在50 m以上。管理区的建设要科学合理，外来人员只能在管理区内活动，不经允许不得进入生产区。

3. 生产区

生产区是肉羊场的核心，包括生产车间和辅助生产车间（饲草料加工贮存车间）及附属设施，如门卫传达室、消毒室、更衣室、车辆消毒池等。

（1）生产车间　主要包括羊舍和运动场等，生产车间应设在场区地势相对较低且居于中心位置，便于管理和缩短饲草料的运输距离，防止场外人员和车辆直接进入生产区。根据饲养数量的多少可修筑多栋羊舍，宜采取长轴平行配置，羊舍之间应保持科学的卫生间距和防火间距，舍与舍之间的距离不得小于羊舍高度或树木高度的2倍，最少不小于20 m是科学合理的，建造数栋羊舍，可并列设置，间隔处种植牧草树木进行绿化。

（2）辅助生产车间　主要包括饲料库、饲料加工调制车间、青贮池、干草棚、机械车辆库、采精室等。饲料加工调制车间一般靠近羊舍，以便于取用饲料，降低人工机械成本。青贮池应建在饲料加工车间附近，但又要有效防止污水渗入。干草棚应位于生产区的下风向，离房舍50 m以外，以利于防火。饲料调制车间宜与料库相邻，但又要防止噪声对羊造成不良影响。

（3）附属设施　主要包括门卫保安室、消毒室更衣室和车辆消毒池。一般生产区要用围栏或围墙与外界隔离，大门口设立门卫传达室，严禁非生产人员出入场区。出入生产区人员和车辆必须经过门口消毒室或消毒池进行严格消毒。

门卫保安室的建设。门卫保安室是为养殖场安保工作而建，通常和消毒更衣室规划建设在一起，室内设有来访登记、监控设施和保安人员休息床位及办公桌椅等，放置背负式电动消毒喷雾器和手持灭火器等。

消毒更衣室的建设。羊场的消毒更衣室通常设在养殖场生产区的大门口旁边，包括消毒室和更衣室两个部分，通常整体设计在一起，更衣室内配备相应员工的小格衣柜、鞋柜等，柜体必须安装好门锁便于员工自我管理自己的衣物。消毒室内设有消毒洗手池，墙壁或顶部安装紫外线灯管或感应式喷雾消毒设施，室内地面入口处应建设人工消毒池通道，以供人员出入场时消毒鞋底，其规格多与走道等宽，长度以人不能跃过消毒池即可，深度不少于5cm并铺设消毒垫或消毒毯，以供本场生产人员进场消毒或更衣。有条件的场可设立沐浴更衣室，供员工入场沐浴后换穿场内专用工作服和鞋。

门口车辆消毒池的建设。车辆消毒池建设不能太宽，通常与大门保持同宽，有2m左右即可，但长度必须是货车轮胎周长的2倍，池深以淹没车辆轮胎（橡胶部分）的2/3即可，也不能过深，在10~15cm之间。池底要保证不漏水，以免浪费消毒液，同时在池底最凹处设置放水阀门（修建消毒池时，在消毒池底侧安装一根ϕ40mm或ϕ60mm自来水管，另一端设置可开关水阀），以便更换消毒池内的消毒液。

4. 病羊隔离区

病羊隔离区主要包括兽医诊疗室和病羊隔离舍。此区设在羊场的下风口位置，与羊舍保持较远距离（建议距离100m或场区长度的1/10），并在四周设置人工隔离屏障和单独的出入口，防止疫病的传播和蔓延。有的场区可将兽医诊疗室设置生产区或办公区。

5. 无害化处理区

羊场无害化处理区主要包括粪尿处理，病畜诊疗废弃物处理等，病死羊一般以县域无害化处理场处理为主。羊场无害化处理区要远离生产、生活区，设在羊场下风向较低洼处，必须做到防水防渗。

三、场区绿化

生态羊场的建设，绿化尤为重要。羊场的绿化，主要目的是改善场区小气候、净化空气，起到良好的防疫、防火等作用。羊场绿化主要包括以下几方面。

（一）场界林带绿化

场界林带的绿化就是在场界周边种植一些乔木和灌木等混合树种形成林带，如大叶杨（北京杨及加拿大杨）、旱柳、垂柳以及常绿针树等，在我国北方地区的羊场，要加强场界北、西侧林带的建设，适当增加林带宽度（宽度达10m以上，一般至少应种5行），形成一种自然屏障起到防风阻沙的作用。

（二）场区隔离林带绿化

场区隔离林带主要是用来分隔场内各区及预防火灾为主，如在生产区、住宅及管理区的四周都应有这种隔离林带。一般可用北京杨、柳或大青杨（辽杨）、榆树等。两侧种植灌木1~2行（种植2~3行，总宽度为3~5 m），切实起到隔离和净化场区空气作用。

（三）场内外道路两旁绿化

场内外道路两旁绿化是在道路旁通过种植1~2行树木起到绿化作用，常用树冠整齐的乔木或亚乔木（如樱花、海棠、乔木等）以及某些树冠呈锥形、枝条开阔、整齐的树种，根据道路的宽窄选择树种的高矮。在靠近建筑物的采光地段，不应种植枝叶过密、过于高大的树种，以免影响羊舍的自然采光。

（四）运动场的遮阴林绿化

在运动场的南及西侧，通常种植1~2行树木作为遮阴林。树种一般可选枝叶开阔、生长势强、冬季落叶后枝条稀少的树种，如北京杨、加拿大杨、辽杨等。也可利用地锦（爬山虎）或葡萄树来达到同样目的。运动场内种植遮阴树时，可选用枝条开阔的果树类，以增加遮阴、观赏及经济价值，但必须采取保护措施，以防羊损坏树木。

第三节 羊舍建设规划设计

羊舍是羊直接生活的区域，其建设必须遵循建设原则、符合规划标准。一般选择在场区地势较高、干燥、避风向阳处建设。在长期的生产实践中，人们根据生产需要创造了多种类型的羊舍。总体来说，羊舍建设要因地制宜，就地取材，经济适用，既要便于管理，又能满足肉羊生长发育需求。

一、羊舍类型

根据羊舍的封闭程度，羊舍可分为封闭式羊舍、敞篷式羊舍和暖棚式羊舍3种类型。

（一）封闭式羊舍

封闭式羊舍是指四周均有墙壁，这种羊舍适合我国北方寒冷地区，有利于冬季防寒保暖。羊舍的朝向往往根据当地主风向来决定，在西北地区羊舍朝向一般是坐北向南偏西方向为宜。前后有窗，南面窗户大，利于采光，北面窗户小，便于保温。冬天舍内温度可以保持在10℃以上，夏天通过自然通风和风扇等措施进行降温。主风向和羊舍的长度决定开门的方向及位置，一般在南面中间开门，门前可设运动场。

（二）敞篷式羊舍

敞篷式羊舍的四周无墙壁，仅用围栏维护，顶部彩钢板搭建。这种羊舍只能克服或缓和某些不良环境因素的影响，如挡风、避雨雪、遮阳等，不能形成稳定的小气候。但由于结构简单、施工方便、造价低廉，被利用的越来越广泛。从使用效果来看，在我国中部和夏季北方等气候干燥的地区应用效果较好。但在炎热潮湿的南方应用效果并不好，因为全开放式羊舍是个开放系统，几乎无法防止辐射热，人为控制性和操作性不好，不能很好地强制通风换气，蚊蝇的防治效果差。

（三）暖棚式羊舍

暖棚式羊舍三面有墙，向阳一面敞开有棚顶，在敞开一侧设有围栏（墙），敞开部分在冬季可以遮住，形成封闭状态。单侧或三侧封闭墙上加装窗户，夏季开放能通风降温，冬季封闭窗户可保持舍内温度，使舍内小气候得到改善。这类相对封闭式羊舍，造价低，节省劳动力，但冬季防寒效果差。

这种类型的羊舍适用于南方，因为南方气温比较高，但是湿度大。这种结构有利于羊舍内水分挥发。到了寒冷的冬季可以用篷布将敞开一侧包裹起来。

近年来，北方地区通过"日光温室效应"的广泛应用，暖棚羊舍得到广泛的应用。在羊舍的东西北三面全砌"24"墙，向阳一面砌120 cm左右高的墙（半截墙），顶部为1/2~1/3的顶棚，向阳的一面在温暖季节露天开放，寒季在露天一面用竹片、钢管或PVC等材料做支架，上面覆单层或双层塑料（现在多用采光板），两层膜间留有间隙，使舍内呈封闭状态，借助太阳能和羊体自身散发热量，使羊舍温度升高，夜晚可在塑料上面覆盖保温被或草帘，起到保温作用。

暖棚羊舍建设应注意以下事项：

一是选择合适的朝向。塑膜暖棚羊舍北方地区需坐北朝南，南偏东或西角度最多不要超过15°，舍南至少10 m应无高大建筑物或树木遮蔽；

二是选择合适的塑料薄膜。应选择对太阳光透过率较高，而对地面长波辐射透过率较低的聚氯乙烯塑膜，其厚度以80~100 μm为宜；

三是合理设置通风换气口。棚舍的进气口应设在南墙，其距地面高度以略高于羊体高为宜，排气口应设在棚舍顶部的背风面，上设防风帽，排气口的面积以20 cm×20 cm为宜，进气口的面积是排气口面积的一半，每隔3 m设置一个排气口；

四是有适宜的棚舍入射角。棚舍的入射角应大于或等于当地冬至时的太阳高度角（一般北方冬至时的太阳高度角26.5°左右）；

五要注意塑膜坡度的设置。塑膜与地面的夹角应在55°~65°之间为宜。

二、建设要求

（一）羊舍方位要合理

羊舍位置的设置尽量做到冬暖夏凉。中国地处北纬20°~50°，羊舍朝向在全国范围内均以南向（即畜舍长轴与纬度平行）为好。南方夏季炎热，以适当向东偏转为好。从通风的角度讲，夏季需要羊舍有良好的通风，羊舍纵轴与夏季主导风向角度应该大于45°；冬季要求冷空气尽可能少的侵入，羊舍纵轴与主导风向角度应该小于45°。

（二）地面设计因地制宜

地面是羊运动、采食和排泄的地方，按建筑材料不同有土、砖、水泥和木质地面等。土地面造价低廉，但遇水易变烂，羊易得腐蹄病，只适合于干燥地区。砖地面和水泥地面较硬，对羊蹄发育不利，但便于清扫和消毒，应用最普遍。木质地面最好，但成本较高。

（三）保持适宜的温度和湿度

冬季产羔舍最低温度应保持在10℃以上，一般羊舍0℃以上，夏季舍温不应超过30℃。羊舍应保持干燥，地面不能太潮湿，空气相对湿度应低于70%。

（四）做好通风与换气

对于封闭式羊舍，必须具备良好的通风换气性能，能及时排出舍内污浊空气，保持舍内空气新鲜。

（五）做好采光与保温

采光面积通常是由羊舍的高度、跨度和窗户的大小来决定。在气温较低的地区，采光面积大有利于通过吸收阳光来提高舍内温度，而在气温较高的地区，过大的采光面积又不利于避暑降温。实际设计时，应按照既利于保温又便于通风的原则灵活掌握。窗户有效采光面积与舍内地面面积之比叫作采光系数，表示为1/X，一般采光系数越大，则采光效果越好。

（六）环保设施要求

随着人们环保意识的增强，特别是生态羊场的建设，环保设施设备的要求显得尤为重要。羊场建设中应重点考虑如何避免粪尿、垃圾、尸体及医用废弃物对周围环境及羊场的污染，特别是避免对水资源的污染，以避免有害微生物对人类健康的危害。一般说来，未经消毒的污水不能直接向河道里排放，场内应设有尸体和医用废弃物的焚烧炉。规划放牧场地时，还要避免对周围生态环境的破坏。

三、配套设备及相应参数

（一）羊舍面积及参数

羊舍及运动场面积应根据羊的品种、数量和饲养方式而定。面积过大，浪费土地和建筑材料，单位面积养羊的成本会升高；面积过小，不利于饲养管理和羊的健康。各类羊只所需羊舍面积各不相同，下面不同生产阶段的羊只建议圈舍面积如下：

成年种公羊为4.0~6.0 m²，产羔母羊为1.5~2.0 m²，断奶羔羊为0.2~0.4 m²，

其他羊为0.7～1.0 m²。产羔舍按基础母羊占地面积的20％～25％计算，运动场面积一般为羊舍面积的1.5~3.0倍。

（二）羊舍"三度"及参数

羊舍"三度"指的是羊舍的长度、跨（宽）度和高度，具体参数应根据羊舍建筑类型和面积确定。单坡式羊舍跨度一般为6.0～8.0 m，双坡单列式羊舍为8.0～10.0 m，双坡双列式羊舍为10.0～12.0 m；羊舍高度（檐口到地面的距离）一般为2.4～3.0 m，羊舍高度越高其舍内空间越大，越利于通风换气，但不利于冬季的保温。

（三）羊舍门窗设计及参数

羊舍门一般开在山墙上，若南侧有运动场则需开南门，北侧特殊情况才开门，一般不留门。羊舍的门一律向外开，门口不设台阶及门槛，一般设成斜坡，舍内与舍外的高度差30~40 cm。羊舍门的尺寸为：宽度2.5~3.0 m，高度2.0~2.4 m，对于机械化饲喂的羊舍其宽度和高度结合机械设备合理设置，保证机械运输畅通无阻。

羊舍窗户的大小与通风、采光密切相关。一般情况下，窗户的散热占羊舍总散热的25％~35％。在保证采光系数的前提下，尽量少设窗户。羊舍最适宜的采光系数为1/15，窗户距地面高一般在1.5 m以上。

（四）羊床设计及参数

羊床是羊躺卧和休息的地方。羊床表面要求平整便于清扫，保持洁净、干燥、不残留粪便。羊床面积大小可根据圈舍面积和羊的数量而定。羊床可分为普通羊床和漏粪地板羊床。普通羊床一般由三合土修筑或砖铺砌而成；漏粪地板羊床是由木条或竹板制作成，木条宽3.2 cm、厚3.6 cm，缝隙宽要略小于羊蹄的宽度（一般建议宽度1.3~1.5 cm），以免羊蹄漏下折断羊腿。漏粪地板羊床在南方地区因高温高湿而常用。商品漏缝地板是一种新型畜床材料，在国外已普遍采用，但国内目前价格较贵。

（五）羊舍墙体的建设

墙体对畜舍的保温与隔热起着重要作用。羊舍墙体一般多采用土、砖和石等材料。近年来，因科学技术的快速发展，许多新型建筑材料如金属铝板、钢构件和隔热材料等，已经用于各类畜舍建筑中，用这些材料建造的畜舍，不仅外形美观，性能好，而且造价也不比传统的砖瓦结构建筑高多少，是大型集约化羊场建设的发展方向。

（六）屋顶和天棚建设

羊舍屋顶应具备防雨和保温隔热功能。挡雨层可用陶瓦、石棉瓦、彩钢板和油毡等制作。在挡雨层的下面，应铺设保温隔热防火材料，常用的有玻璃丝、泡沫板和聚氨酯等保温材料。

（七）运动场的建设

运动场因羊舍类型不同其设计的方式也不相同。通常单列式羊舍应坐北朝南排列，所以运动场应设在羊舍的南面；双列式羊舍应南北向排列，运动场设在羊舍的东西两侧，以利于采光。运动场地面应低于羊舍地面，并向外稍有倾斜坡度，便于排水和保持干燥。

（八）围栏的建设

羊舍内和运动场四周均设有围栏，其功能是将不同大小、不同性别和不同类型的羊相互隔离开，并限制在一定的活动范围之内，利于提高生产效率和便于科学管理。围栏高度一般设1.5 m较为合适，材料可以是木栅栏、铁丝网、钢管等。对于山羊舍的围栏必须有足够的强度和牢度，与绵羊相比，山羊的顽皮性、好斗性和运动撞击力要大得多。

羊舍围栏可分为母仔栏、羔羊补饲栏、分群栏3种。

1. 母仔栏

母仔栏用两块高1 m，长1.2及1.5 m栅板铰链连接而成，活动木栏在羊舍角偶成直角展开，并将其固定于羊舍墙壁上，可围成母仔间，供一只母羊及其羔羊单独使用。产羔母羊群所需母仔栏的数量一般为母羊数的10%~15%。

2. 羔羊补饲栏

羔羊补饲栏用于给羔羊补饲，一般由木制或钢管制作，栏上设一个有圆形的小门，大羊不能入内，羔羊则可自由进入采食。

3. 分群栏

在进行羊只鉴定，分群栏有一条窄而长的通道，通道的宽度比羊体稍宽，绵羊在通道内只能成单行前进而不能回头。通道的长度6~8 m，在通道的两侧可视需要设置若干个小圈，圈门的宽度和通道等宽。

（九）食槽、水槽、草架设计

食槽和水槽尽可能设计在羊舍内部，以防雨水和冰冻。食槽可用水泥、铁皮等材料建造，深度一般为15 cm，不宜太深，底部应为圆弧形，四角也要用圆弧角，以便清洁打扫。水槽可用成品水泥槽或其他材料，底部应有放水孔。

1. 饲槽（料槽）

羊舍饲槽有固定式饲槽和移动式饲槽。具体可根据建场经济情况、生产需要而定。

固定式水泥槽。固定式水泥槽由砖、混凝土砌成。槽体高23 cm、宽23 cm、深14 cm，槽壁用水泥砂浆抹光，前面应有2~3根钢筋隔栏，防止羊跳入食槽内。槽长依羊只数量而定，一般大羊每只按30 cm，羔羊每只按20 cm。这种饲槽施工简便，造价低廉，是目前普通使用的一种羊槽。

移动式饲槽。移动式饲槽有木槽和铁槽。移动式木槽用厚木板钉成，制作简单，便于携带。长1.5~2.0 m，上宽35 cm，下宽30 cm；移动式铁槽用铁皮卷制而成，制作简单，便于携带，长宽大小和木槽一致。

自动化饲槽。自动化饲槽是现代肉羊养殖业发展的必然选择，随着科技的发展，为了实现科学精准饲喂，将会通过一羊一槽精准计量投喂，实现提质增效的目的。

2. 水槽

传统水槽有成品水泥槽或用其他材料制作而成的水槽，如 PVC 管制作的水槽、铁皮卷制而成的水槽，底部设放水孔，便于及时清扫和将剩余水及时放掉。随着现代肉羊产业发展，自动化水槽得到广泛的应用，常见的有羊用自动饮水碗、浮子自动饮水器。自动饮水碗采用接触压力阀门供水达到饮水目的，浮球自动饮水器是根据浮力原理制作的饮水设备。如图1-1所示。

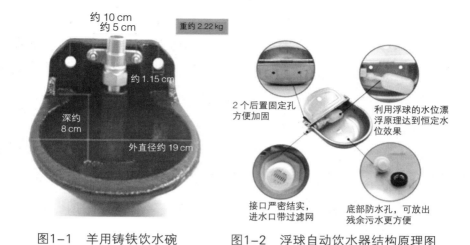

图1-1 羊用铸铁饮水碗　　图1-2 浮球自动饮水器结构原理图

3. 草架

草架就是舍饲养羊补充放置饲草所需要的架子，可为铁制，也可以是木制。草架的形式有多种，有靠墙固定单面草架和"凹"形两面联合草架，草架设置长度，成年羊按每只30~50 cm，羔羊20~30 cm，草架隔栏间距以羊头能伸入栏内采食为宜，一般15~20 cm。传统草架如图1-3，图1-4所示。

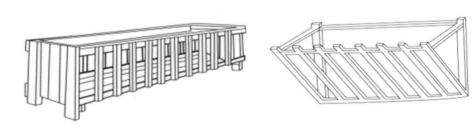

图1-3 长方形两面草架　　图1-4 靠墙固定单面草架

传统草架虽在舍饲圈养中对饲草节约和合理利用起到了积极的作用，但在饲喂干青料时青草叶片等容易洒落在羊舍地面，和地面羊粪等混在一起，造成优质干草的浪费。因此在传统草架的基础上，创新了带槽草架，有效克服了传统草架在生产中的缺点。还有的地区利用石块砌槽、水泥勾缝、钢筋作隔栏，修成草料双用槽架。如图1-5，图1-6所示。

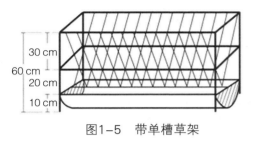

图1-5　带单槽草架

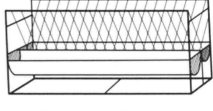

图1-6　带双槽草架

（十）药浴池设计要求

药浴池为了防治疥癣病及其他体外寄生虫，每年定期给羊群药浴的设备。药浴池一般用水泥筑成，形状为长沟状。池深约1 m，长10 m左右，底宽30~50 cm，上宽50~60 cm，以一只羊能通过而不能转身为宜。药浴池入口一端呈陡坡，在出口一端筑成台阶式，以便羊只行走。在入口一端设有羊栏或围栏，羊群在此等候入浴，出口一端设滴流台。羊出浴后，在滴流台上停留一段时间，使身上的药液流回池内。滴流台用水泥修成。在药浴池旁安装炉灶，以便烧水配药。在药浴池附近应有水源，便于药浴注水。

（十一）衡器安装

羊场的衡器主要用于活羊或产品的称重。肉羊出售时，通常是按重量计价。如果经常成批出售，可购买专用的家畜称重衡器（俗称磅秤）。这种衡器的称重台面上装有钢围栏，一次可称量几只到几十只家畜。较先进的还采用了电子称重传感器，具有防震动功能，更适合于家畜称重。如果称重是为了监测羊的生长发育情况，可采用新型的数字式电子秤，这种秤精度高、读数直观，还有自动校准功能，用起来十分方便。当然，也可以采用其他传统衡器。

（十二）监控系统

监控系统是近年来被国内外畜牧养殖业普遍采用的电子科技设备。该系统主要包括监视和控制两个部分。监视部分的功能是让生产管理者能够随时观察了解生产现场情况，及时处理可能发生的事件，同时具有防盗功能；控制部分的功能是完成生产过程中的传递、输送、开关等任务，如饲料的定量输送，管理门窗开关、自动通风等。控制部分在国内的一些现代化养猪场、养鸡场已经全面采用，但在养羊生产中使用较少。目前有实际应用意义的是监视系统，监视系统主要由摄像头、信号分配器和监视器组成，成本主要取决于摄像头和监视器的质量及数量。近几年随着互联网和电子科技的快速发展，无限监控系统在肉羊生产中也得到了广泛应用，管理者可通过手机 APP 随时掌握羊场生产和安全情况。

（十三）消防安全设备要求

对于具有一定规模的羊场，经营者必须要有消防安全意识，将安全生产和防火安全作为日常工作的重中之重，肉羊场的建设管理中，除建立严格的管理制度外，还应备足消防器材和完善消防设施设备，如灭火器和消防水龙头（或水池、大水缸）等，尽量作到有备无患，防患于未然。

四、常见羊舍设计

（一）封闭双坡单列式羊舍

封闭双坡单列式羊舍内设单列羊床和饲养通道，四周墙壁封闭严密，保温和隔热性能好。屋顶为双坡式，跨度大，排列呈"一"字形，其长度可根据羊的数量适当加以延长或缩短。如果前面只建半截围墙，则成为半封闭式羊舍，见图1-7。

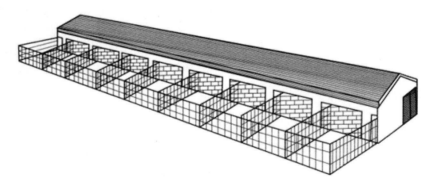

图1-7 半封闭式羊舍

（二）封闭双坡双列式羊舍

封闭双坡双列式羊舍与封闭双坡单列式羊舍结构基本相同，但内设对称两列羊床，饲养通道在中间。这类羊舍跨度更大，舍内宽敞明亮，更便于饲养管理和提高工作效率，适用于大型集约化养羊场，见图1-8。

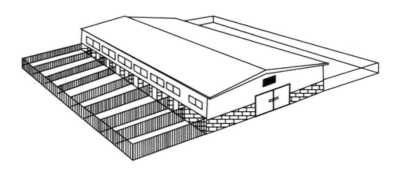

图1-8　封闭双坡双列式羊舍

（三）塑料棚舍

近年来，在我国有些地区推广一种塑料暖棚养羊舍。这种羊舍一般是将简易开放式羊舍的运动场，用 ϕ 4 cm 的 PVC 管或钢管材料做骨架，上面覆盖塑料膜而成，可用于母羊冬季产羔和肉羊育肥，见图1-9。

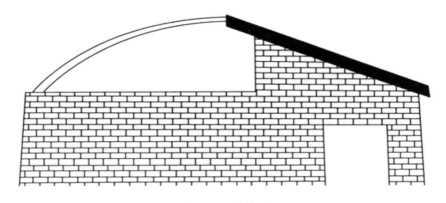

图1-9　塑料棚舍

（四）漏粪地板羊舍

漏粪地板羊舍其实质是指羊舍羊床的设计形式，无论是封闭式羊舍、敞篷式羊舍和暖棚式羊舍，均可设计成漏粪地板是羊舍。也就是在羊舍中建设漏粪式羊床，羊在羊床上运动，产生的羊粪通过漏粪地板进入羊舍地面，也叫作高床式羊舍。这种羊舍造价高，投资大。一般在南方地区，由于气候潮湿，温度较高，肉羊养殖主要采用高床式养殖。高床式羊舍建设主要采用漏缝地板，这种方式具有干燥、通风、粪便易于清除等优点，可以大大减少羊疾病的发生。

漏缝地板距离地面的高度根据清粪方式而定，机械方式清粪的漏粪地板距离地面的高度为80~100 cm，人工方式清粪的漏粪地板距地面高度为170 cm左右。漏粪地板的板材可选用木条和竹板等，缝隙宽度以1 cm左右为宜。在温度较低的季节，在漏缝地板上放置木质羊床供羊躺卧。

图1-10　漏粪地板羊舍图

第四节　饲草区建设布局

生态羊场建设中，羊舍和饲草料区的建设是其核心内容，第三节重点就羊舍建设进行了详细的阐述，本节内容就饲草料加工调制区的建设内容进行阐述。

一、饲草区位置布局

生态羊场饲草区，又称羊场饲草料加工调制区，主要包括料棚、草棚、晾晒场和青贮窖（池）等，其中料棚、草棚和晾晒场的建设要结合羊场饲养量的多少进行具体规划。从布局的方位来说，草棚设在饲养区的下风地段，离开肉羊舍和饲料间，便于防火；料棚一般建在肉羊养殖区靠近大门处，便于来料卸货；青贮池通常建设在既便于运进原料，又靠近肉羊舍的地方。

料棚，又称饲料库，主要以全封闭式建筑为主，其大小根据肉羊场养殖数量而定。料棚可分为原料间、加工间和成品间，若是购进成品料，仅建成品饲料库房即可。草棚即堆放秸秆饲草的凉棚，主要防止饲草风吹日晒和雨淋。草棚主要以全开放式为主，可以建一幢或多幢，地面部分修建条式透风地基，以防草垛受潮霉变。青贮池应建在地势较高地段，避免积水，具体结构可根据地势、土质情况，建成地下式或半地下式长方形，若场地宽裕可以建成高于地面10~20 cm的水泥平面。

二、草料棚建设要求

一般每100只羊需建长10 m、宽6 m、高4 m，约240 m³ 的草料棚，具体可根据饲养量多少进行合理计算。草料棚的建设要求通风要好，防火防水。规模养殖场的草料棚在设计时既要考虑草料装卸的便利性又要注意消毒和防火的安全性，料棚的大门设计要大，运输草料的车辆可以出入并在棚内掉头。

三、青贮池建设要求

青贮池是青贮饲料存放发酵的地方。青贮就是利用青绿饲料中存在的乳酸菌，在厌氧条件下对饲料进行发酵，使饲料中的部分糖源转变为乳酸，使青贮料的酸碱度（pH）降到4.2以下，以抑制其他好氧微生物，如霉菌、腐败菌等的繁殖生长，从而达到长期贮存青饲料的目的。建设青贮池要注意以下几个方面。

（一）地址选择

青贮池应选择在地下水位低、地势较高、平坦、土质坚实、排水条件好的地方，切忌在低洼或树阴下建设青贮池，并避开交通要道、路口、垃圾堆，同时距离畜舍要近，便于取料和运料。

（二）青贮池类型

因地形、地势不同，可采用地下式、半地上式或地上式，半地下式高于地下水位1.0 m以上，形状为长方形。其容积大小可根据养羊多少和地形条件决定。其宽度不小于3 m，长度一般不小于5 m，入口（取料侧）建成1∶2或1∶3的坡度，便于制作与取用饲料，这几种形式的青贮池通常适合小型规模场或养殖户，多数大型规模养殖场多采用地面青贮的方式。

1. 地上式青贮窖

地上式青贮窖在地下水位高的地区使用，规模牧场使用较多。如图1-11。

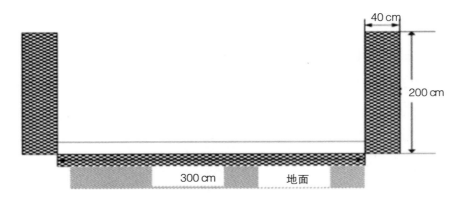

图1-11　地上式青贮池示意图

2. 半地上式青贮窖

半地上式青贮窖在地下水位高的地区使用，但容易积水，取料不便，如图1-12（地下1.0 m或1.5 m，地上1.5 m或1.0 m）。

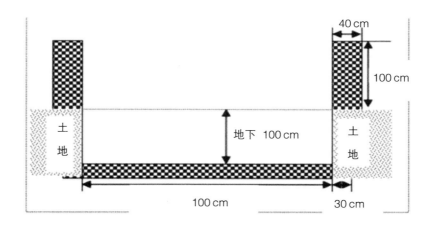

图1-12 半地上式青贮池正视（剖面）示意图

（三）青贮池贮草量的计算

一般黄贮饲料为500~600 kg/m³，青贮饲料为700 kg/m³左右，微贮饲料为80 kg/ m³。

一头成年羊按饲养期12个月，日采食量按10 kg左右计算，每只羊每年约需6 m³左右青贮窖（池）容积。

（四）青贮池建设要求

青贮池的三面围墙（窖壁）采用混凝土浇筑（中间加钢筋），厚40 cm，或石块砌筑，厚50 cm，水泥勾缝抹面；地面采用混凝土浇筑，厚15 cm左右。窖壁和地面要求光滑平整，不渗水不漏气。

第五节 粪污处理区建设

近年来，我国肉羊产业持续稳定发展，规模化养殖水平显著提升，保障了肉品的有效供给。但在生产过程中，大量的养殖废弃物没有得到有效处理和利用，对生态环境造成严重影响，关系到农村居民生产生活和环境改善。养殖废弃物对肉羊生态养殖来说尤为重要，直接关系到羊肉产品有效供给，国务院办公厅《关于加快推进畜禽养殖废弃物资源化利用的意见》（国办发〔2017〕48号）中明确要求，到2020年，全国畜禽粪污综合利用率达到75%以上，规模养殖场粪污处理设施装备配套率达到95%以上，大型规模养殖场粪污处理设施配套率提前一年达到100%。所以，畜禽场建设中粪污无害化处理区的建设是现代畜禽场建设的必要条件。

在肉羊场建设中，粪尿污水处理、病畜管理区均要设在生产区下风向，与生产区保持一定卫生距离。病羊区应该方便隔离、消毒以及污物的处理，具备单独的通道，并能防止污水、粪尿和废弃物污染环境。

羊场粪污无害化处理区的建设要严格按照《畜禽粪便贮存设施设计规范》（GBT27622—2011）中的要求计算设施容积，按照《给水排水工程构筑物结构设计规范》（CB5069—2002）进行结构设计，同时做好防腐防渗工作。

一、粪污处理设施建设

生态肉羊场粪污处理设施主要是粪污的贮存设施，其建设同所有畜禽粪污贮存设施建设要求一致，重点注意以下三个方面。

（一）选址设计

1. 根据养殖场面积、规模以及远期规划，选择建设地址，并做好以后扩建的计划安排。

2. 满足畜禽场总体布置和工艺要求，布置紧凑，方便施工和维护。

3. 与畜禽场生产区相隔离，满足防疫要求。

4. 设在畜禽场生产区及生活管理区常年主导风向的下风处或侧风向，与主要生产设施之间保持100 m以上的距离。

5. 关于选址的其他要求按照 NY／T 1168—2006 中相关规定执行。

（二）容积计算

畜禽粪污贮存设施的容积大小按贮存期内粪便的产生总量计算，其容积大小一般用 S 表示，单位为 m^3，具体公式为：

$$S = N \cdot Q_W \cdot D / P_M$$

公式中 N——动物单位的数量；

Q_W——每动物单位的动物每日产生的粪便量，其值参见表1-4，单位为 kg；

D——贮存时间，具体贮存天数根据粪便后续处理工艺确定，单位为日（d）；

P_M——粪便密度，其值参见表1-4，单位为 kg/m³。

表1-4　每动物单位的动物日产粪便量及粪便密度

参数	单位	动物种类										
		奶羊	肉羊	小肉羊	猪	绵羊	山羊	马	蛋鸡	肉鸡	火鸡	鸭
鲜粪	kg	86	58	62	84	40	41	51	64	85	47	110
粪便密度	kg/m³	990	1 000	1 000	990	1 000	1 000	1 000	970	1 000	1 000	—

注：—表示未测；动物单位：每1000 kg活体重为1个动物单位。

（三）建设要求

一般采用地上带有雨棚的"n"形槽式堆粪池，上有雨棚防止粪便雨淋，下面用水泥夯实防止下渗导致污染土壤。

二、粪污处理区建设注意事项

一是地面必须为混凝土地面，便于清理粪污和防止粪污下渗污染土壤。

二是地面坡度要向"n"形槽的开口方向倾斜，坡度为1%，坡底设排污沟，让污水排入污水贮存设施，减少环境污染。

三是地面应能满足承受粪便运输车辆以及所存放粪便荷载的要求，同时对地面进行防水处理，地面防渗性能满足 GB18598相关规定要求。

四是墙体的高度不宜超1.5 m；墙体采用砖混或混凝土结构、水泥抹面；墙体厚度不少于240 mm；墙体防渗按 GB50069相关规定执行。

五是棚顶部要设置雨棚，雨棚下沿与设施地面净高不低于3.5 m。

六是其他要求。设施周围应设置排雨水沟，防止雨水径流进入贮存设施内，排雨水沟不得与排污沟并流；设施周围应设置明显的标志以及围栏等防护设施；设置专门通道直接与外界相通，避免粪便运输经过生活及生产区；设施在使用过程中不应产生二次污染，其恶臭及污染物排放应符合GB18596规定，设施周围进行适当绿化，防火距离按GBJ16—78相关规定执行。

三、羊场主要污染物和废弃物

羊场中常见的污染物有粪便、污水，羊场废弃物除了垫草以外，还包括羊吃剩的草料废渣、草料袋、羊体排泄物以及疫苗瓶、兽药袋、兽药瓶等兽医医疗废弃物等。

（一）粪便

养殖场饲养的肉羊品种不同、年龄阶段不同，产生的粪尿量不同。一般每只成年羊每天的排尿量是0.5~2.0 L，排粪量是2~3 kg。

（二）污水

养殖场污水主要是由冲洗羊槽、饮用水和舍内降温用水而排放，产生水量的多少和饲养管理、饲养数量有关。

（三）废弃物

养殖场中的废弃物除了垫草以外，还包括羊吃剩的草料废渣、草料袋、羊体排泄物以及兽用疫苗瓶、兽药袋、兽药瓶等兽医医疗废弃物等。这里需要指出的是羊体内排泄物等元素中过量的氮、磷往往不会引起人们注意，如果日粮设计不合理或人为添加过多蛋白质和磷等，不仅造成饲料资源浪费，而且排泄的氮、磷是污染物中对环境污染较为严重的物质。

这些废弃物如果控制与处理不当，必然滋生蚊、蝇，散发异味，致使有害病原体扩散，污染环境，甚至侵蚀土壤，造成对周围居民的环境污染。

第六节　羊粪利用技术

长期以来，羊粪一直被称为上等肥料，是很好的农家肥。近年来，羊粪及其畜禽粪污资源化利用问题，已成为行业焦点，也是影响生态环境可持续发展的瓶颈问题。要实现肉羊真正的标准化生态养殖，必须要解决好羊粪及其废弃物的资源化利用问题。本节重点就生态肉羊场粪便无害化处理技术进行讨论，以便对肉羊生态养殖起到积极指导作用。

一、羊粪的特点

羊粪是一种速效、微碱性肥料，氮、磷、钾及微量营养素丰富，有机质含量高，肥效快，属优质粪肥，适于各种土壤施用，具有肥效高且持久的特点。

二、羊粪收集方式

在肉羊生产中，由于设施设备不同，羊粪的收集方式往往不相同。常见羊粪收集方式主要有粪污收集系统即时收集和自然发酵后收集两种方式。前者属于自动化收集方式，后者属于传统收集方式。

（一）自动化收集系统

1. 粪污收集系统组成

粪污收集系统由自动清粪机和配套设施组成。自动清粪机由刮粪板、传送带、电机等组成。配套设施包括由排粪（尿）沟、降口、地下排出管和粪水池四部分组成。

排粪（尿）沟一般设在羊栏后端，紧靠降粪便道，至降口有1.0%~1.5%坡度。

降口是连接排尿沟和地下排水管的结合小井，在降口下部设沉淀井（池），以沉淀粪水中的固形物，防止堵塞管道，降口上盖铁网盖，防粪草落入。

地下排出管通常为 $\phi 300\,mm$ 的 PVC 管或水泥涵管，与粪水池有3%~5%坡度。

粪水池通常由混凝土浇筑而成，其容积大小以贮20~30d的粪污为宜，距离饮水井不少于100 m。

2. 收集方式

粪污收集系统收集羊粪一般采用自动清粪机进行清粪，也有人工方式清粪，还可以用清粪车进行清粪。往往每三天或一周清粪一次。收集的羊粪进行集中堆积发酵处理，待熟化好的羊粪可施入草地或还田作为农作物肥料，也可以通过生物发酵制作有机肥；羊尿及污水也可采用沼气池进行发酵处理。

粪污收集系统适合漏粪地板式羊舍，其优点是高劳动生产率，节省人力。其缺点是造价高、投资大。粪污处理设施因处理工艺、投资、环境要求的不同而差异较大，实际工作中应综合环境要求、投资额度、地理与气候条件等因素进行规划和工艺设计。

（二）自然发酵后收集

在北方地区由于气候干燥，所以圈舍内的羊粪含水量较低，羊粪在羊圈或运动场堆积一段时间，厚度达到20~30 cm，经羊只踩踏和躺卧后羊粪呈粉末状，层层叠加，形成"羊板粪"，"羊板粪"其实质是通过简单发酵的发酵粪。可以通过定期或育肥羊出栏后进行一次性集中清理，有条件的羊场可以采用机械（铲车）清理，没有条件的羊场只能通过人工方法清理。清理后可直接回田作肥料。同时，北方冬春季节自然铺垫在羊舍地面的羊粪还能起到较好的保温作用，这也是羊粪较传统的利用方式。

三、羊粪的无害化处理

目前，羊粪的无害化处理主要通过发酵处理和干燥处理两种方式。

（一）发酵处理

羊粪发酵处理是利用各种微生物分解粪中有机成分，提高有机物质的利用率。根据发酵微生物的种类可分为有氧发酵和厌氧发酵两类。

1. 好氧发酵

发酵处理是在适宜的温度、湿度以及供氧充足的条件下，好气菌迅速繁殖，将粪中的有机物质分解成易被消化吸收的物质，同时释放出硫化氢、氨等气体。在45~55 ℃温度条件下处理12 h左右，可生产出优质有机肥料和再生饲料。

2. 堆肥发酵

堆肥发酵是指富含氮有机物的畜粪与富含碳有机物的秸秆等，在好氧、嗜热性微生物的作用下转化为腐殖质、微生物及有机残渣的过程。堆肥过程产生的高温（50~70℃）可使病原微生物和寄生虫虫卵死亡。如炭宜杆菌致死温度为50~55℃持续1 h，布氏杆菌在65℃持续2 h。口蹄疫病毒在50~60℃迅速死亡，寄生蠕虫卵和幼虫在50~60℃，持续1~3 min即可杀灭。经过高温处理的粪便呈棕黑色、松软、无特殊臭味、不招苍蝇、卫生。

3. 沼气发酵

沼气处理是厌氧发酵过程，可直接对水粪进行处理。其优点是产出的沼气是一种高热值可燃气体，沼渣是很好的肥料。经过处理的干沼渣还可作饲料。

（二）干燥处理

1. 脱水干燥处理

通过脱水干燥，使其中的含水量降低到15%以下，便于包装运输，又可抑制羊粪中微生物活动，减少养分损失。

2. 高温快速干燥

通过回转圆筒烘干炉为代表的高温快速干燥设备，可在短时间（10 min左右）内将含水率为70%的湿粪，迅速干燥至含水仅为10%~15%的干粪。

3. 太阳能自然干燥

太阳能自然干燥采用专用的塑料大棚，长度可达60~90 m，内有混凝土槽，两侧为导轨，在导轨上安装有搅拌装置。湿粪装入混凝土槽，搅拌装置沿着导轨在大棚内反复行走，通过搅拌板的正反向转动来捣碎、翻动和推送畜粪，并通过强制通风排除大棚内的水汽，达到干燥的目的。夏季只需要约1周的时间即可把畜粪的含水量降到10%左右。

四、羊粪的利用

（一）直接用作肥料

羊粪作为肥料首先根据饲料的营养成分和吸收率，估测粪便中的营养成分。另外，施肥前要了解土壤类型、成分及作物种类，确定合理的作物养分需要量，并在此基础上计算出畜粪施用量（农业领域的测土配方施肥）。

（二）生产有机复合肥

羊粪最好先经发酵后再烘干，然后与无机肥配制成复合肥。复合肥不但松软、易拌、无臭味，而且施肥后也不再发酵，特别适合于盆栽花卉和无土栽培及庭院种植业。

（三）用作饲料

有报道，羊粪经过沼气池发酵后，沼渣和沼液可以用作鱼类的饲料，降低养鱼成本，提高肉羊的养殖效益。但实际应用较少。

五、粪便无害化卫生标准

畜粪无害化卫生标准参考于卫生部制定的国家标准 GB7959—87，适用于我国城乡垃圾、粪便无害化处理效果的卫生评价和为建设垃圾、粪便处理构筑物提供卫生设计参数。国家目前尚未制定出家畜粪便的无害化卫生标准，在此借鉴人的粪便无害化卫生标准，来阐述对家畜粪便无害化处理的卫生要求。

标准中的粪便是指排泄物；堆肥是指以垃圾、粪便为原料的好氧性高温堆肥（包括不加粪便的纯垃圾堆肥和农村的粪便、秸秆堆肥）；沼气发酵是以粪便为原料，在密闭、厌氧条件下的厌氧性消化（包括常温、中温和高温消化）。经无害化处理后的堆肥和粪便，应符合国家的有关规定，堆肥温度可达50~55 ℃甚至更高，应持续5~7 d，粪便中蛔虫卵死亡率为95%~100%，粪便大肠杆菌值为10^{-1}~10^{-2}，可有效地控制苍蝇滋生，堆肥周围没有活动的蛆、蛹或新羽化的成蝇。沼气发酵的卫生标准是，密封贮存期应在30 d 以上，（53±2）℃的高温沼气发酵应持续2 d，寄生虫卵沉降率在95％以上，粪液中不得检出活的血吸虫卵和钩虫卵。

第二章 生态草料加工与调制

草料是饲草和饲料的统称，是肉羊生产的物质基础和保障，也是影响羊肉品质的主要因素之一。在肉羊生产中，肉羊生产力的40%~50%均来自于饲草料，故肉羊生态养殖既要做到"兵马未动、料草先行"，又要做到"保质保量、无抗无残留"。肉羊生产中饲草料的来源主要有四个途径：一是充分收集当地现有的作物秸秆，如玉米秸秆、苜蓿、杂草以及各类树叶等；二是利用好各类农副产品，如酒糟、棉籽壳、豆腐渣、粉渣等；三是通过专门种植获得优质饲草，如种植青贮（饲料）玉米、紫花苜蓿等各种优质饲草；四是通过科学技术手段对非常规饲料的加工处理，拓展饲草利用资源。如柠条平茬氨化处理、葡萄藤再加工、葡萄渣的青贮、葵花盘粉碎加工、葵花秆破碎利用等，将非常规饲料加工后作为常规饲料的补充。无论从何种途径获取草料，但必须把好饲料的源头质量关，只有把好源头质量关才能保证用其饲喂肉羊的肉质质量。

第一节 饲料的营养成分及功能

饲料是指用于饲喂动物物质的总称，常规饲料营养成分按其性质和功能可分为能量、蛋白质、矿物质、维生素和水等五大类。

一、能量

能量是肉羊一切生理活动过程，包括运动、呼吸、循环、消化吸收、排泄、神经活动、生长繁殖、调节体温等所需物质的源泉，也是生产脂肪的原料。能量不足，不仅影响羔羊的生长发育，而且会造成成年羊体重下降，母羊泌乳量下降。此外，能量不足对肉羊繁殖、产毛、膘情等都会造成不同程度的影响。能量来源主要包括以下方面。

（一）碳水化合物

碳水化合物是肉羊能量的主要来源，是吸收、利用各种营养物质的基础。碳水化合物主要由无氮浸出物和粗纤维组成。

1. 无氮浸出物

无氮浸出物包括淀粉和糖。大麦、玉米、薯类等饲料中含有较多的淀粉，属高能量饲料，可以给肉羊提供势能和机械能，维持体温和多器官的活动，剩余能量则转化为脂肪储存在体内或用于生产活动。

2. 粗纤维

粗纤维虽然营养价值很低，但对肉羊来说，仍然是不可缺少的营养物质。肉羊对粗纤维的消化能力，取决于饲料品质、调制技术、蛋白质供给水平等因素。例如，青绿饲料的粗纤维消化率高于青贮饲料和干草；粉碎过细的粗饲料，因为食糜流过瘤胃和网胃的速度过快而缩短了瘤胃内微生物的发酵时间，从而使粗纤维利用率降低。粗纤维的主要作用表现在三个方面：一是粗纤维经过瘤胃消化分解，部分变成可吸收的营养物质；二是粗纤维可填充肉羊胃肠容积，使其具有饱腹感；三是刺激消化道，促进胃肠功能正常活动。

（二）脂肪

脂肪也是能量的重要来源，在肉羊体内除供给热能维持体温外，也是构成体细胞和类脂肪的主要成分。脂肪具有调节生理的功能，也是目前报道的畜禽体内脂溶性维生素的主要溶剂。脂肪在饼粕类和豆类饲料中含量丰富。

二、蛋白质

蛋白质是一切生命的物质基础，是细胞的重要组成部分，也是形成乳、肉、皮毛的主要原料。饲料中蛋白质供应不足，会使羔羊生长发育受阻，妊娠母羊产死胎或弱胎，母羊产奶量下降，公羊性欲不强、精液品质变差。蛋白质在肉羊营养上具有特殊作用，不能用碳水化合物和脂肪取代，必须从饲料中供给。

一些青绿饲料、豆科牧草、饼（粕）、麦麸、鱼粉、血粉等饲料中蛋白质含量比较丰富。在放牧季节蛋白质均可从牧草中获得，但对一些高产奶羊、多胎母羊、优良种羊则应根据营养需要结合季节和草场情况可进行适当补充蛋白质。

能量蛋白饲料的协同作用。能量饲料是各种营养物质发挥作用的基础，当能量不足时，即使增加蛋白质的供给量也不能提高其生产性能，反而会造成蛋白质饲料的浪费。只有当蛋白质与能量供给协调一致时，才能发挥饲料蛋白质的最佳效果。在生产实践中对某些高品质的种畜或高生产性能个体，往往采用高蛋白、高能量，或中蛋白、中能量的营养配方。在饲料配制中一定要注意能量和蛋白质之间的相互作用。

三、矿物质

饲料经过充分燃烧后剩下的灰分，即为矿物质。它是肉羊骨骼、牙齿、血液、淋巴、体液和乳汁等的重要组成部分，一旦缺乏矿物质就会影响肉羊的正常生理活动，甚至引发疫病。

矿物质的种类很多，根据在饲料中的浓度和占畜体重量的百分比大小，可分为常量元素（饲料中的含量0.01%以上）和微量元素（饲料中的含量0.01%以下）。常量元素包括钙、磷、钠、氯、镁、钾、硫等，微量元素包括铁、铜、钴、碘、锰、锌、硒等。通常在饲料中容易缺乏的矿物元素有钙、磷、氯和钠，需要在日粮中补充。如某些地区土壤中严重缺乏矿物质元素如硒，则在日粮配制中添加相应的矿物质元素或以舔食盐砖（富含多种微量元素）的形式给羊体补充微量元素，如硒、钴、锌、铜等。

四、维生素

维生素是肉羊体内代谢过程中的催化剂，也是肉羊体内物质代谢不可缺少的重要部分，肉羊生命活动的各个方面都与维生素息息相关。维生素不能用任何物质来代替，也不能代替任何其他营养物质。维生素缺乏时将导致机体内的新陈代谢紊乱，也会引起各种缺乏症，使羊体生长缓慢甚至停滞以及生产力下降等不良后果。维生素的种类很多，根据其溶解性可分为脂溶性维生素（维生素 A、D、E、K 和胡萝卜素）和水溶性维生素（B 族维生素和维生素 C）。肉羊对 B 族维生素一般不会缺乏，而在枯草季节及舍饲条件下往往容易缺乏脂溶性维生素，如维生素 A、维生素 D、维生素 E。所以，在冬、春季节，或舍饲肉羊，应喂给青贮饲料、胡萝卜、鲜菜叶等来补充羊体对维生素的需要。

五、水

水是细胞和组织活动的必需成分，其含量一般占体重的50%~70%，血液中水的含量达80%以上。水的主要功能是运输营养物质、排泄废物，调节体温，促进细胞与组织的化学反应，调节组织的渗透性等。如果体内失水达8%，羊会立即出现严重的干渴感并丧失食欲，消化作用随之减弱；如果体内损失水分达10%，则导致代谢严重紊乱；当损失水分20%以上时，则导致机体死亡。高温季节的缺水后果比低温时更严重，所以在夏季要供应充足的饮水。肉羊的需水量一般为食入干物质量的3~4倍，环境温度高时需水量增加，当矿物质元素摄入量较多时需水量也增加，当母羊处于妊娠后期和哺乳期时需水量也会明显增加。在日常生产管理中，我们要结合肉羊不同阶段的生产需要补充充足的清洁饮水。

第二节　饲草料的分类及特征

饲喂肉羊的饲草料大多数来源于植物性饲草料，常见的植物性饲草料可分为青绿饲料、青贮饲料、粗饲料和精饲料四大类。其实，青绿饲料、青贮饲料在失水干燥后就会变成粗饲料。

一、青绿多汁饲料

青绿饲料是指自然含水量≥45%，全部来源于自然界野生植物或农牧区栽培的植物性饲料，如新鲜茎叶、天然牧草和栽培牧草、田间杂草、树枝嫩叶、瓜果、菜叶等属于青绿饲料，鲜地瓜、南瓜、萝卜、白菜等属于多汁饲料。

（一）青绿多汁饲料的特征

青绿多汁饲料的营养特点是适口性好，消化率高，蛋白质含量丰富，纤维素含量高，既能平衡营养、改善瘤胃环境、刺激消化液分泌、增强羊的食欲，促进其胃肠道蠕动，减少瘤胃积食、肠道阻塞等疾病的发生率。

（二）青绿多汁饲料分类

青绿饲料按营养元素含量高低可分为豆科类青绿饲料、禾本科青绿饲料和块根块茎类三类。如苜蓿、红豆草、三叶草、草木樨等属于豆科类青绿饲料，其蛋白质含量高，是肉羊补充蛋白质的主要牧草；饲用玉米、苏丹草等属于禾本科青绿饲料，是肉羊补充所需多种维生素和矿物质的主要来源。马铃薯、胡萝卜等属于块根块茎类饲料。

（三）利用方式

青绿饲料既可以直接饲喂，也可以铡短饲喂，对于鲜地瓜、南瓜、萝卜、白菜等多汁饲料可以切成细条，搅拌在粗饲料中，既能平衡营养，又能改善饲料的适口性，增强羊的食欲，促进其胃肠道蠕动，减少瘤胃积食、肠道阻塞等疾病的发生率，提高消化率。

二、青贮饲料

青贮饲料多是以禾本科青绿饲料为原料经乳酸发酵或青贮制剂调制保存的一类饲料。近年来，随着饲草料调制技术的研发和攻关，以豆科类青绿饲料为原料的青贮也得到了广泛的应用和推广，并取得了较好的饲喂效果。

（一）青贮饲料的特征

青贮饲料具有来源广泛、成本较低、易于收集、加工、贮藏，且营养丰富全面等特点。青贮饲料保存大量维生素、矿物质、蛋白质等营养成分，具有软、甜、酸、熟、香的特点，青绿多汁，气味醇香，适口性好，消化率高。一般肉羊对青绿饲料青贮的消化率为85%，对秸秆青贮的消化率为65%，对秸秆黄贮的消化率为61.2%。

（二）青贮饲料的制作原理

青贮原理是利用植株内碳水化合物、可溶性糖和其他养分在缺氧条件下，大量繁殖厌氧的乳酸菌，产生乳酸，进行发酵，氢离子的浓度在酸度积累到一定浓度后会逐渐上升，就导致腐败菌和丁酸菌的生长受到抑制，从而保存了原料中的绝大部分养分，而且能达到长期保存的目的。青贮饲料制作的关键是把好四个重点环节，即铡短、压实、封严和保持60%~70%的水分。

（三）青贮饲料的利用方式

青贮饲料原则上不能单独饲喂，必须和精饲料、秸秆等进行混合后进行饲喂。肉羊在开始时可能对有酸味的青贮饲料不习惯，应使之慢慢适应。训练方法是在其空腹时先喂青贮饲料，由少逐渐增加喂量。一般5~8 kg是每只每日的适宜喂量；补饲时，可每天早、晚各饲喂一次，日喂量可达3.0 kg/只，或在每天收牧时喂给，1.0~1.5 kg/只是通常的日喂量。应注意，青贮料切忌撒在地面上喂，而应放在食槽内饲喂；为了避免残留物产生异味，饲喂青贮饲料后要将食槽打扫干净；怀孕母羊产前15 d停喂青贮料；若青贮饲料酸度过大，可用5%~10%的石灰乳中和后饲喂。

三、粗饲料

粗饲料是指在饲料中天然水分含量≤60%，干物质中粗纤维含量≥18%，并以风干物质形式饲喂肉羊的饲料，如各类牧草、农作物秸秆、秕壳等。

（一）粗饲料特征

粗饲料的营养价值一般较其他饲料低，消化能含量一般每千克干物质采食量（DMI）不超过10.5 MJ，有机物质消化率在65%以下。饲料体积大，干物质中粗纤维含量高，难以消化，可利用养分少，但在肉羊等草食家畜生产中是不可或缺的，缺乏时易引起消化系统疾病。

（二）粗饲料分类

粗饲料是养羊生产中不可缺少的基础饲料，生产中常见的粗饲料有作物秸秆和青干草两大类。

1.作物秸秆（秕壳）

作物秸秆是指农作物收获籽粒后剩下的茎和叶部分，统称为作物秸秆，包括玉米秸、麦秸、棉籽秆和稻草秸等。这类饲料在我国的资源较为丰富。其营养特点是粗纤维含量高，占干物质的31%~45%，含有较高的木质素、半纤维素和硅酸盐，如燕麦秸秆的木质素为14.6%，粗纤维含量为49.0%，硅酸盐约占灰分的30%。而且半纤维素、纤维素和木质素结合紧密、质地粗硬、消化率低、适口性差，一般消化能为每千克7.78 MJ~10.4 MJ。粗蛋白质含量低，禾本科为4.2%~6.3%，豆科秸秆为8.9%~9.6%。胡萝卜素含量低，每千克禾谷类秸秆为1.2~5.1 mg。粗脂肪含量较少，为1.3%~1.8%。秸秆饲料虽有许多不足之处，但经过加工调制后，适口性和营养价值有所提高，是冬季肉羊养殖的主要饲料。

2.青干草

青干草是将栽培牧草或天然草的青草在适宜的物候期进行刈割后，再经人工（烘干）或天然干燥制成的干草。青干草根据植物的种类不同、刈割的时期不同以及调制的方式不同，导致其营养价值各不相同。

通常禾本科植物应在抽穗期刈割，豆科植物应在开花初期刈割。如果刈割过早则会降低干草的产量；若过迟刈割，则干草的品质粗老，又会使营养价值降低。晒制干草时，要注意颜色保护和叶片的保存。青干草未干燥之前为青绿饲料。

优质的青干草呈绿色，草叶多，其蛋白质、维生素和矿物质等含量比较丰富而均衡，粗纤维含量在20%~30%，消化率较高，是营养价值较完全的基础饲料。一般来说青干草中深绿色占的越多，养分越高，淡黄绿色养分减少，白色更少，出现白毛则已发霉，变黑则已霉烂。

（三）粗饲料利用方式

粗饲料的利用方式包括直接利用（饲喂）和加工调制后利用（饲喂）两种

方式。在生产中,作物秸秆、青干草和玉米芯等常规性粗饲料即可直接饲喂肉羊,也可经铡短、粉碎、氨化、碱化或青贮黄贮等加工调制后饲喂肉羊;棉秆、柠条、葡萄藤、葵花秆、枸杞枝和果树枝等非常规性且适口性差的粗饲料,必须进过科学的调制处理后饲喂肉羊,具体的处理方式详见本章第四节常见粗饲料调制技术。

四、精饲料

精饲料又称精料,是指单位体积或单位重量内的营养成分丰富,粗纤维含量低,消化率高的一类饲料。

(一)精饲料的特征

精饲料具有可消化的营养物质含量高、消化率高和体积小、水分少、粗纤维含量低等特征,这些特征我们称作为富"养"特征。

(二)精饲料的分类

精饲料可分为能量精料和蛋白质饲料。如禾谷类籽实及加工副产品等属于能量精料,如鱼粉、羽毛粉等属于动物性蛋白质精饲料,豆科籽实及其粮油加工副产品等属于植物性蛋白质精饲料。

1. 能量类饲料

常见的能量饲料主要有玉米、糜子、谷子和麦麸等。

玉米淀粉含量高,粗纤维含量极少,易消化。但因其蛋白质含量较低(含粗蛋白质8%~9%),故饲喂时需与蛋白质饲料搭配,并补充钙、维生素等营养物质。

麦麸粗蛋白质含量11%~16%,粗纤维、磷含量较高。麦麸质地疏松,容积大,具有轻泻性,母羊产前和产后可饲喂适量麦麸粥,有调养胃肠道及保健作用,肉羊饲料配制中钙、磷比例为1:8。用麦麸作饲料原料配制全价饲料时应注意钙的补充。

2. 蛋白质类饲料

常见的蛋白质饲料主要有黄豆饼、棉籽饼、葵籽饼等饼粕类和豆科牧草的籽实类。

黄豆饼的粗蛋白质含量在40％以上，尤其是必需氨基酸的含量，比其他植物性饲料都高，如赖氨酸含量是玉米的10倍。因此，豆饼是植物性饲料中生物学价值最高的一种。豆饼的适口性好、营养全面，饲喂羔羊、培育种羊都具有良好的效果，但其价格贵，饲喂成本高。

棉籽饼是粗蛋白质含量仅次于豆饼，但赖氨酸缺乏，而蛋氨酸、色氨酸都高于豆饼。棉籽饼含有有毒物质——棉酚，种羊（尤其是羔羊和生产母羊）应少喂，饲喂时必须脱毒后与其他蛋白质饲料搭配使用，

葵籽饼的粗蛋白质含量为28%，低于黄豆饼和棉籽饼，粗纤维含量20%，葵籽饼对反刍家畜适口性好，是养羊的优质蛋白质饲料，在增重、饲料效率等方面与棉籽饼有同等的价值。

（三）精饲料的饲喂方式

在肉羊饲养中，精饲料往往作为补充料进行饲喂。其饲喂方式有两种，一种是制成颗粒饲料饲喂，即将精饲料单独制成颗粒饲料（如羔羊精料补充料）或精饲料与粗饲料按一定比例混合后制成混合饲料颗粒进行饲喂。另一种是先将精料粉碎后和粗饲料混合在一起经润湿附着在秸秆等粗饲料上进行饲喂。

第三节　饲草料调制技术

饲草料经过加工调制可明显减少营养成分流失，改善口味，提高其适口性和综合利用率，还可保证肉羊养殖饲草料的营养均衡供应，有效降低饲养成本。目前，生产中常用的饲草料加工调制处理方法主要有物理方法、化学方法和生物学方法等。

一、物理方法

物理方法是指通过机械、加热、盐化或制粒等方式，包括切短、磨碎及蒸煮法等，物理方法只改变饲料的形状不改变其性质，通过物理的方法可提高其

适口性和消化率。物理方法操作较为简单，常作为其他方法的前处理。

（一）机械加工处理

机械加工处理包括秸秆饲料的铡切、碾青、粉碎，如青绿饲料的晾干及籽粒饲料的粉碎等，饲草料通过机械加工处理后，便于羊只咀嚼，减少能耗，提高采食量，并能减少饲草浪费。机械加工对粗饲料消化率没有明显的提高作用，粉碎过细，还会降低消化率。

1. 铡切

铡切是利用铡草机将牧草或秸秆切短成1~2 cm，具体切割长短要结合饲草特性而异，不同的饲草铡切的长短并不相同，如稻草较柔软，可稍长些；而玉米秸秆较粗硬且有结节，切成长约1 cm 为宜。俗话说："寸草切三刀、无料也上膘"，可见铡切等机械加工饲草对饲喂牛羊意义非凡。

2. 粉碎

粉碎是利用粉碎机将饲草饲料打碎成末状，可提高其利用率和便于混拌。冬春季节饲喂绵山羊的粗饲料应加以粉碎。粉碎的细度不应太细，以便反刍。粉碎机筛底孔径以8~10 mm 为宜。

3. 揉碎

揉碎也称揉丝，是利用揉丝机械将秸秆饲料揉搓成丝条状，让反刍家畜对粗饲料更好地消化、吸收。秸秆揉碎不仅可以提高适口性，还能提高饲料利用率，是当前秸秆饲料加工利用比较理想的方法，揉丝机械也是近几年来在饲草加工实践中推出的适用性较为广泛的新产品。

（二）热加工处理

热加工处理包括蒸煮、膨化等方式的处理。蒸煮可软化粗饲料，提高其适口性和采食量。膨化是利用高压水蒸气处理后突然降压以破坏饲草纤维结构的方法，对秸秆甚至木材都有效。研究发现，膨化处理除了物理效果外，还有化学效果，膨化可使木质素低分子化、分解结构性碳水化合物，从而增加粗饲料中的可溶性成分和利用效率。在适宜条件下膨化处理秸秆后，对其消化率的提升效果明显。但是，膨化处理技术需要专门的设备投入，且能源消耗较大，处理成本较高，膨化加工重点用于精饲料原料的加工，如膨化大豆、膨化玉米等。

（三）盐化处理

盐化处理是指铡碎或粉碎的秸秆饲料，用1%盐水与适量秸秆充分搅拌后，放入容器内或在水泥地面上堆放，用塑料薄膜覆盖，放置12~24 h，使其自然软化，可明显提高其适口性。

（四）制粒或制块处理

制粒或制块处理是通过特定的加工机械（如制粒机或制块机），将粗饲料压制成颗粒状或小块状，可提高粗饲料密度，有利于粗饲料的运输与贮存，并能改善其适口性和可消化性，减少饲喂过程中的浪费。

（五）辐射处理

辐射处理（如 γ 射线）是秸秆物理处理方法中较先进的科学处理方法，粗饲料通过辐射处理可增加其水溶性成分，提高粗饲料消化率，但目前辐射处理设备条件要求高，难以进入实用化。

二、化学方法

化学方法主要是通过添加一定量的化学试剂，经过规定时间后，达到提高秸秆消化率的目的。常用化学试剂主要包括碱化处理的氢氧化钠、生石灰（或熟石灰）等，氨化处理的液氨、尿素、氨水、碳酸氢铵等。

化学处理的效果常优于单纯的物理方法处理，而且所需的设备投资和处理成本一般较物理处理方法要低，对环境的污染较大，所以生产中应用较少。

（一）氨化处理

氨化处理是将蛋白质含量低的秸秆饲料，通过其有机物与氨发生氨解反应，破坏秸秆中的木质素与多糖（纤维素、半纤维素）链间的酯键结合，形成铵盐，牛、羊通过采食氨化饲料增加瘤胃微生物的氨源。同时，氨溶于水形成一水合氨，部分水解为 NH_4^+ 和 OH^-，对粗饲料有碱化作用。因此，氨化处理是通过氨化与碱化双重作用以提高秸秆的营养价值。秸秆经氨化处理后，粗蛋白质含量可提高100%~150%，纤维素含量降低10%，有机物消化率提高20%以上。由于氨化饲料制作方法简便，饲料营养价值显著提高，一直以来被各地普遍推广使用。但使用过程中要严格控制氨的浓度，氨化处理后的饲料在使用前必须进行通风晾晒放氨，否则易引起肉羊中毒，或使肉、奶等畜产品中产生毒素，影响人体健康，甚至发生氨气爆炸伤人事件。

（二）碱化处理

碱类物质能使饲料纤维内部的氢键结合变弱，使纤维素分子膨胀与细胞壁中纤维素、木质素间的联系削弱。溶解半纤维素，有利于反刍动物对饲料的消化，提高粗饲料的消化率。目前，主要有氢氧化钠和石灰两种处理方法。氢氧化钠处理效果好，但成本较高，环境污染的风险较大；石灰处理的成本低，环境污染风险较小，但效果比氢氧化钠处理要差。碱化处理方法因对环境造成污染，不专门提倡，若要对秸秆饲料进行碱化处理，必须要做好环境的保护和后续无害化工作。

1. 氢氧化钠处理

氢氧化钠处理包括湿法处理和干法处理。湿法处理是将秸秆放在盛有1.5%氢氧化钠溶液池内浸泡24 h，然后用水反复冲洗，晾干后饲喂肉羊等反刍家畜，有机物消化率可提高25%；但此法用水量大，许多有机物被冲掉，且污染环境。干法处理是用待处理秸秆总重量4%~5%的氢氧化钠，配制成30%~40%溶液，喷洒在粉碎的秸秆上，堆积数日，不经冲洗直接饲喂，可提高有机物消化率12%~20%；干法处理虽较湿法处理有较多改进，但羊只采食后粪便中含有相当数量的钠离子，对土壤和环境有一定的污染。

2. 石灰水处理

生石灰加水后生成的氢氧化钙是一种弱碱溶液，经充分熟化和沉淀后，可用上层的澄清液（即石灰乳）处理秸秆。具体方法：每1 000 kg秸秆需3 kg生石灰，加水200~250 L，将石灰乳均匀喷洒在粉碎的秸秆上，堆放在水泥地面，经1~2 d即可直接饲喂羊只。这种方法成本低，方法简便，效果明显。

3. 氨碱复合处理。

为了使秸秆饲料既能提高营养成分含量，又能提高饲料的消化率，把氨化和碱化二者的优点结合利用，即对秸秆饲料氨化后再进行碱化。如稻草氨化处理的消化率仅55%，而复合处理后则达到71.2%。虽然复合处理投入成本较高，但能够充分发挥秸秆饲料的经济效益和生产潜力。

4. 酸处理。

酸处理就是利用硫酸、盐酸、磷酸和甲酸等各类酸处理秸秆饲料，提高秸秆饲料的利用效率。其原理和碱化处理相同，通过酸破坏饲料中的纤维素结构，提高饲料的消化率。但酸处理成本高，在生产中应用很少。

三、生物方法

生物方法又称生物学方法，是通过微生物和酶的作用，使粗饲料中的纤维部分降解，并且产生酶和菌体蛋白，以改善适口性、提高消化率和营养价值。实际生产中主要采用青贮、酶解和发酵三种方式。但这些方法对粗纤维分解作用不大，主要起到水浸、软化的作用，并能产生一些糖、有机酸，提高适口性。但在发酵时产生热量可使饲料中的能量有所损失。

（一）青贮

青贮就是利用青贮原料上所附着的乳酸菌等微生物的发酵，产生的酸形成酸性环境，有效抑制或杀死各种有害微生物，防止原料中的养分继续被分解或消耗，从而起到保存青绿饲料和青绿秸秆的作用。含糖部分较高的青绿饲料和带穗玉米容易青贮成功，但收获籽粒后的麦秸、稻草、玉米秸等作物秸秆只能进行黄贮。其具体处理方法详见本章第四节玉米秸秆调制技术。

（二）酶解

酶解是将纤维素、半纤维素的分解酶溶于水中，再喷洒在秸秆上，以提高其消化率的方法。但因处理成本较高，生产中应用较少。

（三）微生物处理

微生物处理是通过有益微生物的发酵作用，降解低质粗饲料中的木质纤维，软化秸秆，使糖类转化为酸类，提高 B 族维生素和胡萝卜素含量，并抑制有害微生物繁殖，改善适口性，从而提高其消化率的方法。秸秆微贮就是利用微生物处理技术之一。

实践证明：单一加工和处理秸秆饲料的方法往往达不到理想的效果，特别是难以实现产业化规模处理。因此在饲草料的处理过程中，需要将不同处理技术经过合理组合配套，实现预期的目标。生产中应用较广的是将化学处理与机械成型加工调制相结合，即先对秸秆饲料进行粉碎或粗粉碎，再进行碱化或氨化等化学预处理，然后添加精料或微量添加剂等必要的营养补充剂，进一步通过机械加工，调制成秸秆颗粒饲料或草块。通过该复合处理技术，既可达到秸秆氨化或碱化处理的效果，又可显著改善秸秆饲料的物理性状和适口性，对提高秸秆饲料的密度，便于运输、贮存和利用，也是今后秸秆饲料利用的重要途径。

饲草料加工调制途径的选择，要根据当地生产条件、粗饲料和精饲料的特点、经济投入的大小、饲料营养价值提高的幅度和经济效益等综合因素，加以科学合理的组合应用并适度规模推广。

第四节　常见粗饲料调制技术

粗饲料的加工调制方法既有简单的铡短、粉碎等物理处理方法，又有氨化、碱化等化学处理方法和酶贮、青贮等生物处理方法，往往是一个综合处理技术。现就几种常见粗饲料的加工调制技术分别介绍如下。

一、青干草调制技术

青干草调制是指草地野生草或人工栽培草经适时收割、地面（草架）晾晒或机械干燥的过程。调制好的优质青干草一般呈青绿色，含有丰富的蛋白质、矿物质和维生素，而且气味芳香，适口性强。青干草调制可根据气候和场地条件，采取平铺晾晒或小堆晾晒。调制后的干草取用方便，家畜爱吃，是大多数羊场（户）容易接受的一种加工调制方法。青干草的调制重点要做好以下几个环节。

（一）合理确定收割时间

青绿饲草收割调制干草时，其产量与质量均与收割时间有关，适时收割可以获得较高的产量和较好的质量。一般来说，豆科牧草在盛花期或盛花前期收割，农作物秸秆（如籽粒玉米）在籽粒已经成熟而不影响产量的情况下应尽早收割，禾本科牧草及人工牧草宜在抽穗期或稍前一些时间收割，这样不仅能保留较高的营养成分，而且还可以保证收割产量。田间和地边的野草在盛夏生长繁茂时，容易收割、便于晒制。

（二）合理选择刈割方式

刈割方式可分为人工收割和机械收割两种方式。人工收割适用于小规模种植，通常用大镰割草，一般每日割草面积因人而异，体力好一点的可以收割5~10亩不等，体力差一点的每天可以收割1~2亩。机械收割适用于大面积规模化种植，其割草速度和效率因机械的性能不同而有差异。饲草收割机械按照工作原理可分为旋转式和往复式两种。旋转式割草机优点是操作简便，故障少，工作效率高；缺点是切割速度高，碎草率高，动力消耗大。往复式割草机优点是价格便宜，所需马力小，切割速度低，碎草率低；缺点是工作效率低，维修困难。具体选用哪种方式收割，选择哪种机械收割，要结合牧草种植的面积、品种、草地地势和羊场的经济条件等综合考虑。规模化种植牧草可以选择第三方服务公司进行收割。

（三）合理选择干燥方法

收割后的饲草应尽快调制成干草，以免营养物质损失太多。不同的干燥方法对饲草所含养分量损失各不相同。饲草干燥方法大致可以分为自然干燥法、人工干燥法和制作干草捆三种。下面进行逐一介绍，在实际生产中要结合具体情况合理选择。

1. 自然干燥法

自然干燥法不需要特殊设备，主要是利用阳光和风力，使青草的水分降低到足以安全贮藏的程度。为了尽量降低干草养分，自然干燥时要选择适宜的天气，并采取必要的保护措施，及时翻晒、堆积和防止雨淋。自然干燥法是我国目前采用的主要干燥方法，但不适合规模化干草的生产。生产中常见的有地面干燥法、草架干燥法和发酵干燥法三种。

（1）地面干燥法　地面干燥法也叫田间干燥法，饲草刈割后在地面干燥6~7 h，当水分降至50%~40%时，用搂草机搂成草条继续干燥4~5 h，并根据气候条件和牧草含水量进行翻晒，使饲草含水量降到40%~35%。此时，饲草叶片尚未脱落，将其用集草器集成0.5~1.0 m高的草堆，经1.5~2.0 d就可调制成含水量15%~18%的干草。地面干燥法要注意两个方面：一方面是严格控制好饲草的含水量。全株饲草的总含水量在35%以下时，牧草叶片开始脱落，为保存营养物质较高的叶片，搂草和集草作业应在水分不低于35%时进行。另一方面是收割饲草时要根据天气、人力、机器设备等进行有计划的及时收割与处理。天气晴朗，人力、机具充足时，可采用一条龙连续作业法，即一部分人收割，一部分翻晒、搂集，一部分拉运、堆垛。天气时晴时阴或人力机具不足时，可收一批、处理一批，切忌刈割过多而影响贮运。

（2）草架干燥法　饲草收割恰逢多雨或潮湿天气，地面晾晒调制干草不易成功时，需采用专门制造的干草架进行调制干草。常见的干草架有独木架、三脚架、铁丝长架等。具体操作方法是将刈割后饲草在地面晾晒干燥1 d左右，扎成小捆置于干草架上，草捆厚度不超过80 cm，并按上下层整齐捆扎。草捆应自上而下置于草架上，最下一层草捆应离地面20~30 cm，保持通风。架上的青草捆，根部向上，头部向下，上层堆成圆锥形或屋脊形，表面平整光滑，以利排水。草架与草架之间应保留一定宽度的通道便于通风。草架干燥虽花费一定人力、物力，但制成的干草品质较好，养分损失比地面干燥法减少5%~10%。

（3）发酵干燥法　对于光照时间短、阴湿多雨地区，不便采用地面和草架干燥方法时，可将刈割后的饲草平铺，当自然风干水分降到50%时，进行分层堆积成3~5 m的草垛，逐层压实，表层用土或塑料薄膜覆盖，使其迅速发热，2~3 d垛内温度升高到60~70 ℃，打开草垛，随即风干或晒干即可。这种方法饲草的养分损失较多，多属于阴雨天无法快速完成青干草调制时不得已而采取的方法。

2. 人工干燥法

人工干燥法又称机械干燥法，是利用各种干燥机具在很短时间内，将青草经高温迅速干燥。这种方法可最大限度减少干草营养物质的损失，适合专业化干草的生产，但需要一定的设备，主要用于草粉、草块生产。人工干燥分为常温吹风干燥法、低温烘干法和高温快速干燥法。

（1）常温吹风干燥法　利用电风扇、吹风机或送风器等专用设备，对草堆或草垛进行不加温的干燥方法，常温吹风干燥法适合牧草收获时昼夜空气相对湿度低于75%而温度高于15℃的地方使用。在特别潮湿的地方吹风设备可以适当加热，以提高干燥的速度。

（2）低温烘干法　先建好饲草干燥室、空气预热锅炉、设置鼓风机和牧草传送设备，然后用煤、电将空气加热到50~70℃或120~150℃送入干燥室，最后，利用热气流经数小时完成干燥。

（3）高温快速干燥法　先将饲草切碎置于烘干机中，然后利用烘干机将其水分快速蒸发掉，含水量很高的饲草在烘干机内经过几分钟或几秒钟，其水分便可下降到5%~10%。此法调制干草对饲草的营养价值及消化率影响很小，但需要较高的投入，调制干草的成本较其他方法大幅增加。

（4）物理化学干燥法　通过物理和化学的方法加快饲草的干燥，以降低牧草干燥过程中损失。目前应用较多的物理方法是压裂草茎干燥法，化学方法是添加干燥剂干燥法。

压裂草茎干燥法是通过机械的方法将草茎压裂增加干燥面积，牧草干燥时间的长短主要取决于其茎秆干燥所需要的时间，叶片干燥的速度比茎秆要快得多，所需的时间短。如豆科饲草，当叶片水分干燥到20%~15%时，其茎的水分含量为35%~40%。为了让饲草茎叶干燥保持一致，减少叶片在干燥中的损失，常利用草茎秆压裂机将茎秆压裂、压扁，消除茎秆内角质层和维管束对水分蒸发的阻碍，加快茎中水分蒸发的速度，最大限度地使茎秆的干燥速度与叶片干燥速度同步。

化学添加剂干燥法是将一些化学物质如碳酸锂、碳酸钠、碳酸钙、氯化钾等添加或者喷洒到饲草上，经过一定的化学反应使饲草表皮的角质层破坏，以加快饲草株体内的水分蒸发，提高干燥速度。这种方法不仅可以减少牧草干燥过程中叶片损失，而且能够提高干草营养物质消化率。

3. 制作干草捆

干草捆就是用压捆机将饲草打成捆，饲草所占体积减小，便于运输和贮存，并能保持青干草的芳香气味和色泽。饲草打捆要保持合适的水分，当饲草收割后晾晒过干，打捆时会造成机械损失；太湿，打捆会发酵过度造成养分损失，严重时会发生草垛自燃或霉烂。实践证明当饲草的水分含量在18%左右时打捆最为适宜。

（1）方形草捆　由方形草捆机打成长方形小捆和大捆草捆，小捆易于搬运，切面从0.36 m×0.43 m到0.46 m×0.61 m，长度0.5~1.2 m，重量一般14~68 kg不等。小方捆在贮运之前一般都散放在田间，应及时从田间拉回羊场，减少不必要的损失。长方形大捆切面一般为1.2 m×1.3 m，重量多为820~910 kg，需要专用装卸机或铲车进行装卸，如不及时拉运，应加覆盖物，以防不良气候造成饲草品质的影响。

（2）圆形草捆　由大圆柱形打捆机打成600~800 kg重的大圆柱形草捆，草捆长1.0~1.7 m，直径1.0~1.8 m，密度110~250 kg/m³。圆柱形草捆可在田间存放较长时间，在排水良好的地方成行排列，易于空气流通，但不宜堆放过高（一般不超过3个草捆高度）。圆形草捆应就近运往圈舍饲喂，但不宜做远距离运输。

（四）饲草干燥应注意事项

1. 因地制宜，综合考虑

为了调制优质干草，在牧草干燥的过程中，应因地制宜选择合适的干燥方法。在选择使用自然干燥法时应掌握好天气变化，选择适宜的气候条件来晒制干草，尽可能避开阴雨天气。

2. 结合实际，提高质量

在人力、物力、财力比较充裕的情况下，可以从小规模的人工干燥方法入手逐步向大规模机械化生产发展，提高调制干草的质量。

3. 减少翻动，降低损失。

无论是何种干燥调制方式，都要尽量减少机械和人为造成的牧草营养损失。在干草调制过程中，经过刈割、翻草、搬运、堆垛等一系列程序不可避免地会造成饲草细枝嫩叶的破碎脱落，一般叶片的损失可达20%~30%，嫩枝损失6%~10%。饲草在晒草的过程中除选择合适的收割期外，还应尽量减少翻动和搬运，将饲草中的养分损失降到最低。

（五）做好青干草的贮藏

调制好的青干草应及时贮藏，贮藏方法应根据具体情况和需要而定。干草数量较多时可露天堆放，但应码放整齐，掌握好草垛大小、间距，上要封顶，以防长期暴晒、雨水渗漏，影响品质。优质干草若贮藏不好，不仅会持续损失养分，甚至会变质、发霉，或引发火灾等，造成浪费。因此，对调制好的青干草进行妥善保管是青干草调制过程中的一项重要环节。

1.散干草的堆藏

当调制的干草含水量达到15%~18%时即可贮藏。干草体积大，多采用露天堆垛的方法贮藏，一般堆成圆形或长方形草垛，草垛的大小视干草的数量而定。堆垛时应选择地势高燥的地方，草垛下层用树干、秸秆垫底，厚度不少于25 cm，应避免干草和地面接触，并在草垛周围挖排水沟。堆草时要一层一层地进行压紧，特别是草垛的中部和顶部更要压紧、压实。有条件的羊场应尽可能建造草棚，这种草棚只需注意防潮和防雨雪即可。

注意：豆科牧草价值高且不宜堆垛贮藏，应搭建草棚贮藏。贮藏时要注意在垛顶与棚顶之间预留一定空间，以利通风。有条件时应及时粉碎贮藏，以节省空间。

2.干草捆的贮藏

干草捆的体积小、重量大，既便于运输，也便于堆垛贮藏。草垛的大小依干草量的大小而定。调制的干草，除在露天堆垛贮藏外，还可贮藏在专用的仓库或干草棚内。简单的干草棚只设支柱和顶棚，四周无墙，成本低，干草在草棚中贮存损失小，营养物质损失为1%~2%，胡萝卜素损失为18%~19%。干草应贮存在圈舍附近，以方便取运饲喂。

草捆堆垛应紧实、均匀，顶部呈圆锥状或屋脊状，表面平整光滑，以利排水。堆垛大小形状可根据贮草多少、场地大小、牧草干燥程度等因素决定；羊场贮草地面有限，贮存青干草较少时用圆形垛，贮草较多而场地较大时用长形垛；草湿用低草垛，草干用高草垛。

（六）青干草品质鉴定

干草的品质好坏，一般应根据干草的营养成分来判定。在生产实践中，由于条件限制，只能采取感官判断，来确定干草的物理性质和含水量，然后将干草进行分级。

1. 颜色和气味

优质青干草呈绿色，绿色越深，其营养物质损失越小，所含可溶性营养物质、胡萝卜素及其他维生素越多。适时刈割的青干草都具有浓厚的芳香气味。干草如有霉味或焦灼味，说明其品质不佳。

2. 叶片含量

干草中叶片的营养价值较高，所含的矿物质、蛋白质比茎秆中多1.0~1.5倍，胡萝卜素多10~15倍，纤维素少50%左右，消化率高40%。干草中的叶片量越多，其品质越好。具体鉴定方法为：取一束干草，看叶片量多少，确定干草品质的好坏。禾本科牧草的叶片不易脱落，优质豆科牧草中叶片量应占干草总量的50%以上为优质牧草。

3. 含水量

干草的含水量应为15%~18%，含水量过高不宜贮存。现场判断饲草水分的办法是：用手搓拧草束，发出"沙沙"声并容易折断，放开后能散开的含水量为15%以下；搓拧时没有干裂声，尽力捻拧时折断，放开后松散的含水量为18%左右；容易拧成结实而柔软的草辫，经反复拧搓不易折断，拧紧时有潮湿感觉，但拧不出水滴的含水量为20%左右；拧紧时有水珠出现，手插入草中有明显冰凉感觉的，则水分已超过25%。

4. 牧草收割期与组分的关系

始花期收割牧草，干草中的花蕾、花序、叶片、嫩枝条较多，茎秆柔软，适口性好，品质较佳。干草中各种牧草所占比例也是影响干草品质的重要因素，一般来说，豆科牧草所占比例越高，干草品质越好；其他杂草所占比例越多，牧草品质越差。

二、麦秸调制技术

麦秸的调制主要是通过氨化处理或进行铡短或粉碎，提高其适口性和利用率。下面重点就氨化技术进行叙述。

（一）氨化前的准备

选择收获籽粒后的新鲜小麦秸秆作为氨化的原料，修建两个1.5 m深、1.5 m宽、2 m长的氨化窖（池）。可轮流氨化，交替使用，氨源为尿素或碳酸氢铵。

（二）氨化操作方法

1. 氨化设备的选择

生产中常选择的氨化设备有直接水泥地面堆垛、挖窖（窖内衬塑料膜）或氨化池、直接用塑料袋等。

2. 氨源量的控制

氨化所用的氨源通常为尿素或碳酸氢铵，其加入量分别占秸秆干物质的4%~5%和10%~12%，加水量占秸秆干物质质量的40%最佳。即每100 kg风干麦秸用30 L水，加入尿素4~5 kg，或碳酸氢铵10~12 kg。完全溶解后喷洒在秸秆中，充分搅拌，压实封口；或每100 kg风干麦秸用30 L水加入生石灰3 kg，取其上清液加入尿素2 kg，溶解后洒入秸秆中，充分搅拌压实封口即可。

3. 氨化时间的确定

氨化时间与氨化周围环境温度有关，温度越高，氨化时间越短，一般冬季50~60 d，春、秋季20 d，夏季7~10 d。

4. 氨化品质的鉴定

氨化好的麦秸，质地变软，颜色变深，呈棕黄色或浅褐色，具有较浓的氨味。

5. 氨化麦秸的利用

氨化麦秸饲喂牛、羊时，要提前取出释放氨气，2 d后，氨气适度以略有氨味但不强烈刺激鼻腔或眼部黏膜（刺激眼睛）为宜。不取喂时应封口，以避免氨的大量损失。

三、棉秆、葡萄藤调制技术

棉秆、葡萄藤等非常规饲料的调制主要以微贮为主。

（一）微贮原料、EM菌剂及设备的准备

1. 原料准备

选择清洁而无霉变，干燥且能迅速粉碎的棉秆或粗细在小拇指以下的葡萄藤。

2. EM菌剂选择

通常选用秸秆微贮宝，规格多为50 ml / 瓶，每瓶可微贮秸秆1 000 kg。

3. 合理选择设备

常用的微贮设备为塑料袋。选择大棚用宽100 cm的双幅塑料薄膜，每段剪成120~150 cm，将每段中的其中一端加热黏合或用结实麻绳扎口或直接购买微贮专用塑料袋。

（二）棉秆、葡萄藤微贮方法及利用

1. 原料粉碎

将棉秆、葡萄藤等粉碎为1~2 cm，便于压实且不易戳烂塑料袋。

2. 菌剂复活

取50 g红糖溶于500 ml 30 ℃左右的温水中，然后加入微贮菌剂1瓶（50 ml）。搅拌均匀后静置1~2 h，使菌剂充分复活。复活好的菌剂必须当日用完。

3. 菌液配制

将复活的菌剂倒入充分溶解的0.8%~1.0%食盐水中充分搅拌，制成菌液。食盐最好采用畜牧专用盐。食盐和菌液量的配比见表2-1。

表2-1 微贮棉秆、葡萄藤菌剂、菌液、食盐、水用量配比

原料种类	秸秆重量/kg	微贮保菌剂用量/ml	食盐用量/kg	用水量/L	物料含水量/%
棉秆	1 000	50	10	1 200~1 400	60~70
葡萄藤	1 000	50	10	800~1 000	60~70

4. 物料制作

物料制作就是将粉碎后的棉秆或葡萄藤用菌液喷洒并搅拌均匀，含水量控制在60%~70%，制作成物料。物料含水量的控制可采取挤压法来测定，即抓取一把物料，双手用力挤压，不出现滴水，松开手后，物料散落均匀，没有结块，手掌可见闪光水珠，可判定物料含水量适宜。物料准备好后，堆积20 min左右使其初步软化。

5. 装袋与码放

将初步软化物料，以每层20~30 cm装填压实，塑料袋的角落处尤其要装严压实，装填物料距袋口20 cm左右时扎口，扎口时应尽量挤压袋子，排尽内部空气。微贮塑料袋全部装填结束后要及时码放整齐，码放处应平整、遮阳、取用方便。

6. 微贮棉秆、葡萄藤饲料利用

棉秆、葡萄藤塑料袋微贮饲料，20 d左右即可开袋饲喂，取料应遵循喂多少、取多少的原则，取后依旧扎紧袋口，以保持饲料新鲜。饲喂时，应确保槽内清洁卫生，同时注意在肉羊日粮配制中减去饲料制作中加入的食盐分量，防止食盐中毒。

（三）棉秆、葡萄藤微贮品质的鉴定

棉秆、葡萄藤微贮品质的鉴定详见表2-2。

表2-2 微贮棉秆、葡萄藤感官与适口性评价

原料种类	色泽	质地	气味	适口性
棉秆	黄褐色	柔软、湿润、膨松，无结块	柔和酒曲味，舒适	牛喜食，羊有一定适应过程
葡萄藤	红褐色	柔软、湿润、膨松，无结块	醇香苹果味，舒适	牛羊均喜食

（四）棉秆、葡萄藤微贮注意事项

1. 微贮用塑料袋制作

塑料袋应选择厚度为2 mm以上，质地结实的聚乙烯大棚用薄膜。如有条件，不妨用2个塑料袋套在一起使用。

2. 制作过程干净卫生

场地最好为水泥地坪，如为土地面，应铺衬厚塑料薄膜或无纺布。用水最好为自来水或井水。

3. 微贮塑料袋码放与检查

微贮塑料袋码放后，应经常检查是否有被老鼠咬破情况，如有破损则应及时将破口密封。塑料袋码放处最好设防鼠隔板，撒些鼠药，但在取料时要认真清理这些药物，严防混入微贮饲料。

4. 微贮塑料袋扎口

应严禁用铁丝或塑料绳扎口，防止家畜不慎食入而发生异物性心包炎，或塑料绳索在瘤胃中结块。

四、玉米秸秆调制技术

玉米秸秆的调制技术比较广泛，既可以通过物理方法调制，如粉碎、铡短、制粒、制块等；也可以采用生物学方法调制，如通过青贮、黄贮的方式实现秸秆的科学利用。青贮饲料和黄贮饲料的制作原理相同，只是选择原料的时段不同。青贮饲料和黄贮饲料的制作过程其实是物理方法和生物学方法的综合利用。

（一）原料准备

青贮饲料的原料是选择蜡熟期的带棒玉米进行全株刈割，对于黄熟收获玉米棒后的玉米秸秆，若秸秆中仍会有一些叶片青绿，也可作为青贮饲料的原料。黄贮饲料的原料是选择收获玉米棒后的秸秆，秸秆的叶片有2/3以上变黄。

（二）设施修建

选择地势高、干燥、排水良好、质地坚实、距离羊舍较近的地方修建青贮窖（详见第一章第三节青贮池建设技术）。对于地下水位低的地方可修建地下式青贮窖，地下水位高的地方，可修建地上和半地上式青贮窖。青贮窖的建筑结构可根据经济和土质条件，选择砖水泥结构、石块水泥结构、混凝土结构、预制板结构或土质结构。目前，规模羊场以长方形青贮池为主，而对于散养农户，则以小型长方体青贮窖为宜，一般宽度为1.5 m，深度为1.5~2.0 m，长度以原料多少而定。

（三）青贮制作

1. 铡短

青贮玉米秸秆要尽量铡短，以2~3 cm为宜，不应长于5 cm。

2. 水分

适宜的含水量是玉米秸秆青贮成功的关键之一。带穗青贮玉米一般不会发生水分不足的问题，而对于果穗收获后，刈割较迟或堆放时间较长的青贮玉米秸秆往往会发生水分不足的问题，必须适当加水拌匀。

表2-3　测试可用手捏法测定青贮水分的含量

适宜刈割期青贮饲料抓握后的状态	估计水分含量
攥紧后，指缝有汁液流出，松手后呈球状，手上沾有很多汁液	75%以上
攥紧后，指缝有少许汁液流出，松手后呈球状，手上汁液很少	70%~75%
攥紧后，指缝无汁液流出，松手后青贮慢慢散开，手上不留汁液	60%~70%
攥紧后，指缝无汁液流出，松手后青贮迅速散开	60%以下

3. 填装压实

养殖户的土窖应在窖底及窖壁铺一层塑料薄膜。青贮的玉米秸秆最好随收随运随铡随装窖，切不可在窖外晾晒或堆放过久。应逐层装入，每装20~30 cm，踏实压紧，应特别注意窖壁及四角压实。装窖时应将玉米秸秆高出窖口30~40 cm，呈现中间高四边低的形状。

4. 密封

青贮窖装满后，用塑料薄膜完全盖严，在上面铺一层20~30 cm厚的麦秸，其上再加30~50 cm厚的湿土，打实拍光。

5. 启用

青贮封口30 d左右即可饲用。长方体窖应从向阳一端开启，然后以此为起点自上而下一直取，每天从里面取一截。青贮窖一旦启用，应连续使用，直至用完。每日取量以当日喂完为宜，切忌取取停停，以防二次发酵和饲料霉变。

6. 制作注意事项

（1）制作青贮饲料是一项时间性很强的工作，要求收割、运输、铡切、装窖（要装满）、压实、封窖等操作过程必须一次连续性完成。

（2）当原料不够，导致青贮池装不满时，应当先紧一头做，不可在青贮池中全面铺开做，也不宜在青贮池未装满时就封窖。

（3）当在大型青贮池制作青贮时，用大型铡草机铡碎的原料要及时推开压实，以免堆积过久，引起原料发热变质。同时，青贮原料要从顶头开始填装，采用分段、分层压实。

（4）禾本科牧草适合单独青贮，复种青玉米要与农作物秸秆混合青贮，苜蓿等豆科牧草因粗蛋白含量高不宜单独青贮，可与其他原料混合青贮，但添加量一般不高于30%，要与其他原料混合均匀饲喂。

（5）制作全株玉米青贮要选择产量高、品质好、营养丰富的专用型青贮饲料玉米品种，每亩鲜草产量可达到6~9 t。

（6）制作掰棒玉米秸秆青贮要选择粮饲兼用型玉米品种如青贮67号等，这样既可以保证一定的玉米籽实产量，也可以有质量较好的青绿玉米秸秆来制作青贮饲料。

（四）饲喂量的确定

绵羊、山羊一般为每只每日1.5～2.5 kg。

（五）品质鉴定

青贮品质鉴定包括感官鉴定法和实验室鉴定法。在农牧场或其他现场情况下，常用感官鉴定法来鉴定青贮饲料品质，可从颜色、气味和结构等几个方面鉴定。详见表2-4。

表2-4　玉米秸秆青贮饲料品质感官鉴定

等级	颜色	口味	气味	结构
优良	绿色、青绿色或黄绿色	酸味较浓	具有芳香味,略有酒味,给人以舒服感	柔软,稍湿润,茎叶花保持原状,容易分离
中等	黄褐色、墨绿色	酸味中等或较淡	香味极淡或没有,具有强烈的醋酸味	柔软稍干或水分稍多,茎叶部分保持原状
低劣	黑色、褐色	酸味很淡	具有特殊的腐臭味或霉烂味	干燥松散或结成块状,腐烂,无结构

（六）秸秆青贮饲喂注意事项

1. 渐过渡

青贮饲料是一种多汁饲料，具有酸味，饲喂过程中要逐渐过渡，由少到多逐渐增加，一次性饲喂过多往往会导致家畜胃肠疾病的发生。没有采食过青贮饲料的家畜第一次吃比较难适应，往往需要通过训饲的方式让其习惯采食。具体方法是选择家畜空腹的时，将青贮饲料和少量精料混合在一起搅拌均匀后进行饲喂，这样可有效避免家畜挑食，经过两周的训练，家畜就会习惯采食青贮饲料，之后逐渐增加青贮的饲喂量，直到符合其正常的饲喂量。

2. 算好量

青贮饲料的饲喂要根据家畜饲养量的多少进行取料饲喂，一般喂多少取多少，或取一次能够饲喂1~2 d为宜。杜绝取一次饲喂3 d及以上，这样即容易让青贮的养分流失又导致青贮饲料二次发酵变质。青贮饲料的饲喂量：公畜饲喂量占其体重的1.5%~2.0%，母畜饲喂量占其体重的2.5%~3.0%，育肥家畜占体重的4%~5%。如成年牛每天饲喂青贮量为5~10 kg；成年羊每天饲喂青贮量1.5~2.0 kg，体重较大的小尾寒羊、欧洲白等饲喂量可达到7 kg。

3. 巧混饲

青贮饲料是一种营养丰富的多汁饲料，但在饲喂时不提倡单独饲喂，应该适量搭配干草与精饲料混合饲喂，一般精饲料与青贮饲料的搭配比例为

1∶3～1∶3.5，青贮饲料在混合日粮中的含量不超过30%。对于怀孕母畜的青贮饲喂量适当要低于30%，达到20%为宜，怀孕母畜产前15 d应该停喂青贮饲料，羔羊2月龄以后开始饲喂青贮饲料。

4. 严取料

青贮饲料的取料严格按照顺序取料，防止二次发酵和变质。一般取料的顺序是从上到下呈横切面逐层一段一段取。在每次取料后要及时覆盖，防止2次发酵，防止暴晒、雨淋、结冰。如有积水（半地下式青贮窖）和发霉变质的草，要及时清理，防止霉变扩散。

5. 防中毒

不管是青贮饲料还是常规饲料，只要发现有霉变现象就要禁止饲喂家畜，否则会导致家畜的霉菌中毒。青贮饲料属于酸性饲料，长期饲喂容易导致牛羊胃酸中毒和胃肠炎的发生。在青贮饲料的饲喂中需要添加精料量的1.0%～1.5%的小苏打，中和瘤胃胃酸，减少牛羊胃酸过多导致胃肠炎的发生。青贮饲料是一种含水量较高的多汁饲料，在北方的冬天若管理不当就会导致结冰，发现结冰的青贮饲料要等冰块融化后再进行饲喂。

五、柠条加工调制技术

柠条又称柠条锦鸡儿，是豆科锦鸡儿属植物，灌木，有时呈小乔木状，高1~4 m；老枝金黄色，有光泽；嫩枝被白色柔毛。羽状复叶有6~8对小叶；叶轴脱落；小叶披针形或狭长圆形，先端锐尖或稍钝，有刺尖，灰绿色。柠条开花期鲜草干物质含粗蛋白质15.1%、粗脂肪2.6%、粗纤维39.7%，无氮浸出物37.2%，粗灰分5.4%。粗灰分中钙2.31%，磷0.32%。柠条产量高，但适口性较差。春季萌芽早，枝梢柔嫩，羊和骆驼喜食；春末夏初，连叶带花都是牲畜的好饲料；夏秋季采食较少，初霜期后又喜食；冬季更是驼、羊的"救命草"。

（一）原料收获

柠条生长阶段具体划分为返青期、开花期、结实期、种子成熟期和枯黄期。其中，开花期到种子成熟期粗蛋白含量最高，粗纤维含量较低，产量最高。因此，柠条应在此时期进行平茬收获，留茬高度应在5~10 cm。柠条应在晴好天气收获，并立即运输至包膜青贮制作地点。

（二）揉丝粉碎

将原料及时用揉丝粉碎机进行粉碎，揉丝粉碎长度一般应在2~3 cm。

（三）水分调节

根据原料含水量，补充适量水分，含水量调节到60%~70%。实际操作中，取一把揉丝粉碎过的柠条稍经揉搓，然后用力握在手中，若手指缝中有水珠出现，但不成串滴出，则原料中含水量适宜；若握不出水珠，则水分不足；若水珠成串滴出，则水分过多。

（四）加入添加剂

揉丝粉碎过程中，可同时均匀铺撒乳酸菌、有机酸或饲料酶等青贮调制添加剂（用量和使用方法应以产品说明为准）。

（五）打捆

将切碎的原料装入专用饲草打捆机中进行打捆（每捆重量在50~60 kg）。

（六）包膜

打捆结束后，从打捆机中取出草捆，将草捆平稳放到包膜机上，然后启动包膜机用专用拉伸膜进行包裹，设定包膜机的包膜圈数以22~25圈为宜（保证包膜2层以上）。

（七）堆放和保存

包膜完成后，从包膜机上搬下已经制作完成的包膜草捆，整齐地堆放在远离火源、鼠害少、避光、牲畜触及不到的地方。堆放不应超过3层。搬运时不应扎通、磨破包膜，以免漏气。在堆放过程中如发现有包膜破损，应及时用胶布粘贴防止漏气。

（八）取用

柠条包膜青贮一般经过50~60 d即可开启使用。包膜青贮取喂时，将外面包裹的塑料膜拆开（可沿包裹方向拆开，最好不要剪断，缠好后可旧物利用），剪开里面的网或绳，取出青贮料即可，取喂量应按照家畜饲养量以当天喂完为宜。

优质柠条包膜青贮料为黄绿色，具有酸香味。

（九）饲喂

柠条包膜青贮应与其他饲草料搭配混合饲喂，育肥羊每头每天饲喂柠条包膜青贮占其体重的1%~3%。

六、苜蓿青贮技术

紫花苜蓿原产伊朗，是当今世界分布最广的栽培牧草，在我国已有两千多年的栽培历史。苜蓿以"牧草之王"著称，不仅产量高，而且草质优良，各种畜禽均喜食。苜蓿含有大量的粗蛋白质、丰富的碳水化合物和B族维生素，维生素C、E及铁等多种微量营养素，不仅可用于家畜饲养，也是人类最古老的食物之一。

鲜苜蓿草属于高蛋白饲草，所以在进行苜蓿青贮时要严格操作程序，掌握青贮要点。

（一）苜蓿青贮的分类及原理

常见苜蓿青贮有苜蓿半干青贮、苜蓿添加剂青贮和苜蓿混合青贮。

1. 半干青贮

半干青贮又称低水分青贮，是指将原料刈割后晾晒到含水率40%~55%进行青贮的一种青贮方式，主要应用于高蛋白牧草（苜蓿、黑麦草等）。

苜蓿半干青贮是通过短暂晾晒使苜蓿萎蔫，含水量降至50%左右，提高苜蓿原料中干物质含量，造成微生物的生理干燥及厌氧条件抑制各种杂菌繁殖，同时促进乳酸发酵而形成优质苜蓿青贮饲料。

半干青贮特点：青贮苜蓿保存了大量的碳水化合物，蛋白质被分解产生的非蛋白质化合物较少，饲喂反刍家畜的营养价值较高。半干青贮能克服高水分青贮所造成的植物渗出液损失，从而较多地保存原料的养分。而且半干青贮苜蓿在制作中含水量低，发酵程度较弱，酸味很淡，所以在适口性和营养价值方面比干草和鲜贮苜蓿更接近青草。

2. 添加剂青贮

添加剂青贮又叫外加剂青贮，是为了获得优质青贮饲料而借助添加剂对青贮发酵过程进行控制的一种保存青绿饲料的措施。通常通过添加有机酸、纤维素酶、乳酸菌等使苜蓿原料中乳酸菌迅速繁殖，抑制不良微生物的繁殖，从而形成优质苜蓿青贮料。

添加剂青贮特点：通过添加剂使青贮的苜蓿料 pH 显著降低，乳酸菌增多，蛋白质分解减少，提高了苜蓿青贮饲料质量。

3. 混合青贮

混合青贮就是利用互补的原理，在满足青贮基本要求的前提下，为了优劣互补、营养平衡、提高青贮质量而将两种或两种以上青贮原料混合在一起的制作方法。如将高蛋白的紫花苜蓿和低蛋白的禾本科牧草放在一起进行青贮处理，可得到营养均衡、适口性好的青贮饲料。混合青贮的营养成分含量丰富、均衡，有利于乳酸菌生长繁殖。

混合青贮的原则是：含糖量高的与含糖量低的原料搭配，如禾本科植物与豆科植物；含水量高的与含水量低的原料搭配，如水草类与草粉类；营养价值较高的与营养价值较低的搭配，如玉米面与秸秆类。

混合青贮特点：青贮料适口性好，营养丰富。

（二）苜蓿青贮制作

1. 适时刈割

当紫花苜蓿在盛花期（前期）阶段，选择晴朗的天气进行收割，需要青贮的苜蓿要边收割边在田里进行晾晒。

2. 合理晾晒

青贮用紫花苜蓿经收割后最好在田里进行就地晾晒3~4 h，当苜蓿处于半干状态（含水50%~55%），此时进行青贮正合适。

3. 装填或压捆

若用青贮池青贮苜蓿，就要将含水50% 左右的苜蓿拉运的青贮地点，并用铡草机进行铡碎后，每装填20~30 cm 进行碾压一次，确保压实，不留空隙；若用牧草打捆机进行打捆青贮，将收割后的苜蓿直接用捆机压成圆柱形草块，打捆机会将草块压得非常结实，不留空隙。

4. 封严或捆裹。

对于青贮池青贮的苜蓿，和秸秆青贮一样，要用塑料棚膜进行封严，并在上面覆盖20~30 cm的稻草，在稻草上再覆盖30 cm的土层。对于压捆的苜蓿草快，要用捆裹机将草块用厚度0.023 mm的高拉力塑料薄膜不留空隙缠裹，缠裹好后堆放整齐，堆放层数不应超过3层，以防倒塌或挤压变形。

（三）取用

青贮池（窖）青贮的苜蓿，其取用方法及注意事项与玉米秸秆青贮相同。苜蓿裹包青贮取用方法按从前到后，从上到下的顺序依次取用，通过机械或人工方式将青贮包底部割开，拆开外包装取出发酵良好的青贮饲料投入TMR搅拌车中加工后饲喂。

（四）苜蓿青贮感官评价

青贮苜蓿的品质通常通过气味、结构、色泽等方面进行感官评价，具体评价标准详见表2-5。

表2-5　苜蓿青贮感官评价标准

类别	标准	分值
气味	无丁酸臭味，有芳香味或明显酸香味	14
	有微弱的丁酸臭味或较强的酸味	10
	丁酸味重，或有刺鼻的焦煳臭或霉味	4
	有很强的丁酸臭或氨味，或几乎无酸味	2
结构	茎叶结构保持良好	4
	叶子结构保持较差	2
	茎叶结构保存极差或有轻度霉菌污染	1
	茎叶腐烂或污染严重	0
色泽	与原料相似，烘干后呈淡褐色	2
	略有变色，呈淡黄色或带褐色	1
	变色严重，墨绿色或褐色	0

类别	标准	分值
得分	1级：16~20；2级：10~15；3级：5~9；4级：0~4	
等级	1级为优良 2级为良好 3级为中等 4级为劣等	

七、玉米芯调制技术

玉米芯在我国农村是较为丰富的粗饲料资源，因其质地坚硬难以破碎且燃烧值高，往往被农户用作烧炕或烧火炉取暖的燃料，其实玉米芯不仅是很好的粗饲料，而且其粗灰分的含量特别高，只要我们通过科学合理的加工处理，就可以变为优质饲料。

（一）调制方法。

1. 直接加工

直接加工就是用物理的方法，将脱了籽粒的玉米芯粉碎成直径0.3 cm左右的颗粒，用水浸泡12 h左右（55%~65%含水量）使之软化后和其他粗饲料进行混合饲喂。也可不脱去玉米籽粒，直接将玉米棒进行粉碎，按照一定的比例掺在精料中进行饲喂。

2. 生物学处理

生物学处理根据处理规模的大小可以分为集中处理法和分散处理法，前者适合规模化羊场对玉米芯的处理，后者适合散养农户对玉米芯的处理。

（1）集中处理法 将粉碎的玉米芯浸泡处理，使其含水量达到65%~70%，每吨玉米芯添加1.5 kg纤维素酶（用玉米面20 kg或麸皮30 kg预混合）和2~5 kg食盐。压实后覆盖塑料薄膜，夏天发酵2~3 d、冬天发酵7~10 d即可饲喂。

（2）分散处理法 分散处理法就是在饲喂的前一天用含有饲料酶的水溶液浸泡或喷洒在已粉碎好的玉米芯颗粒上，湿度以玉米芯含水40%~50%为宜，上面覆盖塑料薄膜保持12~24 h（如前一天晚上拌好第二天早上的饲料），和其他精料进行混合饲喂。

（二）确定饲喂量

对于浸泡后的玉米芯，按照粗饲料总量的16%~25%添加，与其他饲料混合后饲喂。对于发酵后的玉米芯，与其他饲料混合后饲喂，育肥羊每只每天饲喂0.5~1.0 kg。

（三）注意事项

处理好的玉米芯应边取边饲喂，同时减少秸秆等粗饲料的饲喂量；每次的饲喂量在2 h内吃完为准，投喂量不能过多并及时清理饲槽内剩余的残料，避免夏天发霉变质导致霉菌中毒；凡饲喂中发现发霉变质的玉米芯坚决不能进行加工饲喂；饲喂牛羊的玉米棒可以不进行脱粒，直接带棒粉碎可以减少加工成本的投入。

第五节　常用精饲料调制技术

肉羊的精饲料主要包括能量饲料和蛋白质饲料，如玉米、高粱、豆饼（粕）、菜子粕、棉籽粕、小麦麸等。其中玉米、高粱属于能量饲料，其他属于蛋白质饲料。为了提高能量和蛋白质精饲料的利用率、适口性和消化率，要对菜籽粕等蛋白饲料进行脱毒，饲喂前须进行加工处理。精饲料的加工处理既有简单的机械加工处理，也有加热、蒸煮等物理化学方法的处理。精饲料的加工处理要根据原料的营养成分采取不同的处理方式。

一、机械加工处理

机械加工处理是将精饲料借助机械工具进行粉碎、压扁和制粒的过程，是常用的物理处理方法之一，一般不同原料将根据其营养成分采取不同的加工方式。

（一）粉碎

粉碎是使用最广泛、最简便的方法，即用机械的方法破坏饲料的物理结构，使被外皮或壳所包裹的营养物质暴露出来，提高其利用率。粉碎也要适中，不是越细越好，一般将其粉碎成原料的1/2或1/4的颗粒（即颗粒直径为1~2 mm

的粗粉即可）。适当的粗度，可以增大消化液与精料的接触面积，有利于对精料的消化吸收。

适合粉碎的精料，常见的有玉米、燕麦、大麦、水稻和豆类及颗粒较大且坚硬的籽粒精料，为了提高其消化利用率，往往需要粉碎处理后饲喂肉羊，如燕麦、大麦和水稻等有坚实壳皮的植物籽粒，不容易透水，其中的养分不容易被微生物和消化酶分解吸收，所以饲喂前要经过压扁或粉碎或制成颗粒后才能饲用。

豆类、玉米、燕麦等含脂肪高的精料，经粉碎后，可以加强细胞的呼吸以及增大与空气接触的面积，比较容易氧化变质，所以不能久存，最长不过30 d。尤其是夏秋高温季节，为了避免变质减少养分，最好现加工现饲喂。

（二）压扁

在湿、软状态下，玉米等能量饲料也可以压扁后直接喂羊，同样可以达到粉碎的饲喂效果。现代饲料工业生产中常用的还有先膨化再压扁，可有效提高其吸收率。

（三）制粒

颗粒料是经过一系列的加工工艺，用颗粒机将精料制成的一种粒状料。用颗粒料饲喂肉羊，养分利用率比未制成颗粒的有所提高，而且使用方便不浪费。

二、水处理

水处理饲料原料的常见方式是浸泡与湿润，该方法多应用于籽粒坚硬或致密类饲料中，如饼状（豆饼、豆粕）和坚硬结实的籽粒饲料（豆类）通过浸泡可以饲喂。如玉米粉、麸皮、磨成粉的谷类籽实等粉状致密类精料和粗饲料用少量水拌湿后，粉状饲料附着在粗饲料的外表，放置一段时间，待水分完全渗透、饲料表面没有游离水时即可饲喂，能增加粗饲料的适口性和采食量。豆类籽实需用开水浸泡或煮熟，磨成豆汁加上生物菌液饲喂，效果最好。菜籽饼粕去毒后才能使用，可用4~5倍80~90 ℃的热水浸泡1.5 h，不断搅拌，沥干后与1.5~2.0 cm长的粗饲料混合饲喂。

三、热处理

热处理精料常见的方式主要是蒸煮和焙炒，有的原料经蒸煮后可提高适口性和消化率，如豌豆、大豆、黑豆和马铃薯。焙炒可以将饲料中的淀粉部分转化为能产生香味的糊精，用作诱食饲料提高采食量。焙炒特别适合豆类。

（一）豆类饲料热处理方法及注意事项

豆类饲料中含有一种叫作抗胰蛋白酶的物质，这种物质在羊的消化道内与胰蛋白酶作用，破坏了胰蛋白酶的分子结构，使酶失去生物活性，从而影响营养物质消化吸收。这种抗胰蛋白酶在遇热时就会变性而失去活性，因此生产中常用蒸煮和焙炒的方法加工豆类。熟豆饼经粉碎后可按一定比例直接添加到日粮中饲喂，生豆饼因为含有抗胰蛋白酶，在粉碎后须经蒸煮或焙炒再饲喂。豆饼粉碎的粒度应比玉米细，以便配合饲料和防止羊挑食。

（二）棉籽饼饲料热处理方法及注意事项

棉籽饼含有丰富的可消化粗蛋白质、必需氨基酸，还含有较多的可消化糖类，是能量和蛋白质含量都较高的蛋白质饲料。但是棉籽饼中含有较多的粗纤维，还有一定量的有毒物质棉酚，所以饲喂前一定要进行脱毒处理。棉籽饼常用的处理方法有水煮法和硫酸亚铁溶液浸泡法。

（三）菜籽饼饲料热处理方法及注意事项

菜籽饼味苦，适口性较差，含有含硫葡萄糖苷，这种物质在酶的作用下裂解生成噻唑烷硫酮、异硫氰酸酯、芥籽苷等多种有毒物质，饲喂和处理不当就会发生饲料中毒。

菜籽饼的脱毒处理方法有土埋法和氨碱处理法两种。

土埋法是将菜籽饼粕粉碎成面，按1∶1加水拌匀，置于土坑内，盖土封严，2个月后即可启用，脱毒率可达89%以上，而蛋白质损失率只有3%~8%，能使残毒量降到允许标准。

氨碱处理法是将每100份菜籽饼用浓氨水（含氨28%）5份或用纯碱粉3.5份，用适量清水稀释后，均匀喷洒在粉碎的菜籽饼粉中，先用塑料薄膜覆盖堆放3~5 h，再置于蒸笼中蒸40~50 min。

四、制浆处理

在养羊业中，一般在母羊产仔哺乳期和公羊生育期，用水将大豆浸泡后研磨并加热制成熟豆浆，然后直接饮饲或者将其拌入精料中，按每天每只100~250 g大豆所制成的豆浆量分次喂给。这种方法不仅可使大豆中的抗胰蛋白酶的活性丧失，从而提高了蛋白质的生物学效价及利用率，而且熟制后可提高大豆的适口性。

五、发芽处理

发芽是将籽实类饲料浸泡后使之生长出嫩芽，以增加某些营养物质的含量，提高饲喂效果。籽实发芽是复杂的质变过程。大麦发芽后，糖、维生素和各种酶大大增加，一部分蛋白质分解成氨化物。因此，发芽后的籽实是补充维生素的重要饲料。无氮浸出物减少，纤维素增加。芽的长短不同，所含的营养物种类也不同。芽长2~3 cm时富含胡萝卜素和B族维生素；8 cm以上的芽，含有较多的维生素；6 cm以下的短芽含有多种类的酶，是制作糖化饲料的催化剂。

谷物饲料发芽后，可使一部分蛋白质分解成氨基酸、糖分、维生素与各种酶，增加纤维素含量。如大麦发芽前几乎不含胡萝卜素，浸泡发芽后胡萝卜素的含量可达93~100 mg/kg，核黄素含量提高10倍，蛋氨酸的含量提高2倍，赖氨酸的含量提高3倍。一般将液体培养的饲料添加到营养匮乏的日粮中，饲喂效果很好。

麦粒发芽过程，选粒大饱满、新鲜、无虫蛀和霉变的麦粒为原料，将其中的杂质清除后，置于阳光下晒1~2 d。然后用水将麦粒淘净，在15~20 ℃的温水中浸泡一昼夜。为了保持水温，其间要反复换水。之后再用清水冲洗泡好的麦粒，并在塑料布上摊平，厚3~4 cm。为了保持温度和湿度，用纱布和麻袋片盖在上面，放于温暖且阳光充足的室内，应保持20~30 ℃的室温。每昼夜洒水3~4次，洒水时要同时翻动麦粒，2~3 d即出芽。出芽后要停止翻动，并将覆盖物揭去，每天早晚淋清水。于无风天气晴朗的中午前后，将之放到阳光下晒2~3 h。1周后芽变成绿色时即可使用。

第六节　生态饲料配制技术

随着肉羊生产规模的不断扩大和集约化程度的不断提高，肉羊生产过程中产生的大量氨气、硫化氢、粪臭素、三甲基氨等恶臭气体和粪尿中的氮、磷及重金属等元素，造成了严重的环境污染。同时，随着经济的不断发展和人民生活质量的逐步提高，人们对羊肉的需求不仅讲究营养丰富、卫生安全，而且也要求整个生产的全过程有良好的环境和安全的饲料资源。因此，配制生态营养饲料不仅能降低肉羊产业对环境的污染，也是促进肉羊产业生态可持续发展、从根本上治理环境污染行之有效的措施之一。

一、生态饲料的来源

肉羊生产对环境造成的污染主要来自粪尿排出物及体内中有毒有害物质的残留，其根源在于饲料。肉羊饲养者和饲料生产者为最大限度地发挥肉羊的生产性能，往往在饲料配制中有意提高日粮蛋白质浓度，造成肉羊粪尿中的氮排出增多。如果不注意饲料中矿物元素、微量元素及有毒有害物质在肉羊体内的富集和消化不完全物质的排出，将会导致羊肉有害物质残留超标，危害了人体健康。肉羊饲养过程中磷、铜、砷、锌及药物添加剂排出后，造成水土的污染，破坏了人们的生活环境。

随着科学技术的发展和人们生活水平的不断提升，人类环保意识不断增强，解决肉羊产品公害和减轻肉羊生产对环境污染问题被提到了重要议事日程。生态饲料就是利用生态营养学理论和方法，围绕肉羊产品无公害和减轻肉羊生产对环境污染等问题，从原料选购、配方设计、加工饲喂等过程进行严格质量管控，进行科学合理的动物营养调控，有效控制可能发生的产品质量问题和环境污染，达到低成本、高效益、低污染的效果。

二、生态配合饲料及其分类

生态配合饲料是以肉羊营养需要量和原料中各种营养成分为依据，按照一定比例和工艺加工配制而成的饲料。生态配合饲料是根据一个肉羊的体重、年龄、生理状况及生产性能等为参考标准进行配制的。

（一）生态配合饲料的分类

生态配合饲料根据其生产方向和目的不同，可以分为精料补充料、浓缩料和添加剂预混料3种。

1. 精料补充料

精料补充料是指为了补充以干粗饲料、青饲料、青贮饲料为基础的肉羊营养，而用多种饲料原料按一定比例配制的饲料。精料补充料不是全价配合饲料，只是日粮的一部分，也称之为半日粮型配合饲料。它必须与多种饲料搭配在一起饲喂。

2. 浓缩饲料

浓缩饲料是指由蛋白质饲料、无机盐、维生素和非营养性添加剂等，根据不同品种的肉羊在不同生产阶段的需要按一定比例均匀配制的混合物。浓缩饲料再加上能量饲料就成了配合饲料。因此，浓缩饲料又称为平衡用混合饲料。浓缩饲料一般占配合饲料的20%~30%，其中的粗蛋白质含量要求在30%以上。浓缩饲料不能用来直接饲喂。

3. 添加剂预混料

添加剂预混料是指由一种或多种饲料添加剂与特殊载体或稀释剂（如石粉、玉米粉、麦麸等），按一定比例扩大稀释后配制的预混合饲料。复合预混料是由微量元素、维生素、氨基酸和非营养性添加剂中任何两类或两类以上的成分与载体或稀释剂按一定比例配制的预混料。预混料也是浓缩饲料的核心，常见的预混料添加比例有1%、3%、5% 不等，生产中按照预混料说明科学添加。

（二）配合饲料的营养特点

1. 营养全面，饲料利用率高

配合饲料是将饲料中的各种原料按照一定比例进行科学配制而成，由于各种营养物质互补和添加剂的调整作用，配合饲料不仅营养全面、平衡、利用率高，还能增进健康，提高生产率。

2. 缩短饲养周期，提高出栏率

采用配合饲料饲喂家畜，单位增重耗料少、生长快、出栏快，成本降低，经济效益随之提高。

3. 拓宽饲料利用范围，扩大饲料来源

配合饲料可以利用一些不宜单独作为饲料的资源，如矿物质、氨基酸、饼渣等，因而扩大了饲料来源。

4. 贮存运输方便，饲喂安全便捷

由于采用机械化生产，饲料均匀统一，在生产过程中同时加入抗氧化剂、抗黏结剂等，延长了饲料的保质期，因而饲料耐贮存，饲喂安全。配合饲料还具有体积小，运输方便等特点。

三、生态配合饲料的配制要求

（一）合理选择原料

饲料原料是加工饲料的基础，选择原料首先要保证原料的90%来源于已认定或相当绿色食品产品及其副产品，其他可以是达到绿色食品标准的产品。其次，要注意选购消化率高、营养变异小的原料。据测定，选择高消化率的饲料至少可以减少粪尿中5%氮的排出量。最后要注意选择有毒有害成分低、安全性高的原料，以减少有毒有害成分在肉羊体内累积和排出后的环境污染。

（二）科学设计配方

在肉羊生态饲料的配制中要根据不同肉羊品种及其不同的生长阶段，严格对照营养需要标准，合理设计饲料配方，按照配方要求精细配制日粮。肉羊不同的生长阶段其营养需要差别很大，生产中要尽可能地准确估计肉羊生长各阶段的营养需要及各营养物质的利用率，设计出营养水平与肉羊生理需要基本一致的日粮，这是减少养分消耗和降低环境污染的关键，也是做好生态养殖的关键。

（三）精准加工饲料

饲料加工的精准程度对畜禽的消化吸收影响很大，不同的畜禽对饲料加工的要求是不一样的，一般羊的饲料可粉碎成中等或较粗颗粒（颗粒直径为1~2 mm）。李德发（1994）报道，猪饲料颗粒直径在700~800 μm 之间，饲料的转化率最高采用膨化和颗粒化加工技术，可以破坏和抑制饲料中的抗营养因子、有毒有害物质和微生物，改善饲料卫生，提高养分的消化率，使粪便排出的干物质减少1/3。

（四）配制氨基酸平衡日粮

氨基酸平衡日粮，是指依据"理想蛋白质模式"配制的日粮，即日粮的氨基酸水平与动物的氨基酸水平相适应的日粮。据报道，在满足有效氨基酸需要的基础上，可以适当降低日粮的蛋白质水平。有研究资料表明，畜禽粪便、圈舍排泄污物、废弃物及有害气体等均与畜禽日粮中的蛋白质组成成分有关。粪便污染的恶臭主要由蛋白质的腐败所产生，是日粮中营养物质吸收不全造成的，如果提高日粮蛋白质消化率或减少日粮蛋白质供应量，那么恶臭物质的产生将会大大减少。这不仅可以节省蛋白质资源，而且也是从根本上降低畜禽粪便氮污染的重要措施。试验证明，猪日粮中的蛋白质含量每降低1%，氮的排出量则减少8.4%，如果将日粮中粗蛋白含量从18%降低到15%，即可将氮的排放量降低25%。如果将鸡的日粮中蛋白质减少2%，粪便排氮量可减少20%。

（五）合理利用饲料添加剂

俗话说"养羊先养肠道"，在日粮中添加酶制剂、酸化剂、益生素、丝兰提取物、寡聚糖和中草药添加剂等，能更好地维持畜禽肠道菌群平衡，提高饲料消化率，减少环境污染。常用的添加剂有以下几种。

1. 营养性添加剂

这类添加剂主要由非蛋白氮添加剂、氨基酸剂、矿物质微量元素添加剂以及维生素添加剂等组成。其主要作用是补充或平衡必需的营养，维持正常的生理活动等。

2. 非营养性添加剂

这类添加剂本身并不具有营养价值，但能增进机体健康，促使机体代谢和生长发育，参与消化和神经调控，改善饲料及产品质量，提高产品产量等。具体又分为以下几类。

（1）保健助长添加剂　主要有抑菌促生长添加剂、驱虫类添加剂、中草药添加剂、酶制剂和微生物制剂等。

（2）生理调控添加剂　包括瘤胃代谢控制剂、缓冲剂和有机酸添加剂等。

（3）改善饲料质量添加剂　主要包括有抗氧化剂、防霉防腐剂、青贮饲料添加剂、粗饲料调制添加剂及调味剂等。用于保护、改善饲料品质，增进食欲，提高饲料消化利用率等。

（4）抗应激添加剂　包括矿物质、脂肪、维生素和镇静剂等。主要用于机体的抗应激反应，增强对环境改变的适应能力。

四、常见饲料价格比较

配制饲料进行价格比较是降低养殖成本的关键，及时准确掌握当地各种饲料价格并进行比较，根据成本高低，尽量选用较低成本的饲料配制日粮，实现低成本饲喂。饲料原料价格的比较我们通常用皮特森（Petersen）饲料价格比较法进行比较。

表 2-6　反刍动物常用饲料的皮特森常数

饲料名称	豆粕常数	玉米常数	饲料名称	豆粕常数	玉米常数
苜蓿常数	0.185	0.459	鲜苜蓿草	0.091	0.131
大麦秸	−0.084	0.568	米糠	0.106	0.657
玉米秸	−0.060	0.568	红三叶干草	0.106	0.578
大麦	−0.076	0.852	玉米秸青贮	−0.018	0.275
玉米	0.000	1.000	棉籽壳	1.0136	0.721
棉籽饼粕	0.691	0.222	玉米皮	1.323	0.926
干啤酒糟	0.427	0.379	鱼粉	1.323	−0.352
高粱	−0.026	0.938	干烧酒糟	0.462	0.553
豆粕	1.000	0.000	大豆秸	0.130	0.467
小麦秸	−0.096	0.637	花生饼粉	1.111	−0.248
小麦	0.084	0.926	麦麸	0.214	0.606
花生饼粉	1.116	−0.129	花生秸	0.047	0.704

待估常见饲料的理论价格是指当前玉米的单价 × 待估饲料的玉米常数 + 当前豆饼的单价 × 待估饲料的豆饼常数。如果待估饲料的理论价格高于实际市场价格，表明该饲料是较便宜的饲料；相反，则该饲料价格偏高。实际价格比理论价格低得越多，说明该饲料越便宜，我们应尽量选用该饲料。应用皮特森常数比较饲料价格时，应在同类饲料中进行比较，如能量饲料、蛋白质饲料及粗饲料等。

五、生态饲料配方注意事项

（一）营养搭配要科学合理

在设计饲料配方时不仅要考虑各种营养物质的含量，还要考虑各种营养素的全价性和平衡性。首先，应注意能量饲料与蛋白质饲料及富含氨基酸饲料保持科学合理的比例。其次，肉羊日粮中钙、磷比不平衡（比例失调），或含量过高，不仅会影响自身的吸收利用，还会降低锌、锰、铜、镁等矿物质的吸收利用率。同样，饲料中锌、锰、铜、镁等矿物质含量过高也影响钙、磷在机体内的吸收与沉积。

（二）精粗饲料比例科学合理

舍饲肉羊日粮由青饲料、多汁饲料、青贮饲料（包括微贮）、干草（青干草、秸秆）和精饲料（包括添加剂）等多种饲料搭配组成，以混合精料占50%、粗饲料占50%的配比为宜；或青绿多汁饲料（包括青贮饲料）、青干草、精料各占1/3。

精饲料用量一般不超过日采食量的40%，但在育肥羊日粮中精料可提高到日采食量的60%以上，食盐占羊日粮风干物质的1%，防止过量中毒。

实践证明，棉籽饼（粕）与菜籽饼（粕）以1：1~1：2的比例，大豆饼（粕）、棉籽饼（粕）和菜籽（饼）粕以1：1：1~2：1：1的比例，葵花饼（粕）、棉籽饼（粕）和菜籽饼（粕）以4：1：1的比例搭配使用，并添加维生素A、维生素 D_3、维生素 E、赖氨酸和铜，这样的配方既安全，又可满足营养全面的要求，是合理利用饼（粕）的有效途径。应交替、间断使用饼（粕）类饲料，不可过量或单独长期使用。

肉羊的营养需求中最明显不足的往往是能量饲料，尤其是处于生长期、肥育期和繁殖期的肉羊，必须选择高能量高蛋白饲粮（如玉米、豆粕等）组成日粮；羊的蛋白质指标比较低，许多青粗饲料的蛋白质含量均能满足成年羊的需要。当羊瘤胃功能正常时，瘤胃微生物能够合成 B 族维生素、维生素 K 和维生素 C，不必另外添加。日粮中应提供足够的维生素 A、维生素 D 和维生素 E，可从青绿饲料或添加剂中获得。青绿饲料、胡萝卜、黄色玉米、优质干草和青贮饲料含丰富的胡萝卜素；饲喂晒制干草或日光浴可获得维生素 D；小麦胚、优质豆科干草和青绿饲草则含丰富的维生素 E，但双香豆素、真菌霉素、抗生素和磺胺类药物可拮抗维生素 E。微量元素用添加剂补充，钙质不足以矿物质补充。适宜的钙磷比为1∶1~2∶1。粗纤维控制在10%~20% 为宜，含量过高会影响其他饲料营养物质的消化和吸收。

（三）符合饲养和饲料卫生标准

配方产品即成品饲粮的营养指标应符合饲养标准、饲料卫生标准；无过量（可取样分析）；适口性良好，实际饲养效果好（饲料转化率高，生产潜力发挥），产品品质好；成本合理；使用安全，无污染。

（四）借鉴典型配方不可生搬硬套

典型饲料配方是在特定的饲养方式和饲养管理条件下产生的，原料的来源比较稳定，质量比较有保障。因此，配方中所提示的营养值和饲喂效果对不同规模的羊场来说肯定具有一定的差异，借鉴时应因地制宜。根据各自的实际情况和所用原料的实际营养成分含量对典型配方提示的营养值进行复核，调整后方可使用。

第七节　全混合日粮（TMR）调制技术

日粮是指每只肉羊在一昼夜采食各种饲料的总量，一般由配合饲料和青贮或青、粗饲料组成。全混合日粮（TMR）是指根据反刍家畜不同生长发育阶段的营养需求结合具体的饲养目的，按照营养调控技术和多饲料搭配原则而设计出的全价日粮配方，按此配方把每天饲喂反刍动物的各种饲料（粗饲料、青贮饲料、精饲料和各类特殊饲料及饲料添加剂）通过特定的设备（饲料加工）、工艺和顺序均匀地混合在一起，供反刍动物采食日粮，这种饲料的加工技术保证了反刍动物采食的每一口饲料营养均衡。全混合日粮技术是目前反刍动物饲喂中较为科学的技术。

一、全混合日粮饲喂技术特点

（一）增加日龄采食量，提高生产性能

将干草、秸秆、青贮玉米等粗饲料利用带有刀片的搅拌机械进行切短打碎、混合混匀，同时将适口性差、价廉而富含营养的饲料通过工艺处理改变适口性，通过搅拌使总体积缩小，从而提高了营养浓度，防止挑食、偏食、避免浪费饲料，提高饲料的利用率和消化率，从而提高了生产性能。

（二）简化饲喂程序，降低生产成本

应用 TMR 饲喂技术减少了精、粗饲料分开饲喂的频次，全程采用机械化操作减少人工投入，提高劳动效率，同时将适口性差但营养丰富的廉价饲料通过混合包裹处理得到充分利用，降低饲喂成本。

（三）维持瘤胃内环境，提高饲料利用效率

应用 TMR 饲喂技术将全日粮中的碱、酸性饲料均匀混合，利用反刍动物大量的碱性唾液，能有效地使瘤胃 pH 控制在6.4~6.8，为瘤胃内微生物创造一个良好的环境，促进微生物的生长、繁殖、发酵，提高微生物的活性和蛋白质的合成率，提高了饲料营养的转化率。

（四）采食饲料营养均衡，减少消化疾病发生

通过 TMR 技术饲喂，反刍动物吃到的每一口饲料的营养都是均衡的，可避免瘤胃酸中毒的发生，所以可减少由此产生的前胃弛缓、瘤胃炎、四胃移位、蹄底溃疡、肝脓肿等疾病和食欲下降、吐草团等问题。

二、全混合日粮（TMR）的配制原则

（一）日粮配合应具有科学性和实用性

日粮配合必须根据肉羊营养需要和饲养标准，并结合饲养实践和相关新型技术予以灵活运用，使其具有科学性和实用性。

（二）日粮配合要兼顾日粮成本和生产性能的平衡

日粮配合必须因地制宜，选用本地资源充足、价格低廉、营养丰富、便于加工的饲料，同时充分考虑肉羊的消化生理特点，选用适口性强、无异味、易于消化、生物学效价较高的饲料进行配制，以实现最小的投入获取最佳的生产效益。

（三）日粮配合要注意多样化和营养全面性

各种饲料都具有其独特的营养特性和生理活性，在不产生负组合效应的前提下，应尽量保持其多样化，以提高配合饲料的全价性。

（四）日粮配合要保证饲料原料质量

优质饲料原料虽价格较高，但用其加工的全价配合饲料质量有保证，可提高饲喂效果。如通过提高肉羊的增重速度、饲料的转化率，缩短育肥期，可实现早出栏。饲料原料的含水量一般要求，北方不高于14%，南方不高于12%。结合《饲料卫生标准》（GB13078—2001）中规定的饲料原料、饲料添加剂产品中有害物质及微生物的允许量，在饲料配制使用前最好进行相关质量指标的测定。

（五）杜绝饲料掺假，确保饲料质量

饲料掺假会降低或改变饲料原料营养成分，影响饲喂效果，严重时会造成肉羊发生疾病或死亡，带来很大经济损失。在配合饲料中坚决杜绝饲料掺假。作为肉羊生产者，我们要掌握各类常规饲料的理化特性，通过感官（视觉、味觉和触觉）可识别掺假饲料，也可进一步通过物理、化学方法来鉴别掺假饲料。

（六）合理使用饲料添加剂，确保营养全价

配合饲料使用的添加剂必须遵守《饲料药物添加剂使用规范》（2001年农业部公告第168号）的规定，饲料中规定的违禁药物符合《禁止添加在饲料和动物饮用水中使用的药物品种目录》（2002年农业部公告第176号）要求。选用需要的添加剂要参考《饲料添加剂品种目录》（2008年农业部公告第1126号）。抗生素和抗寄生虫药的使用要符合《无公害食品肉羊饲养兽药使用准则》（NY5148—2002）的规定，禁止使用未经国家批准的兽药和已淘汰的兽药以及《食品动物中禁止使用的药品及其他化合物清单》（中华人民共和国农业农村部公告第250号）中的药物。

（七）日粮配合应以青粗饲料为主，适当搭配精饲料。

日粮配合要求青粗饲料提供的总养分量不小于60%。青粗饲料不仅来源广泛、价格便宜，而且营养成分丰富，尤其粗纤维含量较高，对肉羊等反刍动物的瘤胃生长发育有很好的促进作用。实验证明，早期补饲青粗饲料，可显著促进羔羊胃肠功能，提早发育；饲喂粗纤维水平太低，精饲料过高，会时常引发肉羊酸的中毒。

三、全混合日粮（TMR）制作要点

（一）合理选择 TMR 设备

常见的 TMR 混合搅拌机有立式、卧式和牵引式等，选择什么样的设备，主要根据羊场的建筑布局［羊场的大小、羊舍的高低，净道（草料道）的宽窄，羊舍入口方位等因素］。日粮的应用类型（主要考虑粗饲料的类型），羊场存栏量饲喂方式等因素综合考虑。从生产实践来看，牵引式对于羊舍建筑条件要求较高，适用于大型的肉羊养殖企业。而同卧式相比，立式 TRM 机械具有切碎长草、草料混合均匀度高、剩料易于清除、维修方便、使用寿命长等特点。应用较为广泛。

（二）合理设计饲料配方

饲料配方是指根据肉羊的营养需要、生理特点，结合各种原料的营养价值、质量及价格等，合理确定各种饲料的配合比例，这种采用几种不同饲料、按照一定比例配合的方剂即称为饲料配方。确定饲料配方的过程就是饲料配方的设计过程。

在实际生产中要根据肉羊场实际情况，考虑不同品种、不同阶段、不同日增重、个体体况、饲料资源特点等因素合理设计配方，如基础母羊，应根据母羊的不同生长、生产阶段营养需要，确定全混合日粮（TMR）的营养水平，设计不同的配方模型。

（三）正确确定搅拌顺序和时间

草料的添加顺序和搅拌时间决定了全混合日粮的制作质量，影响家畜的采食量和对饲草料的消化利用率。全混合日粮的搅拌顺序一般遵循"先长后短、先干后湿、先轻后重、先粗后精"的原则，投料顺序为：粗料—青贮—谷物糟渣类饲料—蛋白质饲料—矿物质饲料（草料的添加顺序不是一成不变的，而是根据 TRM 机械和饲草的类型而进行适当的调整，如立式搅拌机应将干草和精料顺序颠倒过来，以保证精粗混合均匀）。

搅拌时间为边投料边搅拌，掌握适宜搅拌时间的原则是确保搅拌后日粮中大于4 cm长纤维粗饲料占全日粮的15%~20%。搅拌时间过长，全混合日粮（TMR）太细，有效纤维不足；搅拌时间太短，原料混合不匀。一般在最后一批原料加完后再搅拌5~8 min 为宜。搅拌容量根据搅拌车的说明，掌握适宜的搅拌量，避免过多装载，影响搅拌效果。通常装载量占总容积的60%~75% 为宜。

（四）精准加工措施

首先，粉碎粒度要适合。粉碎粒度应从肉羊消化系统的生理特点出发：精料粒度直径一般以2 mm 为宜；籽实类饲料以压扁为宜；粗饲料以切短为宜，一般切成1.5~2.5 cm 长，老弱羊或羔羊要更短，秸秆粉碎直径应以0.8 cm 左右为宜；颗粒饲料直径以0.8~1.2 cm 为宜；块根、块茎类饲料必须用清水洗净，切成手指粗细的长条为好，避免整块投喂时羊只争抢发生"噎食"，甚至窒息死亡等现象。

其次，混合要均匀。尤其是药物、微量元素、维生素、氨基酸等微量预混料添加剂，饲料混合均匀度变异系数一般不得大于10%。羊场应配备搅拌机，搅拌前对预混料进行稀释，逐级混合，保证微量物质在饲料中的均匀度。需要注意的是维生素与矿物元素混合会因相互拮抗作用而失效，因此不可将它们预先混合在一起存放。

再次，一次配料不能过多。肉羊场一般安排每7~10 d 配料1次，若贮藏时间过长易引起成品饲料霉变、结块、虫蛀，饲料品质下降，特别是温度较高的炎夏、初秋季节，3~5 d 加工一次饲料。

最后，饲料库通风良好，防鼠防虫。饲料库应清洁、通风、干燥、避光，有防鼠、防鸟、防水、防潮、防霉、防晒、防虫等设备。饲料原料合格入库后需要注明品种、数量、规格、生产厂家、经营单位、生产日期和购入日期等，有些原料如维生素、氨基酸、药物等需按说明要求专门保管。

（五）合理控制水分

全混合日粮（TMR）的最佳水分含量范围为45%~55%。偏湿，其采食量会受到限制；偏干，其适口性会受到影响，采食量也要受到限制。

（六）严控操作细节

严格按日粮配方，保证各组分精确给量，定期校正计量控制器；根据青（黄）贮及其他饲料原料的含水量，掌握控制全混合日粮水分；添加过程中防止铁器、石块、包装绳等杂质混入搅拌车，造成车辆损伤。

从感官上看，全混合日粮搅拌效果好的，精粗饲料混合均匀，松散不分离，色泽均匀，新鲜不发热、无异味，不结块。

四、全混合日粮（TMR）饲喂注意事项

（一）准确掌握全混合日粮投喂量

一般情况下，全混合日粮每日饲喂2~3次，以确保饲料的新鲜。为了达到最大的干物质采食量，饲槽中应有3%~5％的剩料量。

（二）合理预测干物质采食量

干物质采食量是应用全混合日粮中最关键最重要的一环，肉羊干物质采食量受不同的品种、目标日增重、肉羊不同生长生产阶段及日粮成分的不同而变化。若干物质的采食量过低，要分析日粮的原料组分是否被完全混合，是否有大的应激（包括热应激和其他应激），是否得到充足的饮水，日粮中是否加入了过量适口性差的饲料原料。

（三）合理分群饲喂

合理分群是应用全混合日粮的必需措施。通常可根据不同体重或者不同日增重目标以及生产阶段进行分群，并设计不同的日粮配方。常见的不同饲养经营模式下的分群方法有：一是"全进全出"育肥模式。如果购进的羊只体重差异不大，则无需分群；如羊群数量较大，且羊只体重差异较大，可根据体重不同分群。二是饲养基础母羊并育肥青年牛模式。如果羊群不大。一般直接分为两群，一群为基础母羊，另一群为育肥羊；如果羊群很大，应根据基础母羊的不同生理阶段、育肥羊不同体重再细分羊群，具体分群可根据实际情况适当调整。

（四）做好饲槽的管理

饲槽管理的目标是确保反刍家畜采食新鲜、适口、平衡的全混合日粮来获取

最大的干物质采食量。在饲槽管理上应注意食槽宽度、高度、颈夹尺寸是否适宜；槽底光滑，浅颜色；整个饲槽饲料投放均匀；每只羊应有20~30 cm 的采食空间；保持饲料新鲜度，如发现剩料过多，应认真分析采食量下降原因，不要马上降低投放量。饲草料质量优劣往往与其加工是否合理和贮藏密切相关。

第三章　肉羊的品种与繁殖

　　肉羊是根据生产目的而定义的，其并不是一个羊只品种，而是在羊只生产中逐渐发展来的具有多胎、生长快、出肉率高等一系列特征的一类羊，这类羊能够较好地满足人们对羊肉的需求。也就是说肉羊是羊产业发展到一定阶段而形成的一个专用名词。现在我们说的肉羊，一个是从饲养目的出发，把所有供屠宰和产肉的羊统称为"肉用"；另一个是以品种的生物特性、特征及产肉性能为依据，人为界定为"肉用"。本节描述的肉羊指的是第二个概念。在众多的羊品种中，有的是在不同区域的生态环境下自然选择的结果，有的是人类为了满足某种需要有意识选择和培育出来的，其中纯属肉用的羊品种不到10%。

第一节　品种分类

　　羊的品种可分为山羊和绵羊两大类。其中山羊又分为普通山羊、绒用山羊、裘皮山羊、羔皮山羊、肉用山羊和奶用山羊6类；绵羊又分为粗毛羊、肉脂羊、裘皮羊、羔皮羊、细毛羊和半细毛羊6类。据有关资料报道，全世界现有的绵羊品种有800余个，其中有记载的绵羊品种500多个，山羊品种200多个，也有报道称山羊品种为150多种。

一、山羊

山羊又称夏羊、黑羊或羖羊，和绵羊一样，是最早被人类驯化的家畜之一。

（一）山羊特性及分类

中国山羊饲养历史悠久，早在夏商时期就有养羊的文字记载。山羊生产具有繁殖率高、适应性强、易管理等特点，至今在中国广大农牧区被广泛饲养。改革开放以来，中国山羊业发展迅速，成就显著。中国山羊分布的地区广、遍及全国，全国有一半以上的省（区）山羊数量超过绵羊。南方一些省（区）不能养绵羊的地方却可以养山羊。

按经济性能分，山羊可分为普通山羊，如西藏山羊、新疆山羊、太行山羊、建昌山羊等；绒用山羊，如辽宁绒山羊、内蒙古绒山羊、河西绒山羊等；裘皮山羊，如中卫山羊等；羔皮山羊，如济宁青山羊等；肉用山羊，如陕南白山羊、南江黄羊、黄淮山羊、马头山羊、宜昌白山羊、成都麻羊、贵州白山羊、福清山羊、隆林山羊、雷州山羊、长江三角洲白山羊、南非布尔山羊等；奶用山羊，如关中奶山羊、莎能奶山羊、西农莎能奶山羊、崂山奶山羊等。

（二）常见山羊品种

1. 引进山羊品种

（1）波尔山羊　原产于南非。未经改良的波尔山羊有3种类型：白色短毛带有褐斑的普通型、长毛型和多种毛色的无角型。波尔山羊对气候和饲养环境有极强的适应能力，在各类气候地带，包括内陆气候、热带和亚热带、沙漠和半沙漠地带均表现为生长良好，并有较强的抗病性，因而被世界许多国家和地区引进。由于各类型均有较好的产肉性能，所以20世纪20年代东非好望角地区的农民开始将其向肉用方向选择，并于1959年7月成立了波尔山羊育种协会，同时制定了品种标准。目前，波尔山羊在南非的数量大约有120万只，并出口到德国、美国、澳大利亚、新西兰和中国。

外貌特征：毛色为白色，头、颈部为红褐色，脑门有一条白色条带，角突出，耳下垂，被毛短或中等长，光滑无绒毛，腿短，后躯发育良好多肉。有关波尔山羊生产性能的描述，在不同资料中有一定差别。这是由于在不同国家和地区，不同时期内的品种来源、生长环境和饲养管理水平的不同所造成的。评价波尔山羊生产性能的主要指标有生长速度、繁殖力、产肉性能和肉的品质。近年来，文献资料中的"波尔山羊",如无特殊说明,均指改良波尔山羊。

生产性能:在良好的饲养环境条件下,成年波尔山羊公羊体重可达90~135 kg,成年母羊可达60~90 kg。从出生至270日龄的平均日增重在200 g以上,高者可达250 g以上。9月龄时公羊体重可达69.5 kg,母羊可达51.8 kg。与其他品种山羊相比,波尔山羊具有较高的产肉性能,周岁以上羊屠宰率一般在50%~55%之间。波尔山羊胴体的突出特性表现在皮下脂肪比较少,仅为6.4%;胴体含肌肉多而含骨骼少,肉骨比一般为4.7:1;肉具有瘦而不干、厚而不肥、色泽纯正和膻味小等特点。波尔山羊还具有早熟多产的特征,母羊的初情期为6~8月龄,平均每窝产羔1.93只,母羊产单羔比例仅为7.6%,双羔为56.5%,三羔为33.2%,四羔为2.4%,还有少数母羊可产五羔和六羔。

(2)萨能山羊 原产于瑞士泊尔尼州西南部的萨能地区,属乳用山羊的改良品种,公母羊均有角,部分个体颈下有一对肉垂。萨能山羊体型结构紧凑细致,被毛白色或淡黄色。母羊颈部细长,公羊颈粗而短,背腰平直而长,后躯发育好,肋骨拱圆,尾部略显倾斜,母羊乳房发达。我国本世纪初就开始引入,以后又从加拿大、德国、英国和日本等国分批引入过萨能山羊。在国内分布较广,有许多地方的山羊均含萨能山羊的血统。一般泌乳期8~10个月,产乳600~1 200 kg,含脂率3.8%~4.0%。奥地利的一头羊产乳3 080 kg创世界纪录。性成熟早,秋季发情,12月龄开始配种,产羔率160%~200%。成年公羊体重75~95 kg,母羊55~70 kg。

(3)奴比亚羊 原产于非洲东北部地区,在世界各地均有分布。奴比亚羊头短小,鼻梁隆起,耳大下垂,颈长,四肢细长。公母羊均无须,多数无角。毛色较杂,有暗红、棕色、乳白、黑色等花色。努比亚羊成年体高:公羊120 cm,母羊103 cm;成年体重:公羊体重80~110 kg,母羊50~70 kg。

生产性能:努比亚公羊初配种时间6~9个月龄,母羊配种时间5~7月龄,发情周期20 d,发情持续时间1~2 d,怀孕时间146~152 d,发情间隔时间70~80 d,羔羊初生重一般在3.6 kg以上,辅乳期70 d,羔羊成活率为96%~98%,产羔率为2.65只,年产胎次2次。努比亚羊年均产羔2胎,平均产羔率230.1%,

其中，初产母羊为163.54%，经产母羊为270.5%。努比亚成年公羊、母羊屠宰率分别是51.98%、49.20%，净肉率分别为40.14%和37.93%。

2. 地方山羊品种

（1）徐淮山羊　属黄淮山羊的类型，徐淮山羊是产于徐州、淮阴地区沿黄河故道及丘陵地带的兼用型山羊地方品种。徐淮山羊主要分布徐州市的丰、沛、铜山、睢宁四县，以睢宁县数量最多；淮阴市的泗洪、泗阳、宿迁等县也有少量分布。该品种羊产地多为沙碱土，土质瘠薄，羊粪为优质有机肥，利于改良土壤，提高农作物产量。历代群众以羊代猪饲养，经过长期选育，逐渐培育形成具有早熟、产羔多、耐粗放、板皮质地优良等特点的徐淮山羊品种。徐淮山羊分为有角和无角两种，有角者占69%~70%。体型近似方形，四肢稍高，前额较大。母羊较清秀，额部微突。公羊有卷毛，面微凹，嘴狭长，耳小微翘。一般成年公羊体重35.26 kg，成年母羊26.2 kg。母羊5~6月龄即可配种，一般成年母羊一年两胎或两年三胎，产羔率平均200%，以4~5岁繁殖力最强，一次产羔多者达4~5只。板皮质地细致坚韧，弹性好。

（2）南江黄羊　产于四川省南江县，经多年杂交培育，1998年4月农业部正式命名为"南江黄羊"。被毛黄色，沿背脊有一条明显的黑色背线，毛短紧贴皮肤，富有光泽；有角或无角，耳大微垂，鼻拱额宽；体格高大，前胸深广，颈肩结合良好，背腰平直，体呈圆桶形。6月龄、周岁、成年公羊体重分别为27.40 kg、37.61 kg、66.87 kg，母羊分别为21.82 kg、30.53 kg、45.64 kg。

（3）槐山羊　黄淮平原的主要山羊品种，分布于豫东南及皖西北。该羊体格中等，结构匀称，紧凑结实，体型近圆桶形。背腰平直，四肢较长，尾短上翘，蹄质结实呈蜡黄色。母羊乳房发育良好，公羊睾丸紧凑。毛色以全白为主，被毛均为短毛。成年公羊体重33.9 kg，母羊25.7 kg。槐山羊皮板致密，毛孔细小，品质优良。

（4）济宁青山羊　我国著名的羔羊皮（猾子皮）山羊品种，原产鲁西南菏泽、济宁两地区，是在当地生态环境条件下，经过多年自然选择和人工选择培育成的优良地方品种。体格较小，结构匀称，头大小适中。公母羊均有角，颌下都有髯。外形与毛色具有"四青一黑"特征，即背、嘴唇、角和蹄均为青色，两前膝为黑色。毛色随年龄的增长而变深。成年公母羊平均体重分别为28.76 kg和23.13 kg。

（5）马头山羊　古称"懒羊"，是南方山区优良肉用山羊品种，主要分布于湘、鄂西部山区。马头山羊体质结实，结构匀称。全身被毛白色，毛短贴身，富有光泽，冬季长有少量绒毛。头大小适中，公母羊均无角，但有退化角痕，耳向前略下垂，下颌有须，颈下多有两个肉垂。成年公羊体重43.8 kg，成年母羊33.7 kg。马头山羊肉用性能好，在全年放牧条件下，12月龄体重35 kg左右，18月龄以上达47.44 kg，如能适当补料，可达70~80 kg。马头山羊性成熟早，5月龄即达性成熟，但适宜配种月龄一般在10月龄左右。母羊四季均可发情配种，一般一年产两胎或两年产三胎，产羔率191.94%~300.33%。马头山羊板皮品质良好，在国际贸易中享有较高声誉。

（6）雷州山羊　原产于广东省雷州半岛和海南省，是我国热带地区以产肉为主的优良地方山羊品种。雷州山羊体质结实，头直，额稍凸，公母羊均有角，颈细长，颈与头部相接处较狭，颈与胸部相连处逐渐增大。雷州山羊毛色多为黑色，角、蹄为褐黑色少数为麻色及褐色。麻色羊除被毛黄色外，背线、尾及四肢下端多为黑色或黑黄色。雷州山羊周岁公羊平均体重33.7 kg，周岁母羊28.6 kg；2岁公羊平均50.0 kg，2岁母羊43.0 kg；3岁公羊平均54.0 kg，3岁母羊47.7 kg。雷州山羊肉质优良，无膻味，脂肪分布均匀，屠宰率一般为50%。雷州山羊性成熟早，一般5~6月龄达性成熟，母羊8月龄就可配种，1岁时即可产羔，多数一年产两胎，少数两年产三胎，一胎产羔率为150%~200%。

（7）贵州白山羊　一个古老的山羊品种，原产于黔东北乌江中下游的沿河、思南、务川等地，分布在贵州遵义、铜仁两地区，黔东南苗族桐族自治州、黔南布依族自治州也有分布。贵州白山羊头宽额平，公母羊均有角，颈部较圆，部分母羊颈下有一对肉垂，胸深，背宽平，体躯呈圆桶状。被毛以白色为主，其次为麻、黑、花色，被毛粗短，少数羊鼻、脸、耳部皮肤上有灰褐色斑点。周岁公羊平均体重19.6 kg，周岁母羊18.3 kg；成年公羊体重32.8 kg，成年母羊30.8 kg。性成熟早，公母羊在5月龄时即可发情配种。一年产两胎，产羔率124.27%~180.00%。

（8）板角山羊　原产于四川省达州地区的万源市（县级市），重庆市的城口县、巫溪县、武隆县，以及与陕西、湖北及贵州等省接壤的地方。板角山羊被毛白色，黑色及杂色个体很少。公母羊均有角，角型宽长，向后上方弯曲扭转，尤以公羊角宽大、扁平、雄壮，故得名板角山羊。周岁公羊体重24.64 kg，周岁母羊21.0 kg；成年公羊体重40.55 kg，成年母羊30.34 kg，平均产羔率273.6%。

（9）成都麻羊　原产四川盆地西部的成都平原及其邻近的丘陵和低山地区。成都麻羊全身毛被棕黄色，色泽光亮，为短毛型，整个被毛有棕黄而带黑麻的感觉，故称麻羊。公母羊大多数有角。周岁公羊体重26.79 kg，周岁母羊23.14 kg；成年公羊43.02 kg，成年母羊32.6 kg。成都麻羊常年发情配种，产羔率205.91%。

（10）鲁山"牛腿"山羊　在河南省鲁山县西部山区发现的体格较大的肉皮兼用山羊种群，其中心产区为鲁山县的四棵树乡。鲁山"牛腿"山羊为长毛型白山羊，体型大，体质结实，骨骼粗壮。侧视呈长方形，正视近圆桶形，具有典型的肉用羊特点。头短额宽，绝大部分羊（90.7%）有角，颈短而粗，背腰宽平，腹部紧凑，全身肌肉丰满，尤其臀部和后腿肌肉发达，故名"牛腿"。该羊生长发育快，周岁公羊体重23.0 kg，周岁母羊30.6 kg；成年公羊体重41.2 kg，成年母羊为30.5 kg。屠宰率46.02%。性成熟较早，一般为3~4月龄达到性成熟，母羊初配年龄为5~7月龄，一般母羊一年产两胎或两年产三胎，产羔率为110%。

（11）承德无角山羊　原产于河北省承德地区。该羊体质健壮，结构匀称，肌肉丰满，体躯深广，侧视呈长圆柱体型。头大小适中，头宽顶平，公母羊均无角。被毛以黑色为主，约占70%，白色次之，还有少量杂色毛被。周岁公羊体重30.30 kg，周岁母羊25.10 kg；2岁以上公羊体重54.50 kg，2岁以上母羊41.50 kg。该品种母羊全年均可发情配种，年平均产羔率为163.9%。

（12）中卫山羊　属中国裘皮用山羊，世界唯一的裘皮山羊品种。羔羊在

35日龄左右宰剥取皮。毛股长7 cm以上，有弯曲5个，丝样光泽。所制裘皮轻暖耐穿，堪与滩羊二毛皮媲美。产于宁夏中卫市及其毗邻的同心等县，甘肃和内蒙古的邻近地区亦有分布。其他地区引进后，适应性良好。公母羊均有角。被毛白色。外层为粗毛，毛股具浅波状弯曲，内层为绒毛。体躯短而深，近似方形。成年公羊体重43~54 kg，母羊27~37 kg。6月龄可出现性成熟，18月龄开始配种。7~9月份为发情旺期，此时配种，当年12月至翌年1月份产羔，裘皮质量最好。多产单羔，羔羊初生时毛股长4 cm左右，有弯曲4个，形成美观的花穗，花案清晰，洁白如玉。剪毛量低，但具有较高的纺织价值，可替代马海毛用。成年公羊年产绒毛约240 g，粗毛400 g；母羊分别为170 g和300 g。

二、绵羊

（一）绵羊特性及分类

绵羊早在11000年前在西南亚地区被最早驯化。绵羊为牛科羊亚科哺乳动物，身体丰满，体毛绵密，头短，雄羊有螺旋状的大角，显得非常威严，但其实是起好看的作用，雌羊没有角或仅有细小的角，毛色多为白色。绵羊在世界各地均有饲养，性情既胆怯、又温顺、易驯化。目前高度驯化的饲养品种多为常年发情，地方放牧品种为季节发情，多在秋季、冬季发情。雌羊的怀孕期为145~152 d。每胎产1~5仔。寿命为10~15年。绵羊耐渴，可以为人类提供肉和毛皮等产品。绵羊肉质鲜嫩，非常好吃，中国饲养绵羊最多的地方是内蒙古、青海等地。绵羊分类包括：粗毛羊，如有蒙古羊、和田羊、巴音布鲁克羊、西藏羊、哈萨克羊等，这个类型的羊都属于原有地方品种；肉脂羊，如有小尾寒羊、大尾寒羊、同羊、兰州大尾羊、乌珠穆沁羊、阿勒泰羊、波尔华斯羊、英国萨福克羊、边区莱斯特羊、罗姆尼羊、有角道赛特羊，新西兰考力代羊，澳大利亚无角道赛特羊，法国夏洛来羊等；裘皮羊，如有滩羊、贵德黑裘皮羊、岷县黑裘皮羊等；羔皮羊，如有湖羊、中国卡拉库尔羊等；细毛羊，如有新疆细毛羊、东北细毛羊、内蒙古细毛羊、甘肃高山细毛羊、敖汉细毛羊、中国美利奴羊等；半细毛羊，有青海半细毛羊、内蒙古半细毛羊、东北半细毛羊等。

（二）常见绵羊品种

1. 引进绵羊品种

（1）德国肉用美利奴羊 原产于德国，是世界著名的肉毛兼用品种。

品种特征：早熟、羔羊生长发育快，产肉多，繁殖力高，被毛品质好。公母羊均无角，颈部及体躯皆无皱褶。体格大，胸深宽，背腰平直，肌肉丰满，后躯发育良好。被毛白色，密而长，弯曲明显。是肉毛兼用最优秀的父本。

生产性能：成年公羊体重为100~140 kg，母羊体重70~80 kg，羔羊生长发育快，日增重300~350 g，130 d可屠宰，活重可达38~45 kg，胴体重8~22 kg，屠宰率47%~50%。具有高的繁殖能力，性早熟，12个月龄前就可第一次配种，产羔率为135%~150%。德国肉用美利奴羊母羊保姆性好，泌乳性能好，羔羊死亡率低。

适应性：适于舍饲半舍饲和放牧等各种饲养方式，近年来我国由德国引入该品种羊，主要饲养在内蒙古自治区和黑龙江省。当前，随着互联网的发展，肉羊交易市场逐渐电子商务化，众多养殖场家通过"中国畜牧街"这类较为有名畜牧行业"b2b"电子商务网站进行肉羊的引种繁育，除进行纯种繁殖外，与细毛杂种羊和本地羊杂交，其后代生长发育快，产肉性能好，是专业化养羊和家庭养羊的首选品种。

（2）无角陶塞特羊 原产于大洋洲的澳大利亚和新西兰，属肉毛兼用型半细毛羊。公母羊都无角，颈粗短，胸宽深，背腰平直，躯体呈现圆桶状，四肢粗短，后躯丰满。被毛白色，面部、四肢及蹄为白色。成年公、母羊体重分别为90~100 kg和55~65 kg。胴体品质和产肉性能较好。产羔率在130%左右。我国于20世纪80年代末和90年代初从澳大利亚引入无角陶塞特羊，主要饲养在新疆、内蒙古和山东等省（区），目前全国各省区均有分布。

（3）杜泊羊 20世纪40年代初在南非育成的肉用羊品种。该品种是由有角陶塞特与波斯里羊杂交育成的。杜泊羊被毛呈白色，头部黑色，由发毛和无髓毛组成，但毛稀、短，不用剪毛。杜泊羊身体结实，适应炎热、干旱、潮湿、寒冷多种气候条件，无论在粗放和集约饲养条件下采食性能良好。杜泊羊羔羊生长快，成熟早，瘦肉多，朋体质量好；母羊繁殖力强，发情季节长，母性好，体重大。成年公羊体重100~110 kg，成年母羊75~90 kg。世界上已有不少国家作为肉用羊引进，我国于2001年5月由山东省东营市首次引进。

（4）萨福克羊　原产于英国英格兰东南的萨福克、诺福克、剑桥和艾塞克斯等地。在英国、美国用其作为终端杂交的主要父本。我国于1989年从澳大利亚引入萨福克羊。萨福克羊具有早熟，生长快，产肉性能好，母羊母性好，产羔率中等的特性。公母羊均无角，颈粗短，胸宽深，背腰平直，后躯发育丰满。成年羊头、耳及四肢为黑色，被毛有有色纤维。成年公羊体重110~150 kg，成年母羊70~100 kg。3月龄羔羊胴体重可达17 kg。

（5）夏洛莱羊　原于法国中部的夏洛莱丘陵和谷地，1984年被法国农业部定为夏洛莱品种。夏洛莱羊的体型外貌特征为：头部无毛，脸部呈粉红色或灰色，额宽，耳大，体躯长，胸深宽，背腰平直，肌肉丰满，后躯宽大，两后肢距离大，肌肉发达，呈"U"形，四肢较短。成年公羊体重110~140 kg，母羊80~100 kg；周岁公羊体重70~90 kg，周岁母羊50~70 kg。我国在20世纪80年代末与90年初引入夏洛莱羊，主要分布在内蒙古、河北、河南、辽宁和山东等地。

（6）边区莱斯特羊　18世纪末期和19世纪初期以莱斯特公羊为父本，与山地雪维特品种母羊杂交，在英国北部苏格兰的边区地区培育而成的。为与莱斯特羊区别，1860年定名为边区莱斯特羊。

边区莱斯特羊体质结实，体型结构良好，体躯长，背宽而平，头白色，公母羊均无角，鼻梁隆起，两耳竖立，四肢较细，头部及四肢无羊毛覆盖。成年公母羊体重分别为90~140 kg 和60~80 kg。产羔率可达150%~200%。我国从20世纪60年代中期开始从英国及澳大利亚引入，分布在内蒙古、青海、甘肃、四川和云南等地。

2. 地方绵羊品种

（1）滩羊　蒙古羊的一个分支（也有报道称滩羊属蒙古羊的亚型），属珍贵而著名的裘皮用绵羊品种。盐池滩羊是宁夏滩羊的地理商标，也属于宁夏21

世纪以来朝阳产业之一。

滩羊主要分布在以宁夏为核心（包括石嘴山市的惠农区和陶乐县，银川市三区、贺兰县、永宁县，吴忠市的青铜峡市、灵武市、红寺堡区、同心县、盐池县，中卫市的沙波头区、中宁县、海原县和固原市的部分县区），及与宁夏毗邻的甘肃（景泰、靖远、皋兰、古浪、渝中、会宁、环县）、内蒙古（阿拉善左旗、鄂托克旗、乌海）、陕西（定边、靖边、吴旗）等四省（区），分布在东经104°~108°，北纬36°~40°内约10万平方千米区域内，其中在宁夏中部干旱带的盐池县、灵武市、红寺堡区、同心县环罗山带、中宁县的喊叫水、下流水及海源部分乡镇是滩羊的主产核心区。

多年来，滩羊品种曾被全国十几个省（自治区）进行引种，都因生态条件不适宜而未能保持原有的品种特性。就滩羊特定的分布区域来看，由于特殊的水热条件和太阳辐射能量，形成的特殊地带性土壤、植被和水源等自然生态条件，构成了滩羊形成和发展的外在生态条件。同时，在数百年的系统发育过程中，通过自然选择和人工选择，促成了滩羊的独特遗传性能。值得一提的是，在生物圈内，人类的经济活动对于家畜品种的形成和发展起着主导作用。经专家学者们近百年的研究证明，滩羊只有在气候适宜的温湿性干旱草原，植被稀疏，牧草干物质中矿物质含量丰富，蛋白质含量高，粗纤维含量低，放牧地势平坦，土质坚硬，干旱少雨，相对湿度低，年积温高，饮水中含有一定量的碳酸盐和硫酸盐成分，矿化度高，水质偏碱性的条件环境中才能正常繁衍生息和保持其特有的品质。在《齐民要术》《本草纲目》等古文献中对滩羊和滩羊肉就有相关记载。传说中的苏武牧羊故事就发生在宁夏中部干旱带的盐池县境内的南海子附近，也充分证明滩羊特有的品质与其生存的地理气候环境密切相关。

就笔者多年的经验来说，滩羊现存的品种中有大个头（体）和小个头（体）两个品系，一般小个头（体）滩羊的毛束弯曲数较大个头（体）滩羊的毛束弯曲数多。就毛束花穗来看，滩羊毛束花穗有串字花和软大花之分，花穗随着滩羊年龄增加逐渐变得松散直至消失。

滩羊主要以产二毛皮著名，二毛皮为生后30 d左右宰剥的羔皮，毛股长7 cm以上，有5~7个弯和独特花穗，呈玉白色，最好的滩羊二毛皮毛股（束）有9个弯，俗称"宁夏滩羊毛九道弯"。

滩羊体躯毛色绝大多数为白色，头部、眼周围和两颊多为褐色、黑色、黄色斑块点，两耳、嘴和四蹄上部也多有类似的色斑，纯黑、纯白者较少，这是滩羊毛色的主要特征。滩羊体格中等大小，体质结实。鼻梁稍隆起，眼大微凸出，耳有大、中、小3种，大耳为数最多，占85%以上，长达10~12 cm、宽6.0~6.5 cm。小耳厚而竖立，向两端伸直，长达5.0~6.0 cm、宽3.5~4.0 cm。中耳和大耳薄且半下垂。公羊有大而弯曲呈螺旋形的角。大多数角尖向外延伸，角长25~48 cm，两角尖距离一般平均为50 cm，最宽的可达80 cm；其他为抱角（角尖向内）和中型弯曲角、小型弯曲角。母羊一般无角或有小角，角呈弧形，长12~16 cm，占母羊数的18%左右。颈部丰满、中等长度，颈肩结合良好。背腰平直，胸较深。母羊鬐甲高略低于十字部，公羊有十字部高于鬐甲的，但为数很少。公羊胸宽稍大于十字部宽，母羊十字部宽稍大于胸宽，整个体躯较窄长。尻斜，尾为脂尾，尾长下垂，尾根部宽大，尾尖细而圆，部分尾尖呈"S"状弯曲或钩状弯曲，尾尖一般下垂过飞节，尾一般长25~28 cm。尾形大致可分为三角形、长三角形、楔形、楔形"S"尾尖弯曲等几种。尾的宽度和厚度随着脂肪沉积的多少而有改变，一般秋末丰满，春末萎缩。四肢端正，蹄质致密结实。被毛为异质毛，由有髓毛、两型毛和无髓毛组成，形成毛股或毛辫结构。头部、四肢、腹下和尾部的毛较体躯的毛粗。羔羊初生时从头至尾部和四肢都长有较长的具有波浪形弯曲的紧实毛股。毛股由两型毛和无髓毛（绒毛）组成，两种羊毛差异较小。随着日龄的增加和绒毛的增多，毛股逐渐变粗变长，花穗更为紧实美观。到1月龄左右宰剥的毛皮称为二毛皮。二毛期过后随着日龄和毛股的增长，花穗日趋松散，二毛皮的优良特性即逐渐消失。达4~5月龄时，头部及四肢的较细长毛逐渐脱换为短而直的刺毛，这时身上毛股变为松散。成年公羊一般40~50 kg，成年母羊30~45 kg，耐粗饲；7~8月龄性成熟，18月龄开始配种，每年8~9月为发情旺季，产羔率101%~103%；滩羊每年剪毛两次，公羊平均产毛1.6~2.0 kg，母羊产毛1.3~1.8kg，净毛率60%以上；滩羊的主要产品有滩羊皮、滩羊肉和滩羊毛，滩羊毛是制作提花毛毯的上等原料，也可用以纺织制服呢等；滩羊肉肉质细嫩，脂肪分布均匀，膻味小。

（2）湖羊　湖羊品种形成于12世纪初，由蒙古羊选育而成，也是在太湖平原经过长期驯养逐渐形成的绵羊品种，其适应性强、生长快、成熟早、繁殖率高。湖羊在太湖平原的育成和饲养已有八百多年的历史。由于受到太湖的自然条件和人为选择的影响，逐渐育成独特的一个稀有品种，产区在浙江、江苏的太湖流域，所以称为"湖羊"。三中全会以来，农民饲养湖羊的积极性很高，湖羊存栏数大增，通过选种、人工授精和科学管理，湖羊的体质和羔皮的品质都有很大的提高。据报道，近年来，湖羊数量有所下降，但已在苏州市东山镇建立了湖羊品种保护区，并在北方地区和全国各地都有饲养。

湖羊具短脂尾型特征，公母羊均无角，体躯长，四肢高，毛色洁白，脂尾扁圆形，不超过飞节。终年繁殖。小母羊4~5月龄性成熟，营养良好的情况下可两年产三胎，每胎产羔2~3只。泌乳量多，羔羊生长迅速。成年羊每年春、秋剪毛两次。小湖羊皮是我国传统出口特产之一，与其他绵羊羔皮不同，初生的羊羔毛色洁白、光泽很强、有天然波浪花纹、皮板轻软，是世界上稀有的一种白色羔皮，硝制后可染成各种颜色，制成女式翻毛大衣、披肩、帽子、围巾等，深受国外消费者欢迎。小湖羊皮畅销欧洲、北美洲、日本、澳大利亚和中国香港、澳门等地。成年公、母羊体重平均为48.7kg和36.5kg，产羔率平均为229.9%。

（3）小尾寒羊　原属蒙古羊，随着历代人类的迁移，把蒙古羊引入自然生态环境和社会经济条件较好的中原地区以后，经长期选择和培育而成为地方优良品种。小尾寒羊属短脂尾，肉裘兼用型优良品种，具有繁殖力高，生长发育快，产肉性能好等特点。主要产于河北南部、河南东部和东北、山东西部及皖北、苏北一带，其中以山东鲁西南地区小尾寒羊的质量最好，数量最多。自1985年以来，全国已有20多个省、市、区从山东引入小尾寒羊。

小尾寒羊体质结实，四肢长，身躯高大，前后躯均发达。鼻梁隆起，耳大下垂。公羊有角，呈三棱螺旋状；母羊多数有小角或仅有角基。脂尾呈扇形，尾中1/3处有一纵沟，尾尖向上翻紧贴于沟中，尾长在飞节以上。被毛白色占70%，全身有黑、褐色斑或大黑斑者为少数。斑点多集中在口、鼻、眼耳、颈部，蹄为肉色或黑色。成年公、母羊的体重分别可达100 kg和55 kg以上。

（4）大尾寒羊　主要分布于黄河下游的河南、河北、山东三省相邻的平原农区，是我国优良地方品种。其特点是尾大，多胎，生长发育快，繁殖力高，羊毛和裘皮质量较好。

大尾寒羊头稍长，鼻梁隆起，耳大下垂，公母羊均无角，体躯较矮小，胸窄，后躯发育良好，尻部倾斜，脂尾肥大，超过飞节，个别拖及地面，尾重平均8 kg左右。被毛多为白色，杂色甚少。成年公母羊体重平均为72.0 kg和52.0 kg。母羊的产羔率190%左右。成年公羊屠宰率平均为54%。

（5）同羊　又名"同州羊"，属我国的地方优良品种，历史上就以肉质肥美、被毛柔细、羔皮具有珍珠状纹而驰名。现主要分布于陕西渭南、咸阳市北部等地。同羊头中等大小，面部狭长，鼻梁微隆，耳大而薄，鬐甲较窄，胸部宽深，肋骨纤细，开张良好。公羊背部微凹，母羊背部短直且较宽，腹部圆大充实，尻斜短，母羊较公羊稍长而宽，整个体躯连同较长的颈部，近似酒瓶形。全身被毛纯白，头和四肢无被毛覆盖，多数个体腹部着生刺毛。成年公羊体重平均为44.0 kg，母羊为39.16 kg。最大的成年公羊体重可达70 kg，母羊可达60 kg。

（6）阿勒泰羊　哈萨克羊中的一个优良分支，以其体格大、肉脂性能高而著称。主要分布在新疆福海、富蕴、青河和阿勒泰等地。公羊有螺旋形大角，母羊大部分有角，鼻梁隆起，耳大下垂，颈长中等，胸宽深，鬐甲平宽，背腰平直，四肢高大结实，尻部肌肉丰满，脂尾大并有纵沟，重量可达7~8 kg。被毛多为褐色，全黑或全白的羊较少，部分羊头部为黄色，体躯为白色。成年公母羊平均体重为92.98和67.56 kg，母羊产羔率为110%。

（7）乌珠穆沁羊　产于内蒙古自治区锡林郭勒盟东北部乌珠穆沁草原，因而得此名。1982年被正式确认为优良地方品种，属肉脂兼用短脂尾粗毛羊。其特点是体格大，体质结实，胸宽深，肋骨开张良好，胸深接近体高的1/2，背腰平直而宽，后躯发育良好，尾肥大，且中部有一纵沟，将尾分成左右两半。公羊有角或无角，母羊多无角。毛色以黑色居多，约占62%，全身白色占10%左右，体躯花色占约11%。乌珠穆沁羊生长发育较快，6月龄公、母羔羊平均体重为39.6 kg和35.9 kg；成年公母羊体重平均为74.43 kg和58.4 kg。

（8）乌骨羊　原产地在云南省怒江傈僳族自治州兰坪白族普米族自治县通甸镇弩弓村，该村主要居住着普米族，所以在原产地人们习惯称乌骨羊为"普米乌骨羊"。乌骨羊分为乌骨山羊和乌骨绵羊，乌骨山羊是中国独有的珍稀羊种资源。全世界乌骨羊唯一的原产地是在云南省怒江州兰坪县，其他都是引种。云南省兰坪县乌骨羊原种场在原产地已建成全国最大最好的原种乌骨羊集中生产区。

2001年首次发现乌骨绵羊是在我国云南省怒江傈僳族自治州兰坪白族普米族自治县，2006年，国家根据该品种的产地、特点正式定名为"兰坪乌骨羊"。2009年10月份经国家畜禽遗传资源鉴定委员会专家组的鉴定验收通过，被列入《国家级畜禽遗传资源名录》《中国珍稀动物品种名录》和《世界珍稀动物品种名录》。

乌骨羊性成熟早，初怀期9~10月龄，发情周期平均21 d，妊娠期平均148 d，每窝产仔一般1~2羔，双羔比例较高。产后发情平均20 d。多数母羊2年3胎，产羔率90%以上，母羊初配年龄12月龄，发情周期16~18 d，持续24~48 h，妊娠145~150 d。乌骨羊具有极高的药用和保健价值，被称为"药羊""羊王""黄金羊"，品种极其稀有和珍贵，是国内评价最高的羊种。

乌骨羊是迄今为止人类已发现的唯一在体内含有大量黑色素的哺乳类动物，是已被确定为除了乌骨鸡以外的第二种具有可遗传性能的乌质性状动物。乌质性状的最直接表现为乌骨膜及乌肉，系基因突变而产生了新性状，能稳定遗传。乌骨羊的乌质是由高含量的黑色素引起的，其个体适应性强，食性广，耐粗饲。

第二节　肉羊品种特征

在肉羊生产中，肉羊的生产力的20%取决于品种。也就是说，肉羊品种选择的好坏决定着肉羊出栏时的利润，一旦品种选择出问题，即便饲喂得再好，出栏的利润也不会很高，如果养不好还可能赔钱。肉羊品种特征主要表现在体型外貌、早熟性、体重及生长速度、产肉性能、繁殖力五个方面，在肉羊品种选择中也重点考虑这五个方面。

一、绵羊与山羊的特征区别

绵羊和山羊虽属于羊的两个不同种类，其实有本质的区别，主要表现在以下11个方面。根据绵羊和山羊的区别，在肉羊生产中要采取不同的措施，实现肉羊生产效益最大化。

表 3-1　绵羊与山羊的特征区别

序号	区别	绵羊	山羊	注意事项
1	染色体对数不同	有 27 对染色体	山羊有 30 对染色体	由于染色体数量不同，无法配对，因此导致两种羊彼此无法繁殖
2	性情不同	绵羊迟钝	山羊灵活	绵羊羔比山羊羔胆小，惊吓后快速逃窜。在管理中应减少噪音
3	采食习惯不同	绵羊喜食非禾本科草、阔叶草和草本植物，采食高度为5.1~17.4 cm，采食量相对较大	山羊喜食灌木嫩枝叶，包括植物的叶、茎和嫩枝，采食高度在20 cm 以上。采食量相对较小	在饲喂中注意饲草种类
4	对矿物质的需要不同	绵羊对大部分矿物质元素的需要量少，尤其是铜，绵羊需要量极少	山羊对大部分矿物质元素的需要量相对较多	在饲料配制中注意绵羊的矿物质供应量，若按山羊的给量饲喂绵羊，极易引起中毒
5	驱除杂草的能力不同	绵羊被称为"天然驱草剂"，有采食和驱除田间和林间杂草的作用	山羊在林间有损坏幼苗的"破坏"作用	

续表

序号	区别	绵羊	山羊	注意事项
6	对疫病的易感性不同	绵羊应该接种肠毒血症疫苗，绵羊易患蠕虫病（主要为园线虫科的蠕虫），但很少罹患外寄生虫病（包括疥癣）	山羊可以不予接种，肠毒血症疫苗；带长毛的山羊不仅易染白虱，而且易患疥癣	
7	乳成分不同	绵羊乳中含干物质19.2%，脂肪6.9%，蛋白质6.5%，无氮浸出物4.9%	山羊乳中含干物质12.9%、脂肪4.1%、蛋白质3.7%、无氮浸出物4.2%	基于两种羊乳在组成成分方面的差异，绵羔羊出生1个月，体重增加100 g时，每天需绵羊奶640 g。如果改用山羊奶和牛奶饲喂，同样的增重则需山羊奶（或牛奶）800~1 000 g
8	毛被不同	绵羊为粗细不同的被毛	山毛为粗刚毛和绒毛	
9	叫声不同	绵羊叫声为"Baa"	山羊叫声为"Maa"	
10	角不同	大部分绵羊无角，仅少数有角	大部分山羊有角，仅少数无角	
11	管理不同	绵羊很少修蹄，一般一年修1~2次即可	山羊要经常修蹄，一般一月修1~2次	

二、体型外貌特征

良好的肉羊体型外貌可概括为皮薄头宽颈适中，鬐甲宽而背平坦，腰厚胸宽四肢短。

（一）皮肤

皮下结缔组织及内脏器官发达，脂肪沉积量高，皮肤薄而疏松。个别品种还有颜色及色素沉着特征，如波尔山羊品种标准中规定种羊尾下无毛的皮肤应有75%以上的着色区。

（二）头部

头宽而肩阔，鼻梁稍向内弯曲或呈拱形。

（三）颈部

颈长适中，与体长相称，颈部宽深，截面接近圆形，肌肉和脂肪发达。

（四）鬐甲

肉用羊的鬐甲很宽，且与背部平行，背椎横突较长、轴突较短。

（五）背部

肉羊脊椎的横突较长，肋骨较圆，背部肌肉和脂肪发达，背显得宽而平坦。

（六）腰部

肉羊腰部平直宽厚，肉附着明显。

（七）臀部

肉羊臀部宽而圆润，肌肉丰满。

（八）胸部

肉羊胸宽而深，肌肉多而略有下垂。肋骨开张良好，显得宽而深。

（九）四肢

肉羊四肢短而强健，前后肢宽而开张良好、端正。

三、生产性能特征

（一）早熟性

所谓早熟性，是指家畜的体格和性机能提前达到成年的"成熟"水平，是相对于其他成熟较晚的品种而言的，并非所有的家畜品种都具有早熟性，因此在同一类品种中有早熟和晚熟品种之分。早熟性对于肉用家畜来说是一个非常重要的性能指标。

1. 体早熟

具有早熟性的家畜生长发育速度较快，一般在周岁时体重就可达到成年的70%~90%。在实际生产中，肉羊的出栏年龄一般在周岁左右，因而在出栏前应最大限度地发挥出生长发育潜力，以获得最大的体重和较高的产肉量。相反，不具备早熟性或早熟性差的品种，生长发育迟缓，出栏时与成年体重相差较大，往往达不到出栏标准。靠延长饲养时间增加体重，就会增加饲养成本，影响经济效益。

2. 性早熟

性早熟是指达到配种和生育生理条件的年龄相对较早。不同品种之间的性成熟和初次配种年龄有较大差异。如德国肉用美利奴羊要到12月龄才能发情配种，而我国有些地方品种的性成熟较早，如小尾寒羊、湖羊在5~7月龄就达到性成熟。山羊品种中的徐淮山羊、马头山羊在4~6月龄就能发情配种，有的母羊在周岁内就能产羔。因此，肉羊生产可以利用这种性成熟早的特性加快羊群的扩增速度和提高种质资源的利用年限。

（二）体重及生长速度

肉用品种的共同特点是体重大、生长速度快。在良好的饲养条件下，肉用绵羊品种的羔羊在3~6月龄的一般日增重可达250~300 g；1.5岁公羊体重可达100~110 kg，母羊60~70 kg，且出肉率高，屠宰率一般在50%以上，一般肉羊体重越大其屠宰率越高。

（三）产肉性能

产肉性能是肉羊的主要特征之一，肉羊的最终产品是羊肉，因而肉羊品种必须具备产肉性能高、肉质好的特性。无论是羔羊肉或大羊肉，腰肌纤维细嫩，脂肪较少并均匀分布在肌纤维之间，肉汁多，无膻味或膻味小。从胴体形态来看，体表覆盖的脂肪不厚且分布均匀，背腰宽平，肌肉厚实，臀部肌肉丰满。

1. 衡量产肉性能的指标

（1）胴体重　屠宰放血后，剥去毛皮、去头、去内脏及前肢膝关节和后肢趾关节以下部分后，整个躯体（包括肾脏及其周围脂肪）静置30 min 的重量。

（2）屠宰率　胴体重与羊屠宰前活重（宰前空腹24 h）之比，用百分率表示。

屠宰率 = 胴体重 / 屠宰前活重 ×100%

（3）净肉率　胴体净肉重占胴体重的百分比。净肉指用温胴体精细剔除骨头后余下的净肉重量。要求在剔肉后的骨头上附着肉量及耗损的肉屑量不能超过300 g。

（4）骨肉比　胴体骨重与胴体净肉重之比。

（5）眼肌面积　测量倒数第1与第2肋骨之间脊椎上眼肌（背最长肌）的横切面积，因为它与产肉量呈高度正相关。测量方法：一般用硫酸绘图纸描绘出眼肌横切面的轮廓，再用求积仪计算出面积。如无求积仪，可用下面公式估测：

眼肌面积（cm²）＝眼肌高度 × 眼肌宽度 ×0.7

2. 羊肉的性状评定

羊肉的性状评定包括肉色、大理石花纹、酸碱度、失水率、系水率、熟肉率、嫩度、膻味8个方面的综合评定。

（1）肉色　肌肉的颜色，是由组成肌肉中的肌红蛋白和肌白蛋白的比例所决定。但与肉羊的性别、年龄、肥度、宰前状况，放血的完全与否、冷却、冻结等加工情况有关。成年绵羊的肉色呈鲜红或红色，老母羊肉呈暗红色，羔羊肉色呈淡灰红色。一般情况下，山羊肉的肉色较绵羊肉色红。

评定方法，可用分光光度计精确测定肉的总色度，也可按肌红蛋白含量来评定。在现场多用目测法，取最后一个胸椎处背最长肌（眼肌）为代表，新鲜肉样于宰后1~2 h，冷却肉样于宰后24 h 在4 ℃左右冰箱中存放。在室内自然光下，用目测评分法评定肉新鲜切面，避免在阳光直射下或在室内阴暗处评定。灰白色评1分，微红色评2分，鲜红色评3分，微暗红色评4分，暗红色评5分。两级间允许评0.5分分差。具体评分时可用美式或日式肉色评分图对比，凡评为3分或4分者均属正常颜色。

（2）大理石花纹　肉眼可见的肌肉横切面红色中的白色脂肪纹状结构，红色为肌细胞，白色为肌束间的结缔组织和脂肪细胞。白色纹理多而显著，表示其中蓄积较多的脂肪，肉多汁性好，是简易衡量肉含脂量和多汁性的方法。要准确评定，需经化学分析和组织学等测定。现在常用的方法是取第一腰椎部背最长肌鲜肉样，置于0～4 ℃冰箱中24 h 后，取出横切，以新鲜切面观察其纹理结构，并借用大理石纹评分标准图评定。只有痕迹评1分，微量评为2分，少量评3分，适量评4分，过量评5分。

（3）羊肉酸碱度（pH） 肉羊宰杀停止呼吸后，在一定条件下，经一定时间所测得的pH。肉羊宰杀后，肉发生一系列的生化变化，主要是糖原酵解和三磷腺苷（ATP）的水解变化，结果使肌肉中聚积乳酸和磷酸等酸性物质，使肉pH降低。这种变化可改变肉的保水性能、嫩度、组织状态和颜色等性状。

测定方法：用酸度计测定肉样pH，按酸度计使用说明书在室温下进行。直接测定时，在切开的肌肉面用金属棒从切面中心刺一个孔，然后插入酸度计电极，使肉紧贴电极球端后读数；捣碎测定时，将肉样加入组织捣碎机中捣3 min左右，取出装在小烧杯中，插入酸度计电极测定。

评定标准：鲜肉，pH为5.9~6.5；次鲜肉，pH为6.6~6.7；腐败肉，pH在6.7以上。

（4）羊肉失水率 羊肉在一定压力条件下，经一定时间后所失去的水分占失水前肉重的百分数。失水率越低，表示保水性能强，肉质柔嫩，肉质越好。

测定方法：截取第一腰椎以后背最长肌5 cm肉样一段，平置在洁净的橡皮片上，用直径为2.532 cm的圆形取样器（面积约5 cm²），切取中心部分眼肌样品一块，其厚度为1 cm，立即用感量为0.001 g的天平称重，然后放置于铺有多层吸水性好的定性中速滤纸，以水分不透出，全部吸净为度，一般为18层定性中速滤纸的压力计平台上，肉样上方覆盖18层定性中速滤纸，上、下各加一块书写用的塑料板，加压至35 kg，保持5 min，撤除压力后，立即称重肉样重量。肉样加压前后重量的差异即为肉样失水重。按下列公式计算：

失水率 ＝（肉样压前重量 － 肉样压后重量）/ 肉样压前重量 ×100%

（5）羊肉系水率 肌肉保持水分能力，用肌肉加压后保存的水量占总含水量的百分数表示，它与失水率是一个问题的两种不同概念，系水率高，则肉的品质好。测定方法是取背最长肌肉样50 g，按食品分析常规测定法测定肌肉加压后保存的水量占总含量的百分数。

系水率 ＝（肌肉总水分量 － 肉样失水量）/ 肌肉总水分量 ×100%

（6）熟肉率 肉熟后与生肉的重量比率。用腰大肌代表样本，取一侧腰大肌中段约100 g，于宰杀后12 h内进行测定。剥离肌外膜所附着的脂肪后，用感量0.1 g的天平称重（W_1），将样品置于铝蒸锅的蒸屉上用沸水在2 000 W的电炉上蒸煮45 min，取出后冷却30~45 min或吊挂于室内无风阴凉处，30 min后再称重（W_2）。

计算公式为：熟肉率＝$W_2 / W_1 \times 100\%$

（7）羊肉的嫩度　肉的老嫩程度，是人食肉时对肉撕裂、切断和嚼咀时的难易，嚼后在口中留存肉渣的大小和多少的总体感觉。影响羊肉嫩度的因素很多，如绵、山羊的品种、年龄、性别，肉的部位，肌肉的结构、成分，肉脂比例、蛋白质的种类、化学结构和亲水性，初步加工条件，保存条件和时间，熟制加工的温度、时间和技术等。很多研究还指出，羊胴体上肌肉的嫩度与肌肉中结缔组织胶原成分的羟脯氨酸有关，羟脯氨酸含量越大，切断肌肉的强度越大，肉的嫩度越小。羊肉嫩度评定通常采用仪器评定和品尝评定两种方法。仪器评定目前通常采用C-LM型肌肉嫩度计，以千克为单位表示；数值越小，肉越细嫩，数值越大，肉越粗老。如中国农业科学院畜牧研究所测定，无角陶赛特公羊与小尾寒羊母羊杂交的第一代杂种公羔背最长肌的嫩度（剪切值）为6.0 kg，股二头肌的嫩度为6.25 kg。口感品尝法通常是取后腿或腰部肌肉500 g放入锅内蒸60 min，取出切成薄片，放于盘中，佐料任意添加，凭咀嚼碎裂的程度进行评定，易碎裂则嫩，不易碎裂则表明粗硬。

（8）膻味　绵、山羊所固有的一种特殊气味，是代谢的产物。Gall认为，己酸、辛酸和癸酸等短链及游离脂肪酸与膻味有关，但是它们单独存在并不产生膻味，必须按一定的比例，结合成一种较稳定的络合物，或者通过氢键以相互缔合形式存在，才产生膻味。膻味的大小因羊种、品种、性别、年龄、季节、遗传、地区、去势与否等因素不同而异。我国北方广大农牧民和城乡居民，长期以来有喜食羊肉的习惯，对羊肉的膻味也就感到自然，有的甚至认为是羊肉的特有风味；而江南的城乡居民大多数不习惯食羊肉，更不习惯闻羊肉的膻味。

对羊肉膻味的鉴别，最简便的方法是煮沸品尝。取前腿肉0.5~1.0 kg放入铝锅内蒸60 min，取出切成薄片，放入盘中，不加任何佐料（原味），凭咀嚼感觉来判断膻味的浓淡程度。

四、繁殖性能特征

高繁殖力是肉羊品种的一个重要性状，主要表现为产羔率高、哺乳性强和泌乳力高等特点。好的品种的双羔和多羔率高，产羔率在240%以上，而繁殖力低的品种产羔率则在200%以下。

（一）产羔率

产羔率是指出生羔羊数与产羔母羊数的百分比。

其计算公式为：产羔率＝（出生羔羊数／产羔母羊数）× 100%。

根据实际生产条件和季节等因素，可按计划适当控制母羊的产羔频率。值得推荐的是两年三胎方案。在这个方案中，平均每8个月产羔1次，其中5个月为怀孕期，2个月为哺乳期，必须在余下的1个月内给母羊配上种。这个产羔频率可比常规生产的繁殖率提高30%~40%，其关键在于羔羊早期断奶和母羊及时配种，如果母羊不发情，可考虑应用人工诱导发情技术。

（二）繁殖力

在肉羊的实际繁育和生产过程中，需要经常对羊群的繁殖力进行评估，随时掌握羊群的结构、公母羊的繁殖性能和群体的遗传进展。评估繁殖力的主要指标有以下几种。

1. 可繁殖母羊比例

可繁殖母羊比例反映羊群中可繁殖的母羊所占的比例。可繁殖母羊是指10月龄（山羊）和1.5岁（绵羊）以上的具有正常繁殖能力的母羊。

可繁殖母羊比例＝本年度终可繁殖母羊数／本年度终羊群总数 ×100%。

2. 空怀率

空怀率一般是指在配种季节结束时统计，反映全群配种水平。空怀率＝（可繁殖母羊数－受胎母羊数）／可繁殖母羊数 ×100%。

3. 情期受胎率

情期受胎率反映在一个性周期内配种母羊的受胎情况，是评价配种及人工授精水平的重要指标。情期受胎率＝受胎母羊数／情期配种母羊数 ×100%。

4. 受胎率

受胎率只反映配种母羊的受胎情况，忽略了单只母羊配种次数，因而能真实反映配种效果。

受胎率 = 受胎母羊数 / 已配种母羊数 ×100%。

5. 产活羔率

产活羔率反映接羔、羔羊护理和母羊健康状况的水平。产活羔率 = 出生活羔羊数 / 分娩母羊数 ×100%。

6. 羔羊成活率

羔羊成活率反映羔羊护理和母羊哺育羔羊的能力。羔羊成活率 = 断奶成活羔羊数 / 出生活羔羊数 ×100%。

7. 繁殖率

繁殖率反映全群羊的繁殖水平。繁殖率 = 出生活羊数 / 可繁殖母羊数 ×100%。

第三节　肉羊繁殖技术

肉羊繁殖是决定养羊效益的"重中之重"，在肉羊生产中要真正做好肉羊繁殖工作，必须要全面深刻掌握肉羊繁殖的生理变化规律和特点，并应用先进的科技和生物技术对肉羊实行超早期的妊娠诊断，在配种后的10~20 d 之内能准确地判断母羊的妊娠状况，依此对母羊实施合理的饲养和管理。据报道，因为不良或过度饲养可使8%~10% 的妊娠母羊受精卵损失，及时、准确地判断并挑选出未妊母羊，对其进行发情控制处理，可以及时有效减少繁殖损失，从而提高养羊的经济效益。

一、肉羊的生殖器官

（一）公羊的生殖器官

公羊的生殖器官主要由睾丸、附睾、输精管和尿生殖道、副性腺和阴茎组成。公羊的生殖器官的主要作用是产生精子、分泌雄激素，将精液运入母羊生殖道内。

（二）母羊的生殖器官

母羊的生殖器官主要由卵巢、子宫（喇叭口、输卵管、子宫角、子宫体、子宫颈）、阴道（阴道穹隆、阴道、阴道前庭）、尿道口及外生殖道（阴蒂、阴门）等组成。

二、肉羊的生理特点

（一）性成熟和适配年龄

1. 性成熟

性成熟就是指肉羊生长到一定年龄，生殖器官已经发育完全，具备了繁殖能力，叫作性成熟。

性成熟以后，就能配种繁殖，但此时身体的生长发育尚未成熟，故性成熟并非最适宜的配种年龄。肉羊的性成熟年龄因品种、饲养水平和气候条件等不同而各有差异。一般早熟品种在4~6月龄就可以达到性成熟，晚熟品种8~10月龄才能达到性成熟。公羊性成熟的年龄要比母羊稍大一些。一般肉用公羊在6~10月龄，母羊在6~8月龄就可以达到性成熟。

经验交流：体重增长快的个体，其达到性成熟的年龄要比体重增长慢的个体要早。群体中若有异性存在，可促进性成熟提前。性成熟是一个连续的过程，当肉羊达到性成熟时其身体仍在继续生长发育，如果此时进行配种，对肉羊的发育和后代品质都有影响，并且降低繁殖力，所以性成熟的肉羊未必就是配种繁殖的肉羊。

2. 适配年龄

适配年龄是指肉羊已到达性成熟并且适合配种繁殖的年龄，不同品种的肉羊其适配年龄不同。总的来说，肉羊的配种体重接近其成年体重时才可以进行配种。一般绵羊早熟品种的适配年龄为9~15月龄，晚熟品种适配年龄为18~30月龄；山羊早熟品种的适配年龄为6~12月龄，晚熟品种的适配年龄为18月龄。如果母羊膘情好，当体重达到其成年体重的70%时，可进行第一次配种。肉羊在

3~5岁时繁殖力最强，主要表现为繁殖率高，羔羊初生重大，发育快。繁殖利用年限，公羊为4~5年，母羊为5~6年。

实践证明：幼畜过早配种，不仅严重阻碍身体的生长发育，也严重影响后代的体质和生产性能。但是，母羊的初配年龄过迟，不仅影响其繁殖进程，延长繁殖周期，也会造成经济上的损失，因此，应提倡适时配种。适时配种的时间主要依据个体生长发育及体重来确定。在良好的饲养管理条件下，体重达成年羊的70%时即可配种。发育良好并能保证较好的营养条件的肉羊，如冬季2~3月份产的母羔，可在当年秋后配种。饲养条件好的肉羊，或经过人工培育的部分绵羊和山羊品种可以常年发情、配种，如小尾寒羊的发情、配种不受季节的限；公羊没有明显的季节性，但秋季性活动能力较强，精液质量较高。

（二）母羊发情及发情周期

1. 发情

发情是当母羊达到性成熟后就开始表现一种周期性的性表现，称为发情。母羊能否正常繁殖，主要取决于母羊能否正常发情。

（1）发情表现　母羊发情时的特殊行为表现，主要有三种特征，其中前两种特征可以通过观察发现，第三种特征属于生理性变化，是无法观察到的。一是行为变化。表现兴奋不安，咩叫、摇尾，频频排尿，食欲减退，有交配欲。发情早期，上述行为表现不明显；发情旺盛期，主动接近公羊或接受爬跨；发情晚期，排卵后母羊性欲逐渐减弱直至发情终止时，拒绝公羊接近和爬跨。二是生殖道变化。主要表现为外阴部充血肿胀，柔软而松弛，阴道黏膜充血发红，并有少量透明黏液分泌，中期黏液增多，后期逐渐变得浑浊黏稠。三是卵巢的变化。这属于生理性的变化，生产中无法观察到，母羊发情时卵巢上有卵泡发育，发育成熟的卵泡破裂，卵子排出。

（2）发情鉴定　常见的发情鉴定方法有三种：一是外部观察法。外部观察法是结合肉羊发情表现继续观察，发情母羊主要表现喜欢接近公羊，并强烈地摇动尾部，当被公羊爬跨时站立不动，外阴部分泌少量黏液。二是阴道检查法。阴道检查法是用开膣器来观察母羊阴道黏膜、分泌物和子宫颈口的变化来判断发情与否。发情母羊阴道黏膜充血、红色、表面光亮湿润，有透明黏液流出，子宫颈口充血、松弛、开张、有黏液流出。三是试情法。试情法生产中较为常用方法，一般用一只性欲旺盛、健康无疾病的是公羊，公羊年龄在2~5周岁。为防止偷配，可选用试情布兜住阴茎或切除或结扎输精管及输精管移位。试情公羊与母羊的比例以1∶20~1∶40为宜，每日一次或早晚两次把试情公羊定时放入母羊群中，母羊在发情时就会寻找公羊或尾随公羊，只有当母羊站立不动并接受公羊的爬跨时，才算是发情。

实践证明：山羊的发情症状及行为表现比绵羊要明显，特别是咩叫、摇尾、相互爬跨等行为很突出。绵羊出现安静发情的较多，即有卵泡发育成熟至排卵，但无发情症状和性行为表现，尤其在初配母羊中比较常见。因此，在肉羊的繁殖生产中应特别注意这一特殊现象。

2. 发情持续期

发情持续期是母羊从发情开始到发情结束所持续的时间。母羊的发情持续期长短因品种、个体、年龄不同而异，一般为24~36 h。母羊排卵一般在发情后20~30 h，故发情后12 h 左右配种容易受胎。

3. 发情周期

发情周期是母羊由上一次发情开始到下一次发情开始的时间间隔。在发情周期中，母羊体内发生一系列的形态和生理变化，根据其特殊的变化，将发情周期分为4个阶段，即发情前期、发情期、发情后期和间情期。

（1）发情前期为发情准备期 上一周期的黄体消失，卵泡开始发育，血液中的雌激素水平上升，上皮增生，黏膜充血，腺体活动增加，生殖道分泌黏液增多。但母羊没有性欲表现。

（2）发情期是母羊接受公羊交配的时期 母羊有性欲表现，外阴部呈现充血肿胀，子宫角和子宫体充血，卵泡发育很快。发情前期连同发情期统称为卵泡期。

（3）发情后期是母羊排卵后发情症状消退的时期 卵泡破裂排卵后形成黄体，黄体分泌孕酮（黄体酮），血液中孕酮水平上升。生殖器官开始复原，黏膜充血消退，子宫颈口闭缩，分泌物减少，母羊拒绝交配。

（4）间情期　发情后期的延续，连同发情后期统称为黄体期。母羊受精后，黄体继续存在，发育为妊娠黄体，而未妊娠母羊的黄体则逐渐退化，转入下一个发情周期的发情前期。

实践证明：发情季节的初期和晚期，发情周期不正常的较多，在发情季节的旺季，发情周期最短，以后逐渐变长；营养水平低的发情周期较短，营养水平高的发情周期较长，肉用品种比毛用品种稍短。绵羊的发情期长短还与年龄有关，当年出生的母羊较短，老年的较长。公母羊经常在一起混合饲养可缩短母羊的发情周期。

表3-2　绵羊和山羊发情周期及发情持续期比较表

品种	发情周期 /d		发情持续期 /h		排卵时间 /h	最佳配种时间
	平均天数	周期范围	平均时间	持续范围		
绵羊	16	14~21	30	24~36	20~30	发情后 30 h 内
山羊	21	18~24	40	24~48	50~60	发情后 12~16 h

（三）受精与妊娠

母羊接受自然交配或人工授精，经过受精后，胚胎在母羊体内发育成为羔羊的整个时期称为妊娠期。妊娠期间，母羊的全身状态，特别是生殖器官相应地发生一系列生理变化。母羊的妊娠期长短因品质，营养及单、双羔等有所不同。山羊的妊娠期略长于绵羊，山羊妊娠期的正常范围为142~161 d，平均为152 d；绵羊为146~157 d，平均为150 d。

妊娠母羊因胚胎的存在，引发了一系列形态和生理变化，可以从体况、生殖器官和体内激素的变化作为妊娠诊断的判断依据。主要有以下几个方面。

1. 妊娠母羊的体况变化特点

（1）妊娠母羊新陈代谢旺盛，食欲增强，消化能力提高。

（2）因胎儿的生长和母体自身增重的增加，妊娠母羊体重明显上升。

（3）妊娠前期因新陈代谢旺盛，母羊营养状况改善，表现毛色光润，膘肥体壮。妊娠后期则因胎儿剧烈生长的消耗，以及饲养管理较差时，母羊则表现瘦弱。

2. 妊娠母羊生殖器官变化特点

（1）卵巢　母羊妊娠后，妊娠黄体在卵巢中持续存在，发情周期中断。

（2）子宫　子宫增生，继而生长和扩展，以适应胎儿的生长发育需要。

（3）外生殖器　妊娠初期，阴门紧闭，阴唇收缩，阴道黏膜颜色苍白。随着妊娠时间的推进，阴唇表现水肿，其水肿程度逐渐增加。

三、配种时间和配种方法

（一）配种时间的确定

配种时间的确定，年产1胎的母羊，有冬季产羔和春季产羔两种，产冬羔配种时间为8~9月，翌年1~2月产羔；产春羔配种时间为11~12月，翌年4~5月产羔。一年两产的母羊，可于4月初配种，当年9月初产羔，10月初第二次配种，翌年3月初产第二产。两年三胎的母羊，第一年5月份配种，10月份产羔，第二年1月份配种，6月份产羔，9月份配种，第三年2月份产羔。

（二）配种计划的制订

繁殖母羊配种计划的制订要根据各羊场的年产胎次和产羔时间决定。两年三胎的母羊配种与产羔时间要尽量避开高温季节（见表3-2）。

表 3-3　繁殖母羊"两年三胎"配种、产羔适宜时间安排

生理期	第一胎	第二胎	第三胎
配种	第一年 5~6 月	第一年 11 月~翌年 2 月	翌年 5 月~翌年 9 月
妊娠	第一年 5~10 月	第一年 11 月~翌年 6 月	翌年 5 月~第三年 1 月
哺乳	第一年 9~12 月	第二年 3 月~翌年 7 月	第三年 1~3 月
断奶	第一年 11~12 月	第二年 5 月~翌年 8 月	第三年 1~5 月

实践证明：母羊发情后要适时配种才能提高受胎率和产羔率。绵羊排卵时间一般都在发情开始后20~30 h，山羊排卵时间在发情开始后24~36 h，成熟卵排出后，在输卵管中存活时间为4~8 h，公羊精子在母羊生殖道内受精作用最旺盛的时间约为24 h，为了使精子和卵子得到充分结合的机会，最好在排卵前数小时内配种，所以最适当的配种时间是发情后12~24 h（发情中期）。提倡一次配种，但为更准确地把握受孕时机，可在第一次配种12 h 后，再进行一次重复配种。

（三）配种方法的选择

肉羊的配种方法有本交和人工授精两种方式。

1. 本交

（1）本交的方式　本交其实是羊自由交配和人工辅助交配的统称。本交是最简单的、最原始的交配方式，即将公羊放入母羊群中，让其自由与母羊交配（自由交配），也可以在非配种期将公母羊分群，配种期将适当比例的公羊放入母羊群。每2~3年，群与群间有计划地交换公羊，更新血统。该方法省工省事，适合小群和分散饲养的群体，若公母比例适当（1∶20~1∶30），可获得较高的受胎率。

（2）本交的缺点　本交的主要缺点：一是无法记录确切的配种时间和分娩日期，羔羊大小不一致，不便管理；二是种公羊需求量大、利用率低，饲养成本高，自由交配的公母羊比例一般为1∶20~1∶30，最多不超过1∶30；三是无法进行有计划的选种选配，后代血缘关系不清，并易造成近亲交配和早配，从而影响后代群体品质和生产性能；四是影响母羊抓膘，容易传染疾病。

为了克服上述缺点，采用人工辅助交配的方式对肉羊进行配种，即将公母羊分群隔离饲养，在配种期内，用试情公羊试情，有计划地安排公母羊配种。这种方法不仅可以提高种公羊的利用率（一般每只公羊可配60~70只母羊），延长利用年限，而且可以有计划地进行选配，提高后代质量。

2. 人工授精

人工授精是肉羊生产中常用的繁殖技术，也是提高养殖经济效益、降低种公羊饲养成本的有效措施之一。

四、肉羊人工授精技术

人工授精是指用特定器械采取公羊的精液，经过精液品质检查等一系列处理，再将精液输入到发情母羊生殖道内的过程。这一过程包括采精、精液品质检查、精液稀释、保存、输精前的准备、母羊的固定、输精等多个环节。

1. 人工授精的优点

一是提高优秀种公羊的利用率，是本交与配母羊数的10倍（每只公羊可配300~500只母羊）；二是节省种公羊的饲养费用，降低生产成本；三是提高受胎率，加速羊群的遗传进展；四是有效防止疾病传播。

2. 人工授精所需器材和药品

人工授精所需器材包括假阴道、集精瓶、玻璃棒、镊子、烧杯、磁盘、纱布、温度计、显微镜、载玻片、盖玻片、酒精灯、消毒锅、输精器、开膣器等；药品包括酒精、凡士林、氯化钠、高锰酸钾、来苏尔（甲酚皂）等。

3. 人工授精的消毒要求

对采精、输精以及一切与精液接触的器械都要进行消毒；金属器械、玻璃器械以及胶质的内胎采用酒精或火焰消毒，其他器械一般采用蒸气消毒。

4. 人工授精的操作程序

人工授精的操作总体可以分为采精前准备阶段、采精阶段（包括采精、精液品质检查、稀释和保持）和输精阶段等三个方面。

（1）采精前准备　采精前应做好各项准备工作，如人工授精器械，种公羊的准备和调教，与配母羊的准备，做好选配计划等；采精前应选好台羊，台羊的选择应与采精公羊的体格大小相适应，且发情明显；假阴道的安装，安装假阴道时，注意内胎不要出褶，安装好后用75%酒精棉球消毒，再用生理盐水（0.9%氯化钠溶液）冲洗数次。采精前的假阴道内胎应保持有一定的压力、湿度和滑润度。为使假阴道保持一定的温度，应从假阴道外壳活塞处灌入150 ml 50~55℃的温水，然后拧紧活塞，调节好假阴道内温度为40~42℃。为保证一定的滑润度，用灭菌后的清洁玻璃棒沾少许灭菌凡士林均匀抹在内胎的前1/3处，也可用生理盐水冲洗，保持滑润。通过通气门活塞吹入气体，使假阴道保持一定的松紧度，使内胎的内表面保持三角形合拢而不向外鼓出为适度。

（2）采精阶段　采精阶段包括采精、精液品质检查、精液稀释和保存等过程。

①采精。采精是将台羊保定后，引公羊到台羊处，采精人员蹲在母羊右后方，右手握假阴道，贴靠在母羊尾部，入口朝下，与地面成30°~45°角，公羊爬跨时，轻快地将阴茎导入假阴道内，保持假阴道与阴茎呈一直线。当公羊用力向前一冲即为射精，此时操作人员应随同公羊跳下母羊背时将假阴道紧贴包皮退出，并迅速将集精瓶口向上，稍停，放出气体，取下集精瓶。

温馨提示：采精过程中，不允许大声喧闹，不允许太多人围观，更不允许吸烟，不允许打羊，动作要稳、迅速、安全；采精次数每只羊每天一次，每周不超过5次。采精期间必须给公羊加精料补充营养或采精种公羊每天保持1个鸡蛋；加强运动，保持充沛体力；采精期间不宜用药过多，如有病应停止采精，治愈后再采精。

②精液品质检查。精液品质和受胎率有直接关系，必须经过检查与评定方可输精。主要检查精液的色泽、气味、射精量、活力、密度。常见精液品质检查方法有肉眼观察法和显微镜检查法。其中肉眼观察主要观察精液的色泽、气味和射精量，显微镜主要检查精液中精子的活力和密度。

肉眼观察。公羊的正常射精量平均为1ml，范围是0.5~2.0 ml。正常精液为乳白色，无味或略带腥味，凡带有腐败味，出现红色、褐色、绿色的精液均不可用于输精；用肉眼观察精液，可见由于精子活动所引起的翻腾滚动、极似云雾的状态，精子密度越大、活力越强，则云雾状越明显。

精子活率。原精液活率一般可达0.8以上。检查方法：在载玻片上滴原精液或稀释后的精液1滴，加盖玻片，在38℃温度显微镜下（可按显微镜大小自制保温箱，内装40 W 灯泡1只）检查。精子活率是以直线前进运动精子百分率为依据的，通常用0.1~1.0（即10%~100%）的十级评分法表示。

密度检查。正常情况下，每毫升羊精液中含精子数为30亿个，范围是10 亿~50亿个。在检查精子活率的同时进行精子密度的估测。在显微镜下根据精子稠密程度的不同，一般将精子密度评为"密""中""稀"三级，其中，"密"级为精子间空隙不足一个精子长度，"中"级为精子间空隙有1~2个精子长度，"稀"级为精子间空隙超过2个精子长度以上，"稀"级不可用于输精。

③精液稀释。稀释精液的目的在于扩大精液量，提高精子活力，延长精子存活时间。常见稀释液有以下几种：

生理盐水稀释液。用注射用的0.9% 生理盐水或用经过灭菌消毒的0.9% 氯化钠溶液。此种方法简单易行，但稀释倍数不宜超过两倍。

葡萄糖卵黄稀释液。100 ml 蒸馏水中加入葡萄糖3 g，柠檬酸钠1.4 g，溶解过滤后灭菌冷却至30℃，加新鲜卵黄20 ml，充分混合备用。

牛奶（或羊奶）稀释液。用新鲜牛奶（或羊奶）以脱脂纱布过滤，蒸气灭菌15 min，冷却至30℃，吸取中间奶液可作稀释液。

上述稀释液中，每毫升稀释液应加入500 IU 青霉素和链霉素，调整溶液pH=7 后使用，稀释时应在25~30℃温度下进行。

④精液保存。精液保存包括常温（18~25℃）保持、低温保存、冷冻保存。冷冻保存是通过酸抑制精子的代谢活动来实现，用此种方法只能保存1~2 d；低温（2~5℃）保存，将稀释精液由30℃降至2~5℃，保存到输精时为止，温度维持不变；冷冻（-196℃）保存家畜精液。冷冻保存是人工授精技术的一项重大革新，冷冻保存精液可以长期利用。冷冻方法有液氮法和干冰法两种。

（3）输精阶段　输精阶段包括前期准备、母羊保定和输精三个方面。

①输精前准备。输精前将所有的器材要消毒灭菌，输精器和开膣器最好蒸

煮或在高温干燥箱内消毒。输精器以每只羊准备1支为宜，若输精器不足，可在每次使用完后用蒸馏水棉球擦净外壁，再以酒精棉球擦洗，待酒精挥发后再用生理盐水冲洗3~5次，才能使用。连续输精时，每输完1只羊后，输精器外壁用生理盐水棉球擦净，便可继续使用。输精人员应穿工作服，手指甲剪短磨光，手洗净擦干。用75%酒精消毒，再用生理盐水冲洗。

②输精母羊的保定。把待输精母羊赶入输精室，如没有输精室，可在一块平坦的地方进行。正规操作应设输精架，若没有输精架，可采用横杠式输精架。在地面上埋两根木桩，相距1 m宽，绑上一根5~7 cm粗的圆木，距地面约70 cm，将待输精母羊的两后腿担在横杠上悬空，前肢着地，1次可同时放3~5只羊，输精时比较方便。

较为简便的方法是由一人保定母羊，使母羊自然站立在地面上，输精员蹲在输精坑内。还可以由两人抬起母羊后肢保定，高度以输精员能较方便找到母羊子宫颈口为宜。

③输精。输精前将母羊外阴部用来苏尔溶液擦洗消毒，再用清水冲洗擦干净，或用生理盐水棉球擦洗。输精人员将用生理盐水湿润过的开膣器闭合，按阴门的形状慢慢插入，之后轻轻转动90°，打开开膣器。如在暗处输精，要用额灯或手电筒光源寻找子宫颈口，子宫颈口的位置不一定正对阴道，子宫颈在阴道内呈现一小凸起，发情时充血，较阴道壁膜的颜色深，容易找到，如找不到，可活动开膣器的位置，或改变母羊后肢的位置。输精时，将输精器慢慢插入子宫颈口内0.5~1.0 cm，将所需的精液注入子宫颈口内。输精量应保持在有效精子数7 500万个以上，即原精液量0.05~0.10 ml。

实践证明：输精的关键是严格遵守操作规程，做好消毒处理，输精过程操作要细致。子宫口要对准，精液量要足，输精后要登记，按照输精先后组群。输精后要加强饲养管理，以便于增膘保胎；未配种过的处女羊阴道狭窄，开膣器无法充分展开，找不到子宫颈口，这时可采用阴道输精，但精液量至少要提高一倍，为提高受胎率，每只羊一个发情期内至少输精两次，一般发情后4~8 h第一次输精，间隔8 h后第二次输精。

五、肉羊的繁育方式

（一）纯种繁育

纯种繁育是在同一品种内的繁殖和选育。在肉羊规模化生产中，经营者总是希望拥有最好的品种。肉羊饲养者往往喜欢要好肉羊品种的"纯种"，其实"纯种"是个相对的概念，绝对纯的"纯种"是没有的。任何一个品种的群体，在繁殖过程中都不可避免地会出现一些不理想的个体，因此必须时刻加强选育，以保证羊群质量不退化，并不断地提高。

1. 本品种选育

本品种选育是通过肉羊品种内的选择、淘汰，结合适当的选配手段，达到稳定和提高品种质量的目的。选育应根据品种的经济性状和品种标准，制订不同阶段的选育目标和方案。首先应建立核心群或核心场，规模要根据品种现状和选育目标来定。其次选入核心群的羊必须是该品种中最优秀的个体，杜绝不理想的公羊继续留作种用。如果发现特别优秀并证明遗传性很稳定的种公羊，应采用人工授精等繁殖技术，尽快扩大其后代数量。

2. 血统更新

血统更新是在羊群较小，亲缘较近，繁殖中有可能产生近亲危害，或性状选择范围小，靠现有公羊难以再提高的情况下，就应从外地引入同品种的优质公羊来替换原羊群中所使用的公羊，即实现血统更新。血统更新也可通过引进或交换公羊的精液，结合应用人工授精技术来实现。

（二）杂交繁育

杂交是规模化肉羊生产中广泛采用的良种推广和品种改良方法之一。杂交可以将不同品种的优良特性结合在一起，常被用来改良劣质品种，提高肉羊产业的经济效益。常用的杂交手段有以下几种。

1. 级进杂交

如果需要从根本上改良一个生产性能很低的品种，或者试图获得接近某个特别优秀品种性能的后代，可应用级进杂交。级进杂交是用良种公羊连续与被改良羊及各代杂种母羊交配。当杂交进行到4~5代时，杂种羊将接近或达到良种羊的生产性能。级进杂交并不意味着级进代数越高越好，要根据杂交后代的具体表现适可而止。

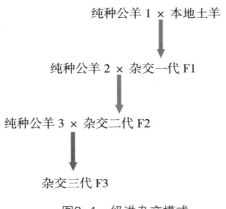

图3-1 级进杂交模式

2. 经济杂交

经济杂交是不同品种间杂交，以获得具有经济意义的杂交一代（F1）为目标。利用杂交一代所表现的生产优势，提高羊肉产品的质量和产量。杂交效果的好坏应通过不同品种杂交组合试验来确定。

近年来，多数省区引进了萨福克、特克萨尔和道赛特等国外良种肉羊品种，并通过肉用种公羊选育推广、肉用二元基础母羊选育和肉羊杂交后代育肥等工作，取得了较好的经济效果。

（1）肉羊杂交改良目标 肉羊杂交改良后，其羔羊初生重可达到4.5 kg以上，6月龄体重达到40 kg以上，分别比滩寒杂一代羔羊增加45.8%和26.4%。

（2）肉羊杂交改良技术路线 充分利用二元或三元杂交后代具有体型大、生长发育快、产肉多、抗病力强等特点，开展肉羊的杂交改良。在产肉、繁殖和胴体品质改良的同时，要尽可能保持和稳定原有品种所具有的优良特性，实现性状改良，质量提高。肉羊杂交改良技术路线见图3-2。

二元杂交。以引进肉用羊种公羊作父本，滩羊等本地羊作母本进行杂交，杂交一代日增重达到250 g以上，育肥6~8月龄出栏，体重可达到40 kg以上。

三元杂交。以引进肉用羊种公羊作父本，以二元杂交母羊作母本进行杂交，其杂交后代产肉性能、繁殖力和肉的品质等均得到明显的提升。目前，在我国肉羊生产基地，主推以萨福克等引进的肉用种公羊为父本、滩寒杂一代母羊为母本的"三元杂交"，三元杂交羔羊生长速度快、肉质好，生产性能好。

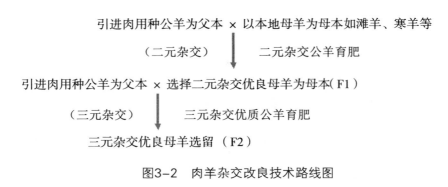

图3-2　肉羊杂交改良技术路线图

六、肉羊的高频繁殖技术

（一）同期发情技术

同期发情技术是利用某些激素类药物（主要包括孕激素和前列腺素类激素），人为地控制和调整母羊自然的发情周期，使母羊有计划地在同一天或2~3 d内集中发情。

1.同期发情操作流程

2.同期发情操作要求

（1）选择同期发情待处理的母羊　一般选择个体较大品种8月龄以上的后备母羊，断奶后未配种的母羊，分娩后40 d以上的哺乳母羊。

（2）放栓　将母羊用围栏集中到一起以方便抓羊，将母羊保定，用1∶9的新洁尔灭溶液喷洒外阴部，用消毒纸巾擦净后，再用一张新的纸巾将阴门裂内擦净；一人戴一次性PE手套，从包装盒中取出阴道栓（孕激素海绵栓），在导管前端涂上足量的润滑剂；分开阴门，将导管前端插入阴门至阴道深部，然后将推杆向前推，使棉栓留于阴道内。

（3）注射孕马血清促性腺激素（PMSG）和前列腺素（PG） 放栓后第12天上午注射 PMSG 和 PG。将母羊用围栏集中到一起以方便抓羊，将母羊保定，（哺乳母羊，后备母羊）每只母羊颈部肌肉注射 PMSG 250 IU（1.25 ml），在另一侧颈部肌肉注射氯前列烯醇0.1 mg，每只羊按1 ml 注射量计算总量。

（4）撤栓 放栓后第13天下午，将母羊集中，拉住栓后的引线，缓缓用力，将阴道栓撤出。

3. 同期发情的技术优点

（1）便于组织配种工作，有利于推广人工授精，扩大优秀种公羊的利用率。

（2）集中配种，可以缩短配种季节，使母羊集中产羔，便于管理，节省劳动力。

（3）因配种同期化，对以后的产羔、羊群周转以及商品羊的成批生产等一系列的组织管理带来方便，适应现代集约化肉羊生产或工厂化生产的要求。

（二）腹腔内窥镜输精技术

肉羊腹腔内窥镜输精技术是近二三十年兴起并日臻成熟的实用繁殖技术，一些发达国家已开始生产应用。该项技术的应用建议具有一定专业基础的技术人员进行操作，没有具体操作基础的人员建议作为一项技术了解而已。

1. 操作流程

装枪 ➡ 穿刺 ➡ 确位 ➡ 输精 ➡ 护理 ➡ 建档

2. 操作技术要求

（1）装枪 将细管冻精解冻后用消毒纸巾擦干水分，剪去超声波封口端，棉塞一端套到输精枪钢芯上，将钢芯拉到底套上输精枪外套管，细管切口端与套管针头端顶紧，外套管后端与输精枪后螺纹旋转卡紧，轻推钢芯有精液从套管针孔溢出，递给输精员进行输精操作。

（2）穿刺 输精人员站立或座在位于输精母羊右后侧。从消毒桶中取出带进气孔的穿刺套管和穿刺针，穿刺腹腔镜观察孔，将穿刺针插入穿刺套管中，右手向上抓起腹中线手术部位皮肤，左手食指和中指夹住穿刺套管，手心顶住穿刺针柄，在位于母羊腹部乳房下10~14 cm处，腹中线右侧3~4 cm穿刺，穿刺针刺破皮肤即松开穿刺针，用套管钝性刺破腹膜插入腹腔，抽出穿刺针留置套管，穿刺针插入消毒桶中。

（3）确定输精部位　从消毒桶中取出腹腔镜，打开光源从右侧套管孔中插入，左手食指中指夹住套管，拇指顶压住腹腔镜镜管，调节穿刺套管和内窥镜在腹腔中的位置，通过目镜观察寻找子宫角和卵巢。瘤胃遮挡观察和操作时，打开充气泵向腹腔内充气5~8 s，使瘤胃向腹腔前下方移动，至不影响观察和操作。输精部位不利于观察和操作时，将长柄钳从左侧输精套管孔中插入夹住子宫角间系膜，将子宫角翻到便于观察和输精操作的位置，观察子宫、卵巢状态，一侧或两侧卵巢上有成熟卵泡时进行输精。

（4）输精　输精人员从左侧穿刺套管孔中插入输精枪至腹腔内，针头对准子宫角上1/3（大弯）处，手腕用力将针头垂直刺入子宫角内，推动输精枪钢芯注入1/2的精液后退出针头，用同样的方法将剩余的精液注入另一侧子宫角内，鲜精两侧子宫角各输精0.1 ml/只，输精结束后，辅助人员在穿刺孔及周围用5%的碘酒喷洒消毒，每只羊肌肉注射青霉素180万IU、链霉素0.5~1.0 g，肌肉注射苏醒灵0.2~0.4 ml，解除母羊保定，放入羊舍留观。

（5）母羊护理　输精后2 h内禁止饲喂和饮水，禁止剧烈运动或放牧，2 h后投喂适量青干草和饮水，饮水中可添加1%的电解多维，12 h后恢复正常饲喂，跟踪观察24 h，发现异常及时处理。

（6）输精档案建立　输精的羊群要建立输精档案，内容包括母羊编号、发情状况、精液信息、输精时间、妊娠情况和输精员信息等内容。

3. 腹腔内窥镜输精技术优点

腹腔内窥镜输精技术是采用微创手术技术，利用腹腔镜将稀释好的鲜精或冻精，直接输入肉羊子宫角上1/3处的精卵结合部，使母羊受胎。相对于普通的子宫颈输精，该项技术虽复杂一些，但由于减少了精子在子宫内的运行距离，因此大大提高了受胎率，一般一次输精受胎率可达90%以上。

（三）冷冻精液技术

冷冻精液技术是超低温保存精液的一种方式，也是家畜人工授精技术的一项重大革新。精液冷冻保存可长期利用，对普及人工授精，扩大优秀公羊的利用率起着非常重要的作用。冷冻精液的冷冻方法现在普遍采用液氮熏蒸法，其制冷温度达 −196 ℃，因此必须要用液氮罐贮存。冷冻精液解冻后活力达到0.3以上才能用于输精。

该项技术的具体操作在前面的人工授精技术中进行了详细的叙述。

（四）超数排卵与胚胎移植技术

超数排卵技术是在母羊发情周期的适当时间，注射促性腺激素，使卵巢比正常情况下有较多卵泡发育成熟并排卵，经过处理的母羊可一次排卵几个甚至十几个。这就是超数排卵技术，简称"超排"。超数排卵的目的在于输精后能获得较多的受精卵，将其进行移植即可"借腹怀胎"形成新的个体。

胚胎移植技术是将从一头母畜的输卵管或子宫内取出的早期胚胎（受精卵）移植到其他普通母畜体的输卵管或子宫内，使之产出优良后代的技术。

移植胚胎的方法通常是采用手术法完成。近年来，国内外已可用非手术法进行胚胎移植，只需在供体母羊腹部切一小口，利用腹腔镜（内窥镜）从供体母羊体内收集受精卵，然后移植到受体子宫即可。该项技术的操作难度大，其专业性要求较高，建议由专业团队进行操作。

第四节　母羊分娩和产后护理技术

一、母羊的分娩

母羊分娩就是妊娠母羊妊娠期满后，将子宫内的胎儿胎盘从子宫中排出体外的生理过程称为分娩。

（一）预产期推算

1. 妊娠期

母羊从开始怀孕到分娩的这段时间叫妊娠期。

羊的妊娠期随品种、个体、年龄、饲养管理条件的不同而异。绵羊的妊娠期为146~156 d，平均妊娠期为150 d左右。如早熟的肉毛兼用或肉用绵羊品种的妊娠期较短，平均145 d左右；细毛羊品种妊娠期150 d左右；粗毛和中毛绵羊，妊娠期为140~148 d；南岗羊，妊娠期为143~145 d；多赛特羊，妊娠期平均天数为144 d；塔际羊、兰布来羊，妊娠期平均天数为150 d；美利奴羊，妊娠期为147~155 d，平均天数为150 d。

山羊的妊娠期为146~161 d，平均天数为152 d；奶山羊的妊娠期平均天数为151 d。如汉普夏羊、芬兰兰德瑞斯山羊，妊娠期平均天数为145 d；雪洛泊夏山羊，妊娠期平均天数为146 d；考力代山羊，妊娠期平均天数为149 d。

一般情况下，母羊的体质越好，身体越健壮，妊娠期相对就越短；早熟的肉用羊或肉毛兼用羊比毛用羊品种妊娠期短些，青壮龄羊比老龄羊短些，怀双羔的妊娠期比怀单羔的短些。

2. 预产期

预产期就是根据不同品种羊的妊娠期对其分娩时间的预计推算。

一般肉羊的预产期推算公式：预产期 = 月（月 +5）日（日 −2或4），即配种月份加5（月份加5后大于12个月，则总数减12所得数即为月份数），配种日期数减2（经过2月）或4（日小于4可加当月天数再减4）。

（二）产房和器具的准备

在我国北方冬季气候较冷，昼夜温差大，产羔季节安排在冬季和早春的，应准备好产房。有条件的应设单独产羔室，养羊数少的，可在羊舍内隔出一定面积做产房。产房面积应按每只产羔母羊1.8~2.0 m²计算。产房应清除积粪，舍内墙壁、地面及一切用具必须进行消毒。消毒液可用15%~20% 草木灰水，2%~3% 来苏尔溶液，20% 石灰水溶液，1% 苛性钠溶液等，地面上垫4~5 cm 厚的细沙土或干土面，然后铺上干净柔软的稻草或较柔软的麦草。另外，准备充足碘酒、酒精、高锰酸钾、药棉、纱布及兽医产科用器械。

（三）分娩预兆

母羊临近分娩时，乳房胀大，乳头竖立，手挤时可有少量浓稠的乳汁；骨盆韧带松弛，尾根两侧下陷，腹部下垂，肷窝凹陷；阴唇逐渐柔软，肿胀、增大，阴唇皮肤上的皱襞展开，阴唇肿大潮红、有黏液流出；行动迟缓，撒尿次数频繁，时而回头看视腹部，常单独呆立墙角或趴卧，四肢僵直，不爱吃草，站立不安，有时咩叫，前肢挠地，临产前有努责现象。发现上述现象，应快速送入产房，用温水洗净外阴部、肛门、尾根、股内侧和乳房，用1%~2% 来苏尔溶液消毒。

（四）分娩过程

分娩时间一般不超过60 min，分娩的过程分为 3 个阶段，即子宫开口期、胎儿产出期和胎盘排出期。

母羊多数能正常生产，羊膜破水后10~30 min，羔羊即能顺利产出，产出时两前肢和头部先出，紧接着是嘴、鼻和头也露出，这时羔羊就能随母羊努责而顺利产出，羔羊产出所需时间一般在8 min 左右。产双羔时，先后间隔5~30 min，个别时间会更长些，母羊产出第一只羔羊后，仍表现不安，卧地不起，或起来又卧下，努责等，就有可能是双羔，此时用手在母羊腹部前方用力向上推举，则能触到一个硬而光滑的羔体。经产母羊产羔较初产母羊要快。一般情况，羊分娩过程中羊膜自行破裂，若不破裂必须进行人工撕破。

胎儿产出后到胎盘完全排除的时间需要1.5~2.0 h，如果超过2 h，则属于胎盘不下，具体胎盘不下的处理方式见产科疾病内容。

（五）难产与助产

难产是因母羊阴道狭窄、母羊体弱努责无力、胎儿过大、母羊过胖及初产母羊或在羊破水后30 min，羔羊仍未产出，则视为难产。

助产是母羊发生难产后采取人为的方法是拉出胎羔的过程。

助产前的准备：助产人员在助产前应将手指甲剪短、磨光，消毒手臂，戴上长臂手套并涂上润滑油。

助产的方法：先将羔羊两前肢反复拉出送入，然后一手拉前肢，一手扶头，随母羊努责，慢慢向下拉出。

注意：助产时切忌用力过猛，或不配合努责节奏硬拉而伤及阴道；助产应及时，过早不行，过迟母羊精力消耗太大，羊水流尽不易产出；助产时要弄清难产原因，有时是由于胎位不正引起的，常见的胎位不正有头出前肢不出，前肢出头不出，后肢先出，胎儿上仰，臀部先出，四肢先出等；此时要先弄清楚属于哪种不正胎位，然后用手将胎儿露出部分送回阴道，将胎儿轻轻摆正，转为正胎位，让母羊自然产出胎儿或随母羊有节奏努责，将胎儿拉出。

（六）假死羔羊的救治

产出后的羔羊发育正常，不呼吸，但心仍跳动，这种现象称为假死现象。

对假死的羔羊抢救方法很多，首先清除呼吸道内吸入的黏液、羊水，擦净鼻孔，向鼻孔吹气或进行人工呼吸。或提起羔羊两后肢，悬空并拍击其背部和胸部；或是让羔羊平卧，保持前低后高，手握前肢，反复前后屈伸，然后用手轻拍胸部两侧等。

二、产后护理技术

产后护理包括产后母羊的护理和羔羊的护理。

（一）产后母羊的护理

产后母羊应注意保暖、防寒、防潮、避风，预防感冒，保持安静休息。产后1 h后饮些温水，第一次不宜过多，一般1.0~1.5 L即可，并喂一些麦麸和优质青干草。产后头几天应喂给质量好，容易消化的饲料，量不宜过多，经过3 d后，饲料即可转为正常饲料。

（二）初生羔羊的护理

1. 断脐

羔羊出生后，一般母羊站起脐带自然断裂，这时用0.5% 碘酒在断端消毒。如果脐带未断，先将脐带内血向羔羊脐部挤压，在离羔羊腹部3~4 cm处剪断，涂抹碘酒消毒。

2. 除液

除液就是将羔羊口、鼻、耳中的黏液及时清除。羔羊出生后，应迅速将羔羊口、鼻、耳中的黏液抠出，以免引起窒息或异物性肺炎。羔羊身上的黏液必须让母羊舔净，既可促进新生羔羊血液循环，并有助于母羊认羔。冬天接产工作应迅速，避免感冒。

3. 弃胎

弃胎就是将羔羊产后的胎衣及时进行无害化处理的过程。胎衣通常在母羊产羔后0.5~1.0 h能自然排出，接产人员一旦发现胎衣排出，应立即取走，防止被母羊吃后养成咬羔、吃羔等恶癖现象。

4. 吃乳

羔羊出生后，让其尽快吃上初乳（具体羔羊哺乳方法详见第四章第三节羔羊饲喂要点）。瘦弱的羔羊或初产母羊、或母性差的母羊，需人工辅助吃奶，对母羊缺奶的，也应先吃到初乳之后再找代乳保姆羊（奶山羊等）喂养。对于找不到代乳的羔羊，在出生后可饲喂代乳料。羔羊代乳料参考配方为：羊奶200 g，鲜鸡蛋1个，鱼肝油1汤匙，糖1汤匙混合，每天饲喂1~2次（持续1~7 d），饲喂量由少到多逐渐增加。随着日龄的增长，羊奶饲喂量也随之增加：7~15 d，300 g；15~20 d，400~700 g；20~30 d，700~900 g。

综合上述初生羔羊的护理技术可以总结为：科学断脐、及时清液、适时弃胎、尽早初乳、注意保暖。

第四章　肉羊生态养殖技术

肉羊标准化生态养殖的科学性主要体现在管理过程的精细化和饲喂过程的精准性、安全性。在肉羊生产中，生产力的20%均来自于科学的饲养和管理，只要抓好饲养和管理这两个方面的关键环节，才能实现肉羊生态养殖的主要目标，才能达到肉羊生产效益的最大化。

第一节　生态养殖技术要求

肉羊标准化生态养殖技术是现代肉羊生产学中必须掌握的一项综合性技术，对生态环境、饲养管理、营养调控和目标效益等都有严格的要求。

一、环境方面

肉羊标准化生态养殖，从大环境考虑：无论是建场还是饲喂管理或粪污的无害化处理，必须满足生态环境的具体要求，既不能将养殖场建在污染区内，也不能在肉羊生产过程中造成饲草料、土壤、水及周围环境的污染；从小环境考虑：既要保持圈舍环境的相对清洁无污染，又要科学合理空置羊舍。科学合理空置羊舍是肉羊生产中有效降低疾病的发生，减少不必要损失的主要措施之一。一般情况下，育肥肉羊饲养一个周期（通常为12个月）出栏结束后，要对圈舍进行彻底清扫、消毒，并有效空舍15 d左右，才能达到最佳的自然干燥消毒效果。

二、管理方面

肉羊的管理总体来说要做到"三勤","三勤"就是在肉羊的管理中要做到手勤、眼勤和腿勤。手勤就是要保持圈舍和饲槽的干净，适宜的圈舍温度湿度，良好的通风和换气，清洁的空气和饮水等，都需要饲养人员用勤劳的双手来完成。眼勤就是要用眼睛去看，勤观察羊群的整体精神状态、采食、饮水和粪便等情况是否正常，有无发病现象等。腿勤就是勤跑勤看，腿勤是手勤和眼勤的基础保障，如勤到羊舍看看，勤打扫羊舍的卫生或对羊舍进行消毒，为肉羊创造一个安全舒适健康的生产环境。这"三勤"是相辅相成的，并不是孤立的。

当然，肉羊的管理中，除了做到"三勤"之外，还要做好分群、编号、断角、断尾、剪毛、抓绒（山羊）、药浴、驱虫、健胃、防疫和去势等各项常规管理工作，其具体内容详见本章第五节。

三、饲养方面

在肉羊饲养过程中，通常要做到"三定一稳"，"三定"就是对肉羊的饲喂做到定时、定量和定人，"一稳"就是饲喂肉羊的日粮营养成分和结构要稳定。定时就是对肉羊饲喂的时间要固定，不定时的饲喂容易引起肠道应激反应，每天在相对固定的时间内饲喂，能有效降低羊胃肠疾病的发生。肉羊的饲喂时间根据饲喂次数来定，一般肉羊的饲喂为日喂两次，饲喂时间就安排在早晚各一次，其余时间给点干草咀嚼即可；定量就是给肉羊投喂的草和料要根据生产要求和生长需求，科学精准投喂，做到满足营养需求不浪费，这也是降低肉羊养殖成本的有效措施之一。定人就是饲喂肉羊指定专人，在肉羊生产中，尽量避免经常更换饲养员，特别是饲养量较大的规模场或农场，专人饲喂即能够准确掌握肉羊的实际情况，也便于及时发现生产中出现的问题并尽快得到有效解决。"一稳"就是饲喂的日粮营养成分和日粮结构要相对稳定，在肉羊生产中精料要限量饲喂，肉羊科学的精料投喂量一般建议是羊活体重的1.0%~1.5%，粗料可以自由采食。

一般来说，不同品种肉羊的生产性能不同，其营养的需求量也不同，同一品种的肉羊生产阶段不同，营养需求也不同。所以，在肉羊饲喂中结合营养需要必须做到精准投放。当然不同品种肉羊在不同生产阶段要参考日粮标准科学合理配制饲料。做到既不浪费饲草也能完全满足肉羊生产的需要，达到最佳的生产性能和实现饲养效益最大化。

四、目标效益方面

无论肉羊育肥还是开展基础母羊繁殖，目标定位很重要。这就如同我们干任何一件事情一样，都必须要做好前期的规划（谋划）和定位以及各个方面的统筹安排。在肉羊生产中要根据具体的生产目标，如羔羊育肥、架子羊育肥、高档肉羊生产、繁殖母羊生产等，既要合理选择肉羊品种，又要科学合理设计养殖棚圈，如育肥羊舍不预留运动场，繁殖母羊舍必须预留母羊运动场等。当然对建设投资的资金比例分配也要科学合理，特别是要合理分配基础设施建设投入和肉羊生产之间的资金比例，做到规模适度，草料充足，资源充分，节约不浪费，资金不缺位。在肉羊生产中决不能把所有的资金全部投入到基础设施建设上。在实际生产中往往因为资金分配和前期规划不科学、不合理，导致标准化羊舍建的"高大上"，而使购羊资金短缺成为"卡脖子"问题。

第二节　不同季节的生态养殖技术

一、春季的生态养殖

春季是指阳历2~4月，这个阶段气温总体是逐渐升高的，在北方地区更为明显，但昼夜温差大，特别是在北方的初春，白天气温在5~10℃或10℃以上，晚上气温就会降到0℃以下，昼夜温差10℃以上。肉羊的饲养管理应结合春季温度变化特点做到白天通风换气、晚上保温。

（一）管理方面

在春季，肉羊管理要做到夜间保温白天通风，预防感冒保健康。夜间适时关闭羊舍门窗，特别注意羔羊舍的保温。在北方地区天气晴朗的白天，10：00左右适当打开羊舍门窗，对羊舍内空气进行通风换气，保持空气新鲜，适当进行运动。春季是万物复苏，也是各种传染性疾病和伤风感冒的高发季节，做好羊舍圈舍及周边环境日常消毒工作极其重要，饮水中阶段性预防可加入黄芪多糖等中药，有助于提高肉羊特别是羔羊的免疫力和春季对感冒的抵抗力，有效预防感冒特别是羔羊感冒的发生，降低羔羊死淘率。

（二）饲养方面

在春季，要合理调整肉羊日粮能量蛋白比例结构，将精料中玉米、谷类等能量类饲料的含量调整到60%左右，豆粕、棉籽粕等蛋白类饲料调整到25%~28%，这样不仅可以满足肉羊生产的需要，同时可以抵抗低温消耗部分能量。保持充足的清洁饮水，舍饲圈养羊群应在饮水中适量加入水溶性电解多维（多种维生素），或在饲槽上投放营养舔砖补充多种维生素和矿物质微量元素等，可有效预防舍饲羊群营养代谢病的发生。

（三）防疫方面

在春季，肉羊防疫工作不可少，驱虫健胃全要搞。在防疫工作中，重点做好羊口蹄疫、羊痘、羊肠毒血症等疾病的免疫接种工作。春季也是羊群开展驱虫的较好季节，无论是自繁自养还是集中育肥，春季驱虫较为适宜，特别是早春季节，因昼夜温差大，驱虫后虫体随羊粪便排出体外，经过夜间零下低温环境，虫卵成活率显著降低，当然驱虫后应及时清理圈舍粪污并做好圈舍环境消毒。在春夏季节剪毛后，做好羊群的药浴工作也是体外驱虫的有效途径。一般驱虫后1周左右就可以对羊群通过饲料中拌健胃药的方式进行饲喂1~3 d。

二、夏季的生态养殖

夏季是指阳历5~7月份。这个季节在北方地区昼夜24 h，气温均在10 ℃以上，管理中夜晚不存在保温的问题，但白天随着立夏过后时间的推移，温度渐渐升高，进入6月以后白天中午温度往往高于26 ℃以上，已超过肉羊生活环境的适宜温度。对于放牧羊群早上放牧应做到早出早归，下午放牧则应做到晚出晚归，中午多休息，小雨天气可以让羊群顶雨吃草。对于舍饲羊群要保持畜舍地面干燥、清洁，畜舍要通风良好，并根据饲养羊群的品种结合气温的变化及时调整饲养方式，加强羊群的饲养管理。

（一）管理方面

在夏季，肉羊管理要做到敞开门窗，通风降温。夏季中午温度往往较高，做好羊舍的通风换气，对自然通风效果不佳的羊舍应采取机械方式进行通风换气，保持羊舍适宜舒服的温度环境。做好羊舍定期的消毒工作，特别是11∶00到16∶00这个阶段，若温度过高可以通过喷洒消毒液的方式实现降温目的。

（二）饲养方面

在夏季，天气温度较高，所以肉羊饲养中对日粮能量的需求不高，随着夏季温度渐高，特别是环境温度超过26 ℃以上时，肉羊的采食量往往下降，这段时间应适当降低肉羊日粮能量，提高日粮蛋白比例结构，满足肉羊生产需求。可将精料中玉米、谷类等能量类饲料的含量调整到50%左右，豆粕、棉籽粕等蛋白类饲料调整到28%~30%。投放青绿多汁饲草或优质半干苜蓿，同时保持充足的清洁饮水，饮水中按一定疗程剂量添加水溶性电解多维和碳酸氢钠等，既有助于补充多种维生素又可以预防夏季高温中暑现象的发生。

（三）防疫方面

在夏季，要定期做好消毒和补栏后防疫的补免工作。虽然春季对羊群开展了集中免疫，但对于补栏羊只或晚春新生羔羊仍存在免疫空白情况，为此在这个阶段建议按免疫技术规程和要求做好口蹄疫、羊痘和羊四联疫苗的补免工作。对于没有驱虫的羊群也要做好驱虫、药浴和驱虫后的健胃工作。

三、秋季的生态养殖

秋季是指8~10月份，这段时间在我国的北方地区，温度仍然较高，直到晚秋接近初冬时间，气温渐渐变低，昼夜温差也会增大。这个时段应参考初春的饲养管理措施做好肉羊的饲养管理工作，同时要做好肉羊秋季口蹄疫、羊痘、小反刍兽疫和布病等疫苗的集中免疫接种工作。

（一）管理方面

在秋季，肉羊管理同春季管理一样，要做到夜间保温白天通风，做好体弱羊只感冒预防工作。在深秋夜间要适时关好羊舍门窗，做好秋羔舍的保温工作对提高羔羊的成活率尤为重要。在北方地区白天适当打开羊舍门窗，对羊舍内空气进行通风换气，保持空气新鲜，圈舍保持干燥并适当让羊群进行运动。秋季也是各种传染性疾病和风寒感冒多发季节，做好圈舍及周边环境消毒，在饮水中阶段性预防时加入板蓝根或黄芪多糖等中药有助于提高羊群免疫力和抵抗力。

（二）饲养方面

进入秋季，随着气温的下降，肉羊对精料中能量饲料需求增加，日粮配制中要对能量蛋白比例进行适当调整，将精料中玉米、谷类等能量类饲料的含量由夏季的50%左右调整到60%左右，豆粕、棉籽粕等蛋白类饲料调整到25%~28%，适当补喂干草、青贮饲料和块根饲料。肉羊保持充足清洁饮水，在饮水中适量加入电解多维，在饲槽上可以投放营养舔砖补充舍饲羊所需各类矿物质元素，有效预防羊只吃毛、啃墙、啃槽等异食癖现象的发生。

（三）防疫方面

在秋季，要做好羊口蹄疫、羊痘、小反刍兽疫和布病等的重大疾病的集中免疫和圈舍环境的常规消毒工作。秋季也可以对羊群开展驱虫和夏秋之交的药浴工作，驱虫后1周左右可以对羊群进行健胃。

四、冬季的生态养殖

冬季是指11月份到翌年1月份，这段时间在我国的北方地区是气温最冷的季节，也是饲草枯竭的季节。肉羊在饲养中要做到合理调整日粮，不喂带有冰雪的饲草，不饮带有冰块的水；管理中做到即保温又合理通风换气，同时要做好肉羊口蹄疫、羊痘、小反刍兽疫和布病等疫苗的防疫免疫工作。

（一）管理方面

进入冬季，肉羊管理要做到保温和通风两不误。重点要做好夜间和白天特别是早晚的圈舍保温工作，对羔羊舍的保温尤为重要。通常管理中不仅要关好羊舍门窗，若温度过低还要采取架火炉或热风炉送风等方式升温取暖。当然不能一味地为了保暖而疏忽羊舍的通风换气工作，在白天正午太阳温暖时段可以对羊舍进行通风换气。条件较好的羊舍可以通过机械通风方式进行通风换气，保持舍内空气新鲜。

（二）饲养方面

进入冬季，羊群摄入的日粮能量不仅需要满足自身生产需要，还要通过产生能量抵御低温。在日粮的配制中要注意提高能量类饲料的含量。将精料中玉米、谷类等能量类饲料的含量由秋季的60%调整到70%，豆粕、棉籽粕等蛋白类饲料调整到20%~25%，补喂优质干草、青贮饲料和块根块茎类饲料，每天补喂精料量200~300 g。肉羊保持充足清洁饮水，饮水中不能有冰块存在，饮水温度尽量保持室温20 ℃左右，在饮水中适量加入电解多维，在饲槽上可以投放营养舔砖补充舍饲羊所需各类矿物质元素。

（三）防疫方面

在冬季，要同样高度重视圈舍的日常消毒工作。在实际生产中，肉羊饲养者往往因冬季寒冷而忽视消毒防疫工作造成羊群疾病的高发。冬季气温虽低，但疾病的发生不因低温而停止，必须按照日常生产计划做好肉羊圈舍及其周围环境的消毒和口蹄疫、口疮、羊痘等常见病的免疫工作。冬季也是羊群风寒感冒多发季节，必须注意保温特别是羔羊舍的保温取暖，有效预防感冒的发生，若一旦发生感冒必须做到对症治疗，尽早治愈，将损失降到最低。

第三节　不同阶段的生态养殖技术

一、羔羊的生态养殖

羔羊是羊的幼仔的统称，通常指出生不到12个月且未长恒齿的小羊。羔羊成活率直接影响着养羊生产的经济效益，也是羊饲养管理水平的衡量指标之一。因此，提高羔羊成活率对肉羊生产意义重大。

（一）羔羊的生理特点

羔羊的生理特点可以概括为生长发育快、适宜能力差、可逆性强。

羔羊出生后，前胃只有真胃的57%，0~21日龄的羔羊瘤胃中黏膜乳头软而小，微生物区系尚未建立，反刍功能不健全，耐粗饲能力差，只能在真胃和小肠中对食物进行消化。但真胃和小肠消化液中缺乏淀粉酶，对淀粉类物质的消化能力差，当食入过多淀粉后，易出现腹泻。此时羔羊所吃的母乳经食管直接进入真胃消化。羔羊21日龄后开始出现反刍活动，随日龄和采食量的增加，消化酶分泌量也逐渐增加，耐粗饲能力增强。如果对羔羊适度早期补饲高质量的青绿饲料，为瘤胃微生物的生长繁殖营造合理的营养条件，可迅速建立合理的微生物区系，增强对饲料的消化能力。

（二）羔羊饲喂要点

1. 早吃初乳

初乳就是母羊产后5 d内分泌的乳汁。初乳黏稠，含有丰富的蛋白质、维生素、矿物质等营养物质，其中镁盐有促进胃肠蠕动，排出胎粪的功能。初乳中含有大量抗体，羔羊本身尚不能产生抗体，初乳是羔羊获取抗体、抵抗外界病菌侵袭的唯一来源。因此，及时吃到初乳是提高羔羊抵抗力和成活率的关键措施之一。初生羔羊要保证在30 min 内吃到初乳，由于母羊产后无奶或母羊产后死亡等情况，吃不到母羊初乳的羔羊，也要让它吃到别的母羊的初乳，否则羔羊很难成活或成活率受到严重影响。

羔羊饲喂初乳的类型包括自然哺乳、人工辅助哺乳、人工哺乳等。

自然哺乳就是母羊产后自然排乳就能哺乳羔羊，这种哺乳方式通常称为自然哺乳。

有的母羊特别是初产母羊无哺乳羔羊经验，或母性差的母羊产后不去哺羔，必须进行人工辅助哺乳或对于失乳母羊，要进行人工哺乳。

人工辅助哺乳就是人为的帮助羔羊吃上初乳，即把母羊保定住，把羔羊推到乳房前，羔羊吸乳，几次之后羔羊就能自己找母羊吃乳了。但对于缺母乳的母羊，应为其找保姆羊，通常选择死了羔或产单羔而奶水较好的母羊进行喂养。开始时需要人为帮助羔羊认奶、母羊认仔，这时可以把母羊的奶汁或尿液涂抹到羔羊头部和后躯，混淆母羊的嗅觉，避免保姆羊拒绝羔羊吃奶，经过几次之后保姆羊就能认仔哺乳了。

　　人工哺乳就是采用人工的方式借助一定的器械对羔羊哺乳的过程。这种情况往往是母羊分娩后因产羔过多、奶头不够或母羊产后死亡等，造成羔羊失乳，只能通过人工哺乳的方法让每一只羔羊吃到乳。在生产实践中，人工哺乳的应用较为广泛，也是规模化养殖的主要手段之一。

　　（1）人工哺乳的方法　常见的有哺乳器喂奶法和盒饮法喂奶两种。哺乳器喂奶法，即将奶水装进奶瓶或哺乳器械里（哺乳器械可以进行自行制作，同时哺乳多只羔羊时，可以用一个水桶，水桶周围根据羔羊数量钻数个小孔，孔径大小与人工奶嘴基部一致，将数个人工奶嘴安装到钻好的小孔上就制成了人工哺乳器）。在奶头上先涂上奶，然后塞进羔羊嘴里，训练几次，即可学会哺乳。或用已经学会用哺乳器吃奶的羔羊做榜样诱导，也能达到训练的目的。盒饮法喂奶，就是将奶或代乳品放入小盒，让羔羊自饮。开始时哺乳员将手指甲剪短、磨光、洗净，用食指或中指蘸上乳让羔羊吸吮，然后慢慢将羔羊嘴诱到盒内乳汁上吸饮，经几次训练，羔羊就会自饮盒中乳汁。

　　（2）人工哺乳注意事项　包括"时、量、质、恒、洁"五个方面。时就是按时饲喂，对人工哺乳的羔羊要遵守哺乳时间，按顺序先后喂奶，一般0~7日龄每隔3 h 1次，每日4~5次，随着日龄的增长，逐渐减少喂乳次数，15日龄后每日哺乳3次即可。量就是按量饲喂，喂给羔羊的乳汁要适量，起初每只每次喂200~300 g，随着日龄的增长，喂量逐渐增加，但1昼夜喂量不超过体重的20%为宜。40日龄达到高峰，以后随着采食精料和饲草的增加乳量逐渐减少。质就是保证奶质，饲喂给羔羊的奶要新鲜、干净，在加热和分配时应搅拌，使乳脂分布均匀。恒就是保持恒温饲喂，乳汁的温度应保持在38~40℃为宜，乳温过低易引起胃肠疾病，过高会影响哺乳，甚至烫伤羔羊口腔。洁就是保持饲喂羔羊的奶具清洁卫生，防止诱发疾病的发生。对喂奶用具定期用热碱水消毒后用清水冲洗，喂奶后用手巾给羔羊擦嘴以免互相舐食，羔羊隔离饲养，用具分别使用，避免相互传疾病。

　　2. 定时吃乳

　　母羊产后至少3~7日内，母仔应在产羔舍内共同生活，这样一方面可让羔羊随时吃到母乳，另一方面可促使母仔亲和、相认。条件允许的话母仔可以一起饲喂15~20 d。随着羔羊日龄增加，母乳营养满足不了羔羊的需要，对羔羊进行适时补饲。羔羊补饲时为了避免羔羊补饲的饲料被母羊抢食，对羔羊要单独设立补饲栏，将母羊和羔羊人为隔开（为羔羊早期断奶做准备），并为羔羊安排好吃乳时间，一般在出生后30~40 min 内吃到初乳，初生至第7天，母子同圈，一昼夜哺乳次数不少于5次。7天至1月龄，一昼夜哺乳次数不少于4次。2月龄每日哺乳2次。这样也有利于母羊得到充分休息和采食，直到补饲精料采食量达到羔羊体重的3%（300~400 g）时即可断奶。

3. 及早补饲

补饲是提高羔羊断奶重，增强抗病力，提高成活率的关键措施。初生羔羊消化能力差，只能利用母乳维持生长需要，但是母羊泌乳量随着羔羊的快速生长而逐渐下降，不能满足羔羊的营养需要。必须在羔羊出生后15~20 d 开始补充饲草、饲料，以促使消化功能的完善。羔羊补饲必须注意以下几个方面。

（1）注意补饲质量，掌握饲喂方法　哺乳期的羔羊应喂一些鲜嫩草或优质青干草，补饲的精料要营养全面、易消化吸收、适口性好，经过粉碎制粒处理。饲喂时做到少给、勤添、不剩料，补饲多汁饲料时要切碎，并与精料混拌均匀后饲喂。

（2）注意补饲营养，掌握个体差异　根据羔羊的生长情况逐渐增加补料量，每只羔羊在整个哺乳期因品种不同采食精料量不同，一般小个体品种羔羊全期消耗精料量8~10 kg，大个体品种羔羊全期消耗精料10~15 kg。补饲精料采用全价颗粒饲料，全价颗粒饲料参考配方如下。

参考配方1：玉米70%，麸皮5%，豆粕10%，棉粕6，菜粕5%，饲料添加剂3%，食盐1%。（此配方适合冬季饲喂）

参考配方2：玉米60%，麸皮10%，豆粕8%，葵花粕8%，菜粕5%，棉粕5%，饲料添加剂3%，食盐1%。（此配方适合春秋季饲喂）

参考配方3：玉米55%、麦麸16%、豆粕饼15%、棉籽粕（饼）10%、饲料添加剂3%，食盐1%。（此配方适合夏季饲喂）

将以上任意一种配方原料混合制成颗粒料，直径以0.2 cm为宜。

补饲的粗饲料以甘草秧、苜蓿干草或优质青干草为好，将补饲的饲草、饲料可以绑成草辫悬在圈内或放在草架上，供羔羊自由采食。

表4-1　不同日龄羔羊参考日粮组成

日龄	羔羊体重 / kg	日增重 / g	苜蓿草 / g	颗粒料 / g	日粮合计 / kg
7~20	4	300	24	96	0.12
	6	300	26	104	0.13
20~50	6	300	32	128	0.16
	10	300	48	192	0.24
50~60	10	300	64	256	0.32
	14	300	80	320	0.40

（3）增加补饲料量，做到科学合理。哺乳期羔羊补饲量（每日每只）可参考如下：15~30日龄，50~75 g；1~2月龄，100 g；2~3月龄，200 g；3~4月龄，250 g。每天补饲1次。

（三）羔羊管理要点

羔羊时期是羊一生中生长发育最旺盛的时期，加强羔羊管理，为其创造适宜的生长环境，使之朝着人们期望的方向发展，是提高羊群生产性能，培育高产羊群的重要措施。

1. 防寒保暖

初生羔羊体温调节能力差，对外界温度变化非常敏，必须做好冬羔和早春羔保温防寒工作。首先羔羊出生后，让母羊尽快舔干羔羊身上的黏液，如果母羊不愿舔，要及时用干净抹布擦干。其次冬季圈舍应有取暖设备，地面铺垫柔软的干草、麦秸以御寒保温，羔羊舍温度要保持在5 ℃以上。

2. 早期断奶

早期断奶技术是肉羊生产中提高其经济效益的主要措施之一。羔羊传统断奶时间为3月龄甚至更长，传统的断奶方式直接影响了母羊繁殖和羔羊育肥效果。为使母羊尽快复壮配种，提高羔羊育肥效果，在40~60 d让羔羊提前断奶转入育肥，可使羔羊哺乳期缩短30~60 d，既能降低母羊饲养费用，也能有效提高肉羊生产效益。当然羔羊早期断奶适合饲养条件较好的羊场，而饲养条件差的羊场不适合过早断奶。

（1）羔羊断奶方式　羔羊断奶方式有1次性断奶和多日断奶两种。一般多采用一次性断奶法，即将母仔一次断然分开，不再接触。突然断奶对羔羊是一个较大的刺激，要尽量减少羔羊生活环境的改变，采取断奶不离圈、不离群的方法，将母羊赶走，羔羊留在原圈饲养，保持原来的环境和饲料。断奶后的羔羊要加强补饲，安全度过断奶关。

（2）羔羊早期断奶操作技术　在羔羊出生后第7天开始，在隔栏内饲喂优质牧草（苜蓿等）和羔羊专用颗粒饲料，颗粒饲料采用每天早上或晚上一次也可以早晚两次饲喂，饲喂量以1 h吃完为标准，苜蓿干草自由采食，一般40~60 d且连续3 d颗粒料采食达到体重的3%（300~400 g）时即可断奶。断奶后，停止饲喂颗粒饲料，逐步增加粉状精料、优质牧草及秸秆饲喂量。

（3）羔羊断奶隔栏的设置　羔羊断奶隔栏可以设在母羊舍运动场一侧依墙而建，每只羔羊隔栏面积0.15 m²，进出口宽为20 cm左右，高50 cm以上，栏内一侧设置精料槽、粗料槽（架）和水槽，在料槽内分别放入羔羊颗粒料、优质干草（苜蓿草、青干草等）等。

3. 适时断尾

肉羊生产中羔羊的断尾主要是在肉用绵羊品种公羊同当地的母绵羊杂交所生的杂交羔羊，或是利用半细毛羊品种来发展肉羊生产的羔羊，其羔羊均有一条细长尾巴。为避免粪尿污染羊毛，或夏季苍蝇在母羊外阴部下蛆而感染疾病和便于母羊配种，而需要断尾。断尾在羔羊生后10 d内进行，此期尾部血管较细，不易出血。羔羊断尾常用方法是热断法和结扎法。

（1）热断法　利用一把厚0.5 cm、宽7 cm的铁铲，将铁铲在炉火上烧成暗红色，断尾处离尾根部4~5 cm，在第三至第四屋椎骨之间，要边切边烙（起到消毒和止血作用），切忌太快，为了避免铁铲烫坏羊的肛门或母羔外阴部及确保断尾长度一致，用一块厚4~5 cm、宽20 cm、长30 cm的木板，在板的一端紧贴边凿个直径5 cm大的圆孔。断尾时将羊尾套进去并压住。断尾时需两人操作，一人保定羊，另一人持铁铲和木板，密切配合。

（2）结扎法　利用橡皮筋将羔羊的尾巴在尾根处扎紧，1~2周尾巴在结扎处干燥坏死，自然脱落。尾巴脱落后，在断尾处涂上碘酊。结扎法的要点是结扎要紧，注意观察尾巴脱落前后是否有化脓等现象，如有化脓要及时涂上碘酒。此种断尾方法操作简便，断尾效果较好。

4. 及时去角

去角的目的是防止成年后相互争斗带来的伤亡和流产，同时也可减少饲槽占用面积，易于管理。去角时间最好选择在产后7~14日龄，且体况良好又健康无病的羔羊。方法有外科手术法、电灼法和碱棒法，以电灼法最为实用方便。电灼法去角要先找到角芽即头骨上有两处褪色的皮肤，其外形酷似两个玫瑰花结而又推移不动；当电烙器达到烧红或极热时，在每只角芽上保持约10 s即可。注意灼烧时间过长会导致热原性脑膜炎。灼烧部位包括角芽周围约1 cm的组织（但不要烧伤角基外的皮肤），以防止角根再生。电灼法一般不流血，去角后应注意观察、护理。

5. 公羊去势

不作为种用的公羊，都要及时去势。在育种场，非种用杂种小公羊也应一律去势。去势后的公羊性情温驯，管理方便容易肥育，肉味鲜美。小公羊的去势，选择在出生后15~30 d为宜。过早去势困难，过晚出血太多。去势的方法很多，生产中主要以刀割法效果可靠，结扎法简单适用。

二、育成羊生态养殖

育成羊是指断奶至首个配种期这一年龄段的幼龄羊，一般是指3~18月龄。

（一）育成羊的生理特点

育成羊的生理特点是生长发育较快，饲料报酬高，营养物质需求量大，通常公羊可达20~25 kg，母羊可达15~20 kg，如果这个阶段的营养不良，就会直接影响育成期的生长发育，导致的结果是羊的体型为个头小、体质轻、四肢长、胸窄、躯干浅。同时还会使羊的体质变弱、被毛稀疏且品质不良、性成熟和体成熟推迟、不能按时配种。

一般，育成羊在断奶后3~4个月，生长发育快，增重强度大，对饲养条件需要高。8月龄后，生长发育强度逐渐下降，根据育成羊的生长发育特点，要做好相应的饲养管理配套工作。

（二）育成前期的饲养管理

在这个时期，尤其是刚断奶的羔羊，生长发育快，瘤胃容积有限且机能不完善，对粗饲料的利用能力较差。因此，此时期羊的日粮应以精料为主，并能补给优质干草和青绿多汁饲料，日粮的粗纤维含量不超过20%。

（三）育成后期的饲养管理

育成期的饲养至关重要。这个时期，羊的瘤胃机能基本完善，可以采食大量的牧草和青贮、微贮秸秆。日粮中粗饲料比例可增加到25%~30%，同时还必须添加精饲料或优质青贮、干草。育成期羊的管理，直接影响到羊的繁殖能力，必须予以重视。母羔羊6月龄体重达到40 kg，8月龄可以达到配种年龄，实现当年母羔80%参加当年配种繁殖。

三、繁殖母羊生态养殖

繁殖母羊是指具备繁殖能力且达到体成熟年龄的种用母羊，一般是指12月龄以上的母羊。为充分发挥繁殖母羊的生产力，为繁殖母羊创造良好的饲养管理条件，对繁殖母羊采取分群或分阶段饲养并根据不同阶段合理调控日粮营养，改善繁殖母羊体况，向生产需求方向发展。当然在繁殖母羊的生态养殖中，科学合理地制订配种计划对缩短繁殖间隔，提高繁殖频率及受胎率、多胎多羔率和产羔成活率具有重大意义。

（一）繁殖母羊分群饲养

繁殖母羊是羊群发展的基础，饲养管理方法的好坏对于养殖经济效益具有重要意义。在繁殖母羊饲养中应结合其不同的生产阶段进行合理分群，并根据不同生产阶段营养需要合理配制日粮，实现生产效益最大化。

一般情况下，繁殖母羊根据不同生产阶段可分为空怀期、妊娠期和哺乳期三个阶段。

1. 空怀期的饲养

空怀期是指母羊在羔羊断奶到配种前的恢复阶段。这一阶段的营养状况对母羊的发情、配种、受胎以及以后的胎儿发育都有很大关系。在配种前1.0~1.5个月（也就是配种前45 d）要给予优质青草，根据母羊群及个体的营养情况，每天每只羊补饲精料200~300 g（不同品种和体重补饲量各不相同），保证母羊正常的营养需要，有一个良好的体况，能正常发情、排卵和受孕。

2. 妊娠期的饲养

妊娠期是指母羊怀孕到分娩阶段。这一阶段的任务是保好胎，并使胎儿发育良好。胎儿最初的3个月对母体营养物质的需要量并不太大，以后随着胎儿的不断发育，对营养的需要量越来越大。怀孕后期是羔羊获得初生体重大、毛密、体形良好以及健康的重要时期，因此应当对母羊进行精心喂养。补饲精料的标准要根据母羊的生产性能、膘情和饲草的质量而定。将母羊的妊娠期分为妊娠前期、妊娠中期和妊娠后期三个阶段。

（1）妊娠前期和中期　妊娠前期是指妊娠的前1.5个月（即妊娠前45 d）；妊娠中期是指妊娠的1.5个月到3个月（45~90 d）。在妊娠的前中期，胎儿发育较慢，需要的营养物质少，除饲喂青贮或优质干草外，每天每只补饲0.3~0.4 kg 精料即可满足需要，当然补饲的精料量因不同品种和体重而各异，并不是千篇一律或一成不变的。

（2）妊娠后期　妊娠后期是指妊娠的后2个月。这个时期胎儿在母体内生长发育迅速，胎儿的骨骼、肌肉、皮肤和内脏各器官生长很快，所需要的营养物质多、能量高，对补充精料的质量要求也高。据报道，羔羊初生重的90% 是在这个时期生长的。应加强妊娠后期母羊的饲养管理，给母羊补饲含蛋白质、维生素、矿物质丰富的饲料，一般建议每只母羊每天应饲喂精料300~500 g 不等，干草1.0~1.5 kg，青贮料1.5 kg，并补饲青干草、豆饼、磷酸氢钙、食盐和骨粉等，在产前10 d到1周，应减少精料喂量防止胎儿过大发生难产。在饲养中不能喂给发霉、变质、腐烂的饲料，也不能在空腹中饮用冷水，以防母羊流产。同时要在临产前3 d，做好接产羔羊的准备工作。

3. 哺乳期的饲养

哺乳期是指母羊分娩到断奶阶段，这一阶段的任务是保证母羊有充足的奶水供给羔羊。母乳是羔羊生长发育所需营养的主要来源，特别是产后头20~30 d，母羊奶多，羔羊发育良好，抗病力强，成活率高。如果母羊营养不好，不但母羊消瘦，产奶量少，而且影响羔羊的生长发育。在哺乳期，母羊产羔后泌乳量逐渐上升，在产后4~5周达到泌乳高峰，8周后逐渐下降。所以，泌乳初期主要保证其泌乳机能正常，细心观察和护理母羊及羔羊，多喂优质青干草和混合饲料；泌乳盛期一般在产后30~45 d，母羊体内贮存的各种养分不断减少，体重也有所下降。在这个阶段，应给予母羊最优越的饲养条件，配合最好的日粮；泌乳后期要逐渐降低营养水平，并控制日粮的饲喂量，补饲的重点工作放在羔羊上。对于体况差的瘦弱母羊，继续补喂一定量的优质干草和和青贮饲料，使其尽快恢复体况，为下一个配种期创造良好的体况。总的来说，哺乳期母羊应根据母羊品种、体格大小、年龄大小和带羔的多少及泌乳量的高低，科学饲养管理，重点做好以下两个方面。

（1）在管理上要做到"三勤"，即勤打扫、勤换垫料、勤观察。勤打扫就是指哺乳母羊的圈舍必须经常打扫，保持清洁干燥。对胎衣、毛团、石块、烂草等要及时清除，以免羔羊舔食引起疫病。勤换垫料就是指母羊圈舍内在打扫的同时要勤换垫草，在冬季要搞好保暖通风，在北方地区应采取热风炉取暖。勤观察就是要经常观察母羊及羔羊体况是否正常，检查母羊乳房，如发现奶孔闭塞、乳房发炎、化脓或乳汁过多等情况，要及时采取相应措施予以处理。

（2）在饲养上做到"先汤后精""单少双多"。先汤后精就是指刚产羔羊的母羊体质衰弱，体力和水分消耗很大，消化机能减弱。这几天在饲喂中要给易消化的优质干草，饮淡盐水或麸皮汤。不要过早过多饲喂青贮饲料和多汁饲料。母羊产羔后1~3 d内主要以优质青干草为主，多饮一些面汤等，尽量少喂或不喂精料（特别是膘情好的母羊），以防消化不良和乳房炎的发生。单少双多就是指补饲科学合理，一般带单羔的母羊，每天补饲精料0.3~0.5 kg，优质干草0.5 kg，胡萝卜0.5 kg；带双羔或多羔的母羊，每天补喂精料0.6~0.8 kg，优质干草1.0 kg，胡萝卜0.5 kg。补饲原则为前多后少，确保奶汁充足。

表4-2　繁殖母羊各阶段参考营养水平

饲养阶段	代谢能 / MJ	粗蛋白 / %	钙 / %	磷 / %
怀孕前期	11.8	13.7	0.62	0.63
怀孕中期	12.0	14.3	0.61	0.62
怀孕后期	12.2	14.7	0.61	0.62
哺乳母羊	12.5	16.0	0.60	0.60

表4-3　繁殖母羊各阶段精料补充料参考配方

单位：%

饲养阶段	玉米	麸皮	豆粕	胡麻饼	预混料	合计
怀孕前期	55.0	20.0	5.0	15.0	5.0	100
怀孕中期	52.0	20.0	5.0	18.0	5.0	100
怀孕后期	50.0	20.0	5.0	20.0	5.0	100
哺乳母羊	55.0	17.0	8.0	20.0	5.0	100

表4-4　繁殖母羊不同阶段参考日粮组成

单位：kg

饲养阶段	苜蓿	秸秆或干草	青贮	精料补充料
怀孕前期	0.3	0.5	1.8	0.5
怀孕中期	0.4	0.5	2.0	0.5
怀孕后期	0.5	0.5	2.2	0.5
哺乳母羊	0.5	0.5	2.5	0.6

四、种公羊生态养殖

俗话说："公羊好，好一坡；母羊好，好一窝。"种公羊的好坏对提高羊群品质、生产性能和繁殖育种意义重大。

（一）种公羊的基本要求

种公羊的基本要求是体质结实，不肥不瘦，精力充沛，常年应保持中上等膘情，健壮、活泼、精力充沛、性欲旺盛，精液品质好为原则。种公羊过肥过瘦都不利于配种。

（二）种公羊的饲养管理

据研究，种公羊1次射精量1ml，需要可消化蛋白质50g。可见，种公羊精液的数量和品质，与饲喂日粮的全价性、饲养管理的科学性与合理性密切相关。

1. 种公羊的饲养要求

在饲养方面，饲喂种公羊的饲料要营养价值高，有足量的蛋白质、维生素和矿物质，且易消化，适口性好。一般优质干草主要以青燕麦等禾本科牧草和紫花苜蓿草等豆科牧草为主。多汁饲料以胡萝卜、甜菜或青贮玉米等为主。当日粮营养不足，要补充混合精料，精料中玉米或大麦不可过多，应使用豌豆、大豆或饼渣类补充蛋白质。配种任务繁重的优秀公羊可补充鸡蛋等动物性饲料。

2. 种公羊的管理要求

在管理方面，种公羊可采取单独组群饲养，并保证有足够的运动量。实践证明，种公羊最好的饲养方式是放牧加补饲。当然种公羊的管理好坏重点还是负责种公羊的管理人员，管理人员应当是年富力强、身体健康、工作认真负责，具有丰富的种公羊饲养管理经验。种公羊饲养管理人员非特殊情况时要保持相对稳定，切忌经常更换。

（三）不同阶段饲养管理

种公羊根据配种阶段可分为配种期和非配种期两个阶段。

1. 种公羊非配种期的饲养管理

种公羊在非配种期，虽然没有配种任务，但仍然不能忽视饲养管理工作。在饲养方面，应加强饲养，加强运动，有条件时要进行放牧，为很好完成下一次配种任务做好准备。在冬春季除放牧外，每日补充精料0.5 kg、干草3 kg、胡萝卜0.5 kg、食盐5~10 g、骨粉5 g。夏秋季主要以放牧为主，适当补加精料，每日喂3~4次，饮水1~2次。种公羊的精料可选择玉米、麸皮、油渣、豆饼等，禁止饲喂棉籽壳，包括棉粕。多汁饲料可用胡萝卜、青玉米、饲用甜菜等，盐砖自由舔食，给予充足的清洁饮水。适当运动，保持中上等膘情即可。当然饲喂的精料量与日粮的营养水平高低有关，日粮营养水平高饲喂量相对较少，日粮营养水平低饲喂量相对要多。

在管理方面。羊舍应选择通风、干燥、向阳的地方，每只公羊约需面积4~6 m²，并要有较宽阔的运动场。种公羊应单独放牧或舍饲，不能与母羊混养，否则会影响公羊繁殖性能。

2. 配种期的饲养管理

配种期可分为预配期（配种前1.0~1.5个月）、配种期和配种高峰期三个阶段。

预配期应增加饲料量，按配种喂量的60%~70%给予精料，逐渐增加到配种期的精料量。配种期的公羊神经处于兴奋状态，经常心神不定，不安心采食，这个时期的饲养管理要特别精心。在饲喂上要做到少给勤添，多次饲喂。饲料品质要好，必要时可补给一些鱼粉、鸡蛋，以补充配种时期消耗大量的营养。配种期如蛋白质数量不足，品质不良，会影响公羊性能、精液品质和母羊受胎率。要经常观察种公羊食欲好坏，以便及时调整饲料。高温、潮湿，会对精液品质会产生不良影响，这段时期应在凉爽的高地放牧，在通风良好的阴凉处休息。

（1）预配期的饲养管理 种公羊进入配种前30~45 d是配种预备期，在此阶段种公羊的精料量逐日增加，前期和中期的日喂料量要达到配种期的60%~70%，配种预备后期的日喂料量要达到配种期的日粮水平。此时要求种公羊隔3 d采精一次（排除死精）。

（2）配种期的饲养管理 配种期开始后每天可饲喂混合精料0.5~1.0 kg（玉米57%，油渣23%，麸皮19%，盐砖自由舔食），苜蓿干草及其他野生干草2 kg，胡萝卜0.5~0.8 kg，鸡蛋1个，全部粗饲料和精料可分两次饲喂，饮水充足，同时要增加活动量，全天运动2 h以上。

（3）配种旺期的饲养管理　此阶段种公羊消耗体力大，因此应增加精料喂量，精料增加到1.2~1.4 kg，干草喂料量不变，胡萝卜1 kg，鸡蛋可以增加到两个，也适当提高骨粉和食盐的喂量。

配种结束后1个月是种公羊恢复期，在此阶段日喂料量要逐渐减少，注意减少速度不宜过快，最终达到正常饲喂水平均可。

除此之外，要做好种公羊定期驱虫，春秋季药浴和每年的布病检测等工作。

第四节　育肥期的生态养殖技术

肉羊育肥是根据生产需要结合肉羊相应阶段生长发育特点和营养需求，通过科学合理的配制饲粮和营养调控，实现肉羊养殖效益最大化的一种现代肉羊生产的主要措施和饲养方式。肉羊科学育肥就是要结合肉羊生长发育特点和规律，创造适应其相应阶段的营养、环境条件，实现生长发育潜能的最大限度发挥和效益最大化。

一、肉羊生长发育的规律

要做好肉羊育肥，提高肉羊育肥的经济效益，必须掌握肉羊生长发育的规律。肉羊的生长发育因个体发育、组织发育、体重发育和体组织化学成分不同而各有特点。肉羊的个体发育因品种不同而不同，对同一品种肉羊在不同生长阶段的生长发育快慢也不同。据有关研究表明，肉羊生长并不是从小到大的简单变化，而是构成躯体的肌肉、骨骼和脂肪在不同阶段增长的综合生理变化。生长强度大的部位正是个体在适应生活环境中做出反应的组织和器官。弄清楚肉羊生长发育特点，对肉羊的饲养管理和育肥及肉羊生产提质增效具有重大意义。下面重点就肉羊个体发育特点和组织发育特点理论结合实践概括总结。

（一）个体发育的特点

就肉羊个体发育而言，目前根据其生长发育的明显特征可以分为产前胚胎期、产后哺乳期、育成期、性成熟期、成年期和老年期6个阶段。

1. 胚胎期

胚胎期是指母羊怀孕2月龄以前，胎儿生长发育速度缓慢，而后逐渐变快。临近分娩时，发育速度最快。羔羊初生重与断奶重呈正相关，初生重大小也是选种的重要指标之一。

2. 哺乳期

哺乳期指羔羊从出生至断奶前的一段时间。此时的羔羊具有如下特点。

（1）生长发育迅速　羔羊出生2日龄内体重一般变化不大，而此后的1个月内，则生长很快，母乳足、营养好时，出生后2周体重可增加1倍，肉用品种的羔羊每日可增重300 g以上。在1月龄内，羔羊首先是生理性体温调节机制的发育增强，其次是新陈代谢系统的发育和体重的增加。20日龄后，羔羊瘤胃生长增强，逐渐过渡到从植物性饲料中获取营养。在哺乳期这一阶段，生长发育最强的是骨骼，这也决定了羔羊的体躯宽度和外部体型，如骨盆部、肋骨、胸椎骨和颈椎骨的增大和延伸，使外部体型变宽、变深，胸围增大。

（2）适应能力差　羔羊出生后个体所处的环境发生了截然不同的变化，出生前在母羊体内是一个适宜生存、无致病菌的恒温环境，出生后到了一个冷热不均、充满各种致病菌的复杂的自然环境，哺乳期的羔羊是由依靠母体生存到独立生活的过渡阶段，其生存环境发生了根本性的改变。此阶段羔羊的各组织、器官的功能尚不健全，如出生后1~2周内羔羊，体温调节功能发育不完善、神经反应迟钝、皮肤保护功能较差，特别是消化道黏膜，很容易受细菌侵袭而产生消化道疾病。

（3）可塑性强　达尔文进化论这样说"物竞天择、适者生存"，为了适应新环境，羔羊在哺乳期的可塑性最强。外部环境的变化能够引起机体相应的改变，羔羊容易受外界条件的影响而随之发生变异，这对羔羊的定向培育具有重要意义。

3. 育成期

羔羊断奶后，由于停止了母乳的供给，饲养条件骤然变化，对其应激反应很大，这对生长发育也有一定影响。但影响羔羊生长发育的决定性因素主要取决于后天补充的营养水平，在此阶段，给予充足的营养和精细的管理，可极大减少断奶后产生的应激反应，确保羔羊的正常生长发育。

4. 性成熟期

肉羊性成熟期一般为1.0~1.5岁，此阶段生殖器官发育完毕，体型基本定型，但体成熟尚未完全发育成熟，随后明显变缓，但仍保持一定速度的生长发育。

5. 成年期

此阶段是机体活动最旺盛、生产性能最高的时期，视饲养水平和利用方向的不同，毛用羊一般于5~6岁结束，肉用羊年限更短。

6. 老龄期

生理功能减退，饲料利用能力和生产性能下降。

（二）组织发育的特点

在肉羊生长发育阶段，其骨骼、肌肉、脂肪的生长发育特点如下。

1. 骨骼

骨骼是个体发育最早的部分，羔羊出生时的骨骼系统，其性状与比例大小已基本与成年羊近似，出生后的生长只是长度和宽度上的增加。其中，头部骨骼发育最早，而肋骨发育相对较晚。骨重占活重的比例，出生时为17%~18%，10月龄时为5%~6%。

2. 肌肉

肌肉的生长强度与羊体不同部位的生理功能有关，可以概括为运动决定生长强度。羔羊出生后要适当走动，则腿部肌肉的生长强度大于其他部位肌肉；出生时作用不大的胃肌，是在羔羊采食行为开始之后才会有较快的生长速度；羔羊头部、颈部肌肉比背腰部肌肉生长早。但是，总体来说，在羔羊体重达到初生重的4倍时，主要肌肉生长过程多半已发生，到断奶时各部位的肌肉功能与成年时基本相同，各部位的肌肉重量分布也与成年羊近似，所不同的只是绝对重量小，肌肉大致占躯体重的30%。

3. 脂肪

脂肪分布在不同部位，有皮下脂肪、肌肉脂肪、肌肉间脂肪和脏器脂肪等。

不同部位的脂肪其相应作用不同，皮下脂肪紧贴皮肤，覆盖胴体，因含水分少而不利于细菌生长，从而起到保护和减少水分散失的作用；肌肉内脂肪一般分布在血管和神经周围，起缓冲外部冲力、保护内部脏器的作用；肌肉间脂肪分布在肌纤维素之间；脏器脂肪分布在肾、乳房等脏器周围，食用价值较小。脏器脂肪、肌肉间脂肪和肌肉内脂肪作为脂肪储备，起到能量和水分储备库的作用。

脂肪沉积的顺序可以概括为从内（脏器）到外（皮下脂肪），大致为出生后先形成肾、肠脂肪，然后生成肌肉脂肪，最后生成皮下脂肪。

绵羊品种不同，其脂肪的生成强度和比例也有区别，肉用品种的脂肪生成于肌肉间，皮下脂肪生成于腰部；瘦肉粗毛羊的脂肪以肾、肠脂肪为多，肌肉脂肪较少；肥臀羊的脂肪主要集聚在臀部。

4. 肌肉、骨骼和脂肪的生长变化特点

（1）肌肉生长速度最快，大胴体的肉骨比小胴体高。

（2）脂肪的重量增长，在羔羊阶段上升平稳，但在胴体重超过10 kg时，脂肪沉积速度明显增强。

（3）骨骼重量增长最慢，其重量基础在出生前已形成，出生后的重量增加远不如肌肉明显。

（4）从生长的相对强度看，骨骼重量下降幅度在生长初期大于后期。肉重初期下降，相对平稳一个阶段后继续下降。脂肪重量全期呈上升趋势，越到后期上升幅度越明显。

（三）体重增长的特点

1. 体重增长的一般规律

妊娠期间，2月龄以前胎儿生长速度缓慢，之后逐渐加快。临近分娩时，发育速度最快，胎儿身体各部位的生长特点在各个时期也不同。一般是头部生长迅速，以后四肢生长加快，整体体重的比例不断增加，维持生命的重要器官如头部、四肢等的发育较早，而肌肉、脂肪等组织发育较晚，从出生到4月龄断奶的羔羊，生长发育迅速，所需的营养物质较多，特别是质好量多的蛋白质。羔羊出生后的1个月内，生长速度较快，母乳充足，营养好时，2周龄体重可增加1

倍，肉用品种羔羊日增重在300 g以上。因此，应根据羔羊的生长发育特点，在生长发育迅速的阶段给予良好的饲养管理，才能获得最大的增重效果。

一般采用初生重、断奶重、屠宰活重、平均日增重等指标来反映羊的生长发育情况。测量上述指标时，应定时在早晨饲喂前空腹称重，用连续2 d的平均值表示，增重受遗传和饲养两个方面的因素影响较大。

2. 营养水平与补偿生长

在肉羊生产中，因某个生长发育阶段营养水平不足而使生长速度下降的现象时常发生。一旦恢复高营养水平饲养，则其生长速度很快恢复，经过一段时期饲喂，羊体仍能恢复到正常体重，这种现象称为补偿生长。所以在肉羊生产中可以灵活运用补偿生长的特性，进行短期优饲，提高经济效益。若在生长的关键阶段，如初乳期、断奶前后，生长发育速度严重受阻，则在以后的饲养阶段就很难得到补偿。因此，在肉羊饲养中必须高度重视羔羊期间的饲养管理，加强羔羊饲养管理，以免造成不可弥补的损失。

总之，营养水平对肉羊的生长发育影响很大。营养水平低不仅不能很好发挥优良品种的遗传潜力，而且会影响肉羊身体各部位的生长发育。

3. 不同品种类型的体重增长

肉羊品种可分为大、中型品种和早熟小型品种。在同样的饲养条件下，小型早熟品种出栏快，大型品种先要长骨骼，当骨骼发育起来之后才长肌肉和脂肪组织。不同类型的肉羊育肥有以下共同特点：当体重相同时，增重快的羊饲料利用率高，当饲喂到相同胴体等级时，小型与大型品种的饲料利用率相近。

4. 体组织化学成分的特点

羊体组织的常规化学成分主要有水分、蛋白质、脂肪等物质，羊肉蛋白质含量与牛肉相近，其相对含量与羊的肥瘦程度有关，较肥的羊脂肪含量较高，蛋白质含量较低，含水量也较低，而瘦羊则相反。随着年龄的增长，体组织含水量下降，脂肪和蛋白质含量增加。幼龄羊体组织水分比例很大，脂肪比例较小，随着体重的增加，水分逐渐下降，脂肪的比例增加，蛋白质呈缓慢下降趋势。公羊与羯羊（去势的公羊）相比，公羊脂肪组织中的脂肪含量比羯羊要低，但水分和蛋白质含量比羯羊高。此外，脂肪组织中的化学成分受饲养水平影响较低，在低营养水平下，脂肪组织的含水量较高而脂肪含量较低。

二、肉羊育肥的技术要点

（一）选择优良品种

选择一个好的品种是保证肉羊育肥效果的前提。一般育肥羊好品种来源有三个途径。

1. 选择地方良种羊进行育肥

产肉性能相对较高的绵羊品种有北方地区的小尾寒羊、南方地区的湖羊；山羊品种有南江黄羊、徐淮白山羊。这些品种的产肉性能虽然较其他地方普通品种较高，但与国外的优良肉羊品种相比，无论日增重、肉料比还是屠宰率都存在较大的差距。

2. 选择国外优良肉羊品种

国外优良肉用绵羊品种有德国的肉用美利奴、南非的杜泊羊、法国的夏洛莱肉羊等；山羊著名品种有南非波尔山羊、英国的努比山羊、瑞士的莎能山羊等。这些国外的肉羊品种在内蒙古、新疆、河南、河北、青海、江苏、山东、四川、甘肃、宁夏等省（区）相继都有引进。选用上述的肉羊品种开展育肥经济效益显著，但引种成本高，小规模羊场难以实现。自进入21世纪，特别是自2001年11月10日，我国加入 WTO 后，我国肉羊产业发生了巨大变化，为有效补齐我国肉羊产业中存在的质量不优产肉量不高的短板，先后从多个国家引进良种肉羊品种并在各级政府肉羊产业政策的支持下进行了全面推广，肉羊品种也得到推广普及。

3. 选择本地羊杂交改良品种

利用引进的国外肉羊品种作为种公羊与国内地方品种母羊进行杂交，或用我国优秀地方品种肉羊的杂交种，杂种后代的生长速度、体重、饲料报酬全面提高。据报道，江苏利用引进的南非波尔山羊与本地羊杂交，杂交一代的6月龄体重比本地羊提高104.6%，屠宰率提高9个百分点；甘肃利用道塞特公羊与小尾寒羊杂交，杂交一代的6月龄胴体重为24.20 kg，比8月龄的小尾寒羊胴体重多6.13 kg，胴体净肉率为79.11%，合净肉4.85 kg。因此，利用优秀肉羊品种与本地羊杂交改良，充分利用杂交优势也是提高肉羊育肥收益的好途径。

（二）合理配制日粮

肉羊育肥期间需要比平常更多的营养物质，因此育肥羊的日粮必须严格按照育肥羊饲养标准配制。日粮中的饲料组成要多样化，营养要全面。在冬春季育肥时，应加入少量的胡萝卜等多汁饲料，这对育肥羊的健康、增重都有好处。育肥时，还应在饲料中加入1%的微量元素和食盐及1%的碳酸氢钠，以提高饲料的利用率、日增重。育肥期间，精料的比例不宜长期达到60%以上，否则会因瘤胃内异常发酵而导致胃内酸度过高，发生酸慢性中毒，影响生长发育。育肥期要注意精料的加工，精饲料不能加工过细，过细的精料在羊的瘤胃内降解的比例高，饲料转化率降低。比较好的办法是将精料制成颗粒料饲喂，以提高饲料的利用率。

（三）加强育肥管理

肉羊在育肥前要做好驱虫、健胃工作，并搞好日常清洁卫生和防疫工作，减少疾病和寄生虫对育肥羊的损害。每出栏一批育肥羊，要对羊舍彻底清扫、冲洗和消毒，防止疫病传播和寄生虫滋生。育肥期间保持圈舍和场地安静，通风良好，减少育肥羊的活动，以提高日增重。气温低于0 ℃时，要注意防寒保温；气温高于27 ℃时，要做好防暑工作，炎热的夏天一般不宜进行强度育肥。

（四）合理应用生长促进剂

在正常的饲养管理条件下，利用育肥羊生长规律，使用一些生长促进剂可以增加育肥羊的生长速度，提高经济效益。但必须指出的是，使用的生长促进剂要符合国家的有关规定，做到无毒、无残留，不能危害到消费者的健康。同时，育肥羊在屠宰前7~10 d必须停止使用各类生长添加剂。

育肥期常用的生长促进剂及其使用方法如下。

1. 瘤胃素

瘤胃素又称莫能菌素钠、莫能菌素。其作用是减少瘤胃中甲烷的产生，增加瘤胃蛋白数量，从而提高肉羊的增重速度及饲料转化率。给舍饲绵羊饲喂瘤胃素，其日增重能提高35%左右，饲料转化率提高27%。

使用方法是：每千克日粮添加瘤胃素25~30 mg，均匀混合即可，用量按先少后多，或根据日粮组成作适当调整。

2. 杆菌肽锌

杆菌肽锌是由地衣型芽孢杆菌产生的多肽类抗生素，制成锌盐以保障其在干燥状态下的稳定性。杆菌肽锌盐，淡黄色至淡棕黄色粉末，无臭，味苦。杆菌肽锌稳定性好，在室温下可保存3年，效价不会改变。混于饲料中室温保存8周后，效价仍可达到87%~92%。杆菌肽锌对革兰氏阳性菌有强大的抗菌力，对阴性菌、螺旋体、放线菌也有效，无毒性，药物残留低。对畜禽有促生长作用，有利于养分在肠道内的消化吸收，改善饲料利用率，提高增重。羔羊用量，每千克混合料中添加10~20 mg（42万~84万 IU），混合均匀饲喂。

3. 氨嗪素

氨嗪素具有促进肌肉生长，减少脂肪沉积的作用，适用于羔羊育肥与生长期使用。可以采用注射和埋植两种方法，氨嗪素用于羔羊可使肌肉生长率提高30%，脂肪量减少4.5%~8.0%，故对改善羔羊肉品质有积极意义。

4. 酶制剂

酶是活体细胞产生的具有特殊催化能力的蛋白质，是一种生物催化剂，对饲料养分消化起重要作用，可促进蛋白质、脂肪、淀粉和纤维素的水解，提高饲料利用率，促进动物生长。如饲料中添加纤维素酶，可提高羊对纤维素分解能力，使纤维素得以充分利用。据报道，育成母羊和育肥公羔每只每天添加纤维素酶25 g，育成母羊经45 d试验期，日增重较对照组增加29.55 g；育肥公羔经32 d试验期，日增重较对照组增加34.06 g。育肥公羔屠宰率增加2.83%，净肉重增加1.80 kg。酶制剂除纤维素酶外，还有蛋白酶、脂肪酶、果胶酶、淀粉酶、植酸酶、尿素分解阻滞酶等。根据需要量，参照说明进行使用。其作用原理详见肉羊营养保健章节内容。

5. 中草药添加剂

中草药添加剂是为了预防肉羊疾病、改善肉羊机体生理状况、促进肉羊生长而在饲料中添加的一类天然中草药或中草药提取物及其他加工利用后的剩余物（下脚料）。据报道，河北省畜牧兽医研究所张英杰等1993年对小尾寒羊育肥公羔，进行了中药添加剂试验，选用健脾开胃、助消化、驱虫等中草药（黄芪、麦芽、山楂、陈皮、槟榔等），经科学配伍粉碎混匀，每只羊每天添加15 g，经2个月的饲喂期，试验组平均增重较对照组增加2.69 kg，且发病率显著降低。在我们日常生产中，饲料中搅拌板蓝根粉或黄芪等，对预防一些常见疾病均具有较好效果。

三、肉羊常见的育肥方式

在肉羊育肥生产中，根据饲养方式可分为舍饲育肥、放牧育肥和混合育肥。随着肉羊产业规模化的发展，放牧育肥和混合育肥对生态环境造成较大破坏，同时经济效益不够显著。现代肉羊育肥大多都以舍饲育肥为主。根据肉羊育肥阶段不同，肉羊育肥可分为羔羊育肥和架子羊育肥。因各地的消费习惯不同，采取的育肥方式也不相同，如宁夏和甘肃靖远等地的蒸碗羊羔肉、爆炒羊羔肉和手抓羊肉等是羔羊育肥至25 kg左右的产品，在内蒙古等地以架子羊育肥为主。

（一）羔羊育肥

羔羊快速育肥就是羔羊断奶后，利用其精饲料利用率高、生长快等特点，立即集中转入圈舍进行舍饲育肥。此期间通过配制高能量、高蛋白日粮和科学的管理措施，使羔羊在4月龄时出栏，肉羊育肥周期缩短2个月以上，出栏羔羊活重可达30 kg左右，日增重300 g以上，比传统育肥方法（放牧育肥和混合育肥）分别增加5 kg和80 g以上，可显著增加养殖经济效益。

1. 羔羊育肥的优点

（1）羔羊肉质具有鲜嫩、多汁、精肉多、脂肪少、味美、易消化及膻味轻的特点。

（2）羔羊生长快，饲料报酬高，成本低，经济效益高。据试验，羔羊增重的饲料报酬为3∶1~4∶1，而成年羊为6∶1~8∶1。绵羊当年羔羊产肉量已相当于1.5岁羊产肉量的72%~87%。1.5岁羊产肉量仅比当年羔羊多2.5~5.0 kg，提前1

个月产羔可多产肉3 kg。

（3）羔羊肉的价格一般要比成年羊肉高1／3~1／2，甚至1倍。

（4）羔羊当年屠宰加快了羊群周转，缩短了生产周期，提高了出栏率及出肉率，当年即可获得最大的收益。

（5）羔羊当年屠宰减轻了越冬过程人力和物力的消耗，避免了冬春季掉膘（一般为15%~20%），甚至死亡的损失。

2. 羔羊育肥的技术要点

（1）选好羔羊　就是从众多羔羊群中挑选发育好、采食能力强、个头大、精神好、健康无疾病的羔羊，组成新的育肥羊群。在羔羊育肥中很多人认为公羔好，长得快。其实在一定程度上公羊是大一些，但是在短期育肥中母羔不亚于公羔的生长速度，只要符合育肥标准，公羔母羔均可作为育肥对象。

（2）及时断尾　据报道，羔羊断尾后可以增加生长速度、减少膻味、改进肉质等优势。育肥羔羊在5~25日龄均可断尾，但5~10日龄断尾最为适宜。断尾时间尽量选择晴天无风的上午进行。断尾技术在本章第三节羔羊生态养殖内容中进行了叙述。

（3）合理补饲　育肥羔羊要根据其生长发育特点进行合理补饲，只有做到合理补饲才能达到预期的育肥效果，取得较好的羔羊育肥经济效益。具体补饲技术详见"羔羊补饲技术"内容。

（4）公羔阉割　羔羊育肥公母羔子都有，为了达到预期的育肥效果，一般都选择把公羔进行阉割，公羔阉割后有利于提高羊肉品质，公羔阉割一般建议与断尾同时进行。

（5）科学防疫　羔羊育肥前期应根据季节和当地养殖环境中羊病的流行特点，做好各种传染性疾病的免疫接种和驱虫工作。

（6）定期消毒　在羔羊育肥过程中，要保持圈舍良好通风、地面干燥及粪便时清理，饲喂的饲草料和饮水不能受到污染，对圈舍、料槽、水槽要定期清扫消毒，饲养员人员进入圈舍要穿好工作服并经过消毒。

（7）适时出栏　育肥羔羊达到膘肥体壮即可根据市场行情及时出栏上市，这样既缩短了羔羊的育肥周期又提高养殖经济效益。如果育肥达到一定体重后不进行及时出栏，后期继续养殖经济效益反而会降低。

3. 羔羊育肥的补饲技术

羔羊育肥期为减少断奶后的应激和进一步适应环境，将育肥期分为预饲期和育肥期两个时期三个阶段，因三个阶段的营养需求各不相同，我们要根据其生长发育规律进行合理补饲日粮，实现育肥效益最大化。

（1）预饲期　羔羊进入育肥圈舍后，要有预饲过渡阶段。这个预饲过渡阶段通常称为预饲期，羔羊的预饲期大致需20 d时间，共分三步到达育肥过渡。第一步1~3 d，让羔羊适应新环境，只喂干草，自由采食和饮水；第二步4~7 d为过渡期，逐步减少青干草饲喂量，并开始逐渐添加精料，精料参考配方为：米粒50%、胡麻饼5%、菜籽粕10%、麸皮30%、食盐1%、预混料3%、磷酸氢钙1%；第三步8~20 d即进入预饲期，每天每只羊饲喂精料0.5 kg。玉米秸秆0.2 kg，苜蓿干草0.3 kg。

预饲期日粮由青干草到精料的变换应在2~3 d内完成，不宜变换过快，到第21天正式进入育肥期。

（2）正式育肥期　预饲期结束后，进入正式育肥期，根据羔羊育肥营养水平需求合理制定日粮配方（营养水平见表4-5）。饲喂时要按照"渐加慢换"的原则，分两个阶段开展快速育肥。

第一阶段：第21~24 d，由预饲期日粮逐步转为育肥日粮的正常饲喂量；25~40 d，饲喂育肥期日粮，饲喂原则是"先粗后精，自由饮水"。这个阶段的精料（配方见表4-6）每天0.6 kg，日喂2次。粗饲料每天0.6 kg，日喂2次。粗饲料中玉米秸秆和苜蓿干草各一半。

第二阶段：41~43 d，逐渐由第一阶段精料改变到第二阶段精料（配方见表4-6），粗料正常饲喂；44~60 d，饲喂第二阶段精料，精料饲喂量每天0.7 kg，饲喂原则为先粗后精，自由饮水。粗饲料每天饲喂0.7 kg，粗饲料中最好是苜蓿青干草和玉米秸秆各半。

表 4-5　羔羊快速育肥参考营养水平

代谢能 / MJ	粗蛋白 / %	钙 / %	磷 / %
12.5	15.3	0.92	0.60

表 4-6　羔羊快速育肥不同阶段精料配方（参考）

单位：%

日龄	玉米	麸皮	胡麻饼	菜籽粕	食盐	预混料	磷酸氢钙	合计
预饲期（1~20 d）	50	30	5	10	1	3	1	100
第一阶段（25~40 d）	55	21	10	10	1	2	1	100
第二阶段（44~60 d）	65	11	10	10	1	2	1	100

4. 羔羊育肥注意事项

（1）减少应激　羔羊断奶离开母羊和原有的生活环境，势必产生较大的应激反应。为了减少羔羊转群及断奶后的应激，对于自繁自育羔羊转群最好在夜间进行，同时转群前后3 d应在饮水中加上电解多维，长途运输的羔羊应在饮水中加入葡萄糖粉。

（2）适应新环境　进入育肥圈舍后，应减少惊扰，让羔羊充分休息，开始1~2 d只喂易消化的干草。同时，要保证羔羊有充足的饮水。

（3）驱虫和免疫　羔羊进入育肥圈舍1周后，基本适应了新的环境，这时可对羔羊进行全面驱虫（使用丙硫咪唑驱虫，每千克体重15 mg灌服），并注射疫苗。驱虫方法和免疫程序见表4-7、表4-8。

（4）合理分群　根据羔羊体格大小、体况强弱进行合理分群，以避免因强弱不均而导致育肥期间弱羔因采食量少或抢不上饲料而体况下降甚至死亡。同时，每只羔羊应占30~40 cm 的饲槽长度。

表 4-7 羔羊驱虫方法

驱虫方法	内容
药浴	每年春秋两季育肥羔羊（对皮毛要求不高的可在剪毛后），用 12.5% 的双甲脒 1 L 加水 250 L 配制药液洗羊，预防螨病
口服或注射	用丙硫咪唑每千克体重 15 mg 灌服，或者用阿维菌素每千克体重 0.2 mg 皮下注射

表 4-8 羔羊免疫程序

疫苗	接种时间	接种方法	接种剂量
肺炎霉形体	7 日龄	肌肉注射	按说明剂量接种
口疮	20 日龄	口腔划线	按说明剂量接种
羊痘	35 日龄	皮内注射	按说明剂量接种
口蹄疫	50 日龄	肌肉注射	按说明剂量接种
三联四防苗	120 日龄	肌肉注射	按说明剂量接种

（二）架子羊育肥

架子羊是指不作种用的公母羊，其骨骼发育已经成熟，但肌肉发育尚不丰满，需经过集中育肥后到达肌肉丰满体格强健，实现养殖效益的最大化，我们把这种不作种用淘汰的公母羊称之为架子羊。也就是说，架子羊的育肥是指各个阶段淘汰的羊都可以进行育肥。

1. 架子羊的生长特点

架子羊因其骨骼发育已经成熟，但肌肉发育尚不丰满，育肥具有生长或增重速度快、饲料利用转化率高等优点。

架子羊育肥是通过补饲全价混合日粮，蓄积体内脂肪，提高羊肉的档次，实现预定的育肥效果。

2. 架子羊的育肥技术要点

（1）育肥前期预处理　架子羊育肥前预处理是指为了达到预期育肥效果，对公羊进行去势（现在育肥生产中往往省略这一步）、驱虫、灭癣、修蹄和防疫等工作。

（2）创造适宜的育肥环境　架子羊育肥的圈舍要求冬暖夏凉，每只羊需要饲草料槽位30~40 cm，所需圈舍面积0.8~1.0 m²的运动空间，同时保持圈舍干净整洁，育肥圈舍要求远离污染区（源），场区内没有噪音，为肉羊的育肥创造一个安静舒适的育肥环境。

（3）确定合理的育肥时间　架子羊育肥时间一般为75~100 d。在良好的饲料条件下，通过育肥可增重10~15 kg。若育肥时间过短，达不到育肥效益最大化；若育肥时间过长，肉料比降低，育肥成本增加，育肥利润降低。所以架子羊育肥中应根据架子羊的具体状况合理确定育肥时间，做好适时出栏。

（4）做好育肥期的饲养管理　架子羊育肥的管理应根据不同品种、不同生长阶段和不同育肥季节做好相应的具体的管理（现见本章第二节和第三节内容）。在饲养中，架子羊日粮中精料营养水平的高低和饲料的利用率对育肥效果起着决定性作用。高精料日粮饲喂架子羊，平均日增重快，可消化总能量、干物质和粗蛋白的利用率显著提高，且胴体品质好。用谷物整粒或颗粒饲料比用压扁或粉碎的饲料育肥肉羊效果好，饲料报酬高。在架子羊育肥生产中用粗饲料与精料比为55∶45的颗粒饲料效果最好；一般由25 kg育肥到40 kg活重时，每千克增重的饲料消耗不超过3.4 kg。

常见的架子羊育肥颗粒饲料成分组成如下：

羔羊颗粒饲料：由30%干草粉、44%秸秆粉（如大麦秸、小麦秸、玉米秸等）、25%的精料和1%矿物质添加剂制成。

羯羊颗粒饲料：由74%的秸秆粉、25%的精料及1%的矿物质添加剂制成。

用量：小羯羊，颗粒饲料0.8 kg及混合精料3 kg；成年羯羊，颗粒饲料1 kg及混合精料3 kg，日喂 3~4次，饮水 2~3次。

四、高档肉羊生产技术

高档羊肉是指在适宜的生产环境和丰富的生态饲料资源的基础上，用优良的肉羊品种，通过科学的饲养技术育肥到4~7月龄，屠宰活体重能达到36~50 kg，并经过特定的技术和方法加工，生产出能烹制成美味羊肉食品的优质羊肉。也就是说，高档羊肉就是优良的品种采用优质饲料进行科学饲喂、合理时间段屠宰、经过特殊设备加工而成的羊肉。

（一）高档羊肉的发展概况

羊肉以其高蛋白、低脂肪、低胆固醇而备受消费者的青睐。18世纪，羔羊肉生产开始兴起，20世纪50年代以来，肉羊业在大洋洲、美洲、欧洲以及一些非洲国家得到迅猛发展，世界羊肉的生产和消费水平显著增长。随着人们生活水平的提高，对羊肉的需求已由量转向了质，并逐渐转移到鲜嫩可口、营养丰富的高档羊肉上来。畜牧业发达的国家，如新西兰、澳大利亚、英国等的高档羊肉生产市场比较成熟，而我国因肉羊产业发展缓慢，高档羊肉生产技术还在不断探索、总结和完善阶段。下面就高档羊肉的概念，生产技术要点根据现有文献和生产实际进行了梳理，以期为肉羊产业发展提供理论依据和技术支持。

（二）我国高档羊肉生产的意义

在我国，随着乡村振兴战略的实施和农业农村现代化的建设，构建符合新时代发展需求的高档羊肉生产体系及其配套技术（产业业体系、生产体系和销售体系）是我国养羊业发展的一个必然趋势，也是唯一选择。生产高档羊肉对满足市场需求、增强出口创汇能力、提高我国肉羊产业科技水平和经济效益有举足轻重的作用。我国在40多年的改革开放实践中探索出来的一条成功经验就是以市场为导向，充分发挥各地区资源优势、技术优势，有选择地建立各具特色的示范基地（区），实现新的经济增长点，发展高档羊肉产业也应如此，立足我国国情和各地肉羊产业发展实际，借鉴世界肉羊产业发达国家的技术经验，建立一整套集约化肉羊产业体系、生产体系和销售体系，形成从品种培育到高档羊肉生产、加工、销售的产业链，使我国羊肉产业从质和量上都得到长足的发展。2020年，宁夏回族自治区党委、政府提出了九大产业的高质量发展要求，其中滩羊产业的高质量发展为宁夏地区高档肉羊的发展吹响号角。

（三）影响羊肉品质的因素

1. 品种

品种是影响羊肉质和量的主要因素。绵羊肉肉质纤维柔软，肌肉间不夹杂脂肪，膻味小。山羊肉营养成分与中等肥育的牛肉接近，肉质却较绵羊肉差一些。据窦晓利等2005年报道，山羊肉的蛋白质含量为18.3%，能值为9.801 MJ/kg；绵羊肉的这两项指标分别为14.4%和15.575 MJ/kg，但山羊肉中的精氨酸、亮氨酸、异亮氨酸含量均高于绵羊肉。绵、山羊不同品种之间因其基因型不同，所以肉质上存在一定的差异。许冬梅等2003年，通过对宁夏黑绵羊与滩羊的营养成分、肌纤维直径、贮存损失率、熟肉率比较分析，结果表明，黑绵羊肉营养价值与滩羊肉相当，各种养分含量二者差异不显著（$P>0.05$）。但黑绵羊肉中氨基酸含量较丰富，尤其是影响肉味的氨基酸含量较滩羊肉高（$P<0.05$）；黑绵羊肉肌纤维直径小、贮存损失率较低，而熟肉率较高。

2. 年龄

年龄影响羊肉的嫩度，一般羔羊肉膻味小、嫩度好，容易煮烂；老龄羊肉膻味大、色泽差、嫩度低，蒸煮时间长，不容易煮烂。

3. 营养水平及饲料

饲料的种类、品质以及饲料中所含的营养成分是影响羊肉品质的关键性因素。研究表明，能量和蛋白质水平会影响到胴体的瘦肉率和脂肪沉积。在低蛋白或高能量的营养水平下，会增加脂肪的沉积，降低瘦肉率，饲料中脂肪酸种类和含量决定羊肉的风味和膻味。

4. 屠宰加工

屠宰前的生理状态对羊肉的品质有一定的影响。宰前管理不当造成较强应激时，羊体内儿茶酚胺类激素的浓度升高，肌糖原浓度降低，乳酸浓度提高，引起宰后的羊肉酸化速度加快，形成品质低劣的 PSE 肉或 DFD 肉（PSE 肉是指屠宰后的肌肉出现颜色灰白（pale）、质地松软（soft）和表面渗水（exudative）的特征，是劣质肉的主要表现形式；DFD 肉是指肌肉出现颜色暗黑（dark）、质地坚硬（firm）和表面干燥（dry）的现象。）。由于羊肉具有冷收缩的特性，在冷却加工过程中，容易造成嫩度下降，影响产品品质。绵、山羊不同部位的肉，其组成也有很大差异。实践证明：后臀肉、眼肌肉、羊排肉肉质优于其他部位。

（四）高档羊肉生产关键技术

高档羊肉的生产其实质是有机、绿色高质量羊肉的生产。必须严格把好各个环节的关口，从品种选择、饲草料配制、饲养环境、饲养方式、疫病防治、屠宰加工，到消费餐桌的每一个环节，都必须严格遵守生产技术规范，符合国家相应标准和要求，并进行严格全程监控。

1. 把好品种关

目前，我国用于生产高档羊肉的品种很少，主要是利用国内产肉性能较好的品种和国外优良的肉羊品种进行杂交改良，培育出适合我国生产高档肉羊品种，并取得了较好的结果。如用杜泊羊公羊与小尾寒羊母羊通过杂交繁殖、筛选、横交固定与多胎基因检测，选育出的肉羊新品种——鲁西黑头羊，其产肉性能和肉质都显著高于小尾寒羊，适合生产高档羊肉。四川省汇源牧业公司与四川农业大学合作选育的多元杂交优质肉羊新品种——天府肉羊，该品种集波尔山羊、萨能羊、努比羊和成都麻羊等品种的优势于一体，适应性好，抗病性强，耐粗饲，生长肥育快，产奶量高，产肉性能好，屠宰率高，肉质细嫩，无膻味，属生产高档羊肉的新品种。

2. 把好饲料关

俗话说："祸从口出、病从口入"，肉羊生产过程中饲料的好坏直接影响羊肉的品质。研究表明，通过改善肉羊日粮的营养成分，可明显提高羊肉的品质。据赵丽华等2007年的研究表明，饲料中添加的沙葱和油料籽实交互作用对羊肉的嫩度有显著影响。赖长华等2003年研究表明，添加硬脂酸钙可改善羔羊肉肉色、熟肉率、pH、失水率和嫩度。国外一些试验证明，白三叶、苜蓿、油菜、燕麦等会影响羊肉的风味，但停止饲喂1~2周又可消除影响。因此肉羊日粮中，在满足羊对营养物质需求的前提下，适当添加镁、硒、铁、铬等制剂和维生素A、C、D、E制剂，可显著提高羊肉的品质。所以生产高档羊肉，饲料的好坏直接影响羊肉的品种，要生产高档羊肉必须把好饲喂投入品这个入口关。

3. 把好环境关

饲养方式对肉品质也有一定的影响。从肉质考虑，虽然放牧饲养最科学合理，饲养成本低，但草场压力过大和羊肉产量低，经济效益不高，而且营养不全面，无法满足新时代人民对羊肉产量的消费需要。为了提高肉羊产出效益，现代肉羊生产主要以舍饲和半舍饲为主的标准化规模化饲养。李助南等2002年对宜昌白山羊进行放牧与舍饲的对比研究表明，舍饲山羊生理常数稳定，3月、6月、12月和18月龄体尺、体重均优于放牧山羊。杨光等2002年研究表明，舍饲山羊总增重和平均日增重极显著高于半舍饲组（$P<0.01$），屠宰率和净肉率显著高于半舍饲和放牧组（$P<0.05$）。所以高档肉羊生产最好选择在环境适宜、空气新鲜、无噪音、无污染的羊舍中进行饲养。

4. 把好管理关

管理工作渗透在肉羊生产的整个过程。在品种选择、饲料配制和投喂方面，做到肉羊优良品种选择准确、全价配合饲料配制标准、饲料投喂定时定量、饲养环境舒适安静干净；在日常消毒、疫病免疫和防治方面，做到定期用无毒无害无残留兽用消毒剂（粉）进行无死角的全场或带羊消毒，做好育肥前的驱虫、健胃，春秋季口蹄疫、羊四联等重大传染病疫苗的免疫接种和中药制剂或酶制剂开展疾病预防；在肉羊补栏、出栏和屠宰加工方面，做到杜绝从疫区购进羊只，新购进羊只必须按防疫规定隔离观察14 d，健康检查后混群饲养，出栏前做好出场检疫并在宰前24 h停水停料，宰前轻拉慢放减少应激并做好检疫，宰后定时排酸按市场标准分割等，所有过程都需要进行严格管理。特别是在整个饲养和疫病的防控过程中，严格管理制度，做到无抗饲养、疫苗定期预防、倡导动物福利、严格检疫和屠宰规程。

5. 把好屠宰加工关

屠宰加工是提高羊肉及其品质安全的关键环节之一。随着羊只年龄的增长，肉质变粗糙，系水力下降，总体品质下降，建议羊只育肥到 4~7月龄、屠宰活重能达到 36~50 kg 时进行屠宰。宰前应考虑动物的福利，宰后考虑胴体的冷冻保存。所以建立现代化屠宰加工生产线，按国家、国际标准对羊肉进行精深加工，提高羊肉品质以满足消费者需求。

6. 把好监管关

高档肉羊的生产需要从饲料、品种、环境、屠宰和加工等各个环节着手，每个环境都很重要，这就需要我们做好高档羊肉生产过程的具体监管工作。高档羊肉生产的监管不仅需要国家专门机构去监管，也需要社会公众监督，更需要企业或生产经营者自觉接受监管和加强职业道德建设，遵循生产安全规范，不添加抗生素、增长剂和有毒有害等损害消费者身体健康的物质或添加剂。在现代肉羊生产过程中常见的监管措施有：物联网＋监管（主要应用在饲养管理环节和屠宰加工环节）、电子二维码＋监管或追溯体系＋监管（二维码扫描得到肉羊生产的全过程）。

第五节　肉羊常用管理技术

前面就肉羊不同季节、不同阶段、不同生产目标的生态养殖技术进行了叙述，下面就肉羊的常用管理技术进行理论实践的概括总结。

一、分群

分群管理是规模化、集约化养羊的重要手段。生产繁育性羊场应按种公羊，育成公、母羊，空怀配种母羊，妊娠母羊，哺乳母羊，断奶羔羊等严格分群；育肥羊场应按品种、性别、强弱、批次等分群饲养。分群后饲料也相应按不同配方、不同喂量而确定，做到方便管理，科学饲养。

二、编号及耳标佩戴

（一）编号

编号是肉羊管理，尤其是育种工作必不可少的技术环节。编号后既方便识别个体，又便于记录各项育种指标、选种和选配、鉴定等级。临时编号一般多在出生后进行，永久编号则在断奶或鉴定后。传统编号常用铅字打印或记号笔标记在耳标上；现常用激光刻制耳标，由主标和副标两部分组成。编号一般刻制在副耳标正面，字迹清晰且不易磨损脱落。

（二）耳标佩戴

耳标佩戴常用专用耳标钳进行操作。首次佩戴可加施在左耳中部，需要再次佩戴时，则加施在右耳中部。佩戴耳标之前，应对耳标、耳标钳、佩戴部位进行严格消毒。佩戴方法：用耳标钳将主耳标头穿透羊耳中部，插入副标锁扣内钉牢，耳标颈长度和穿透的耳部厚度适中。主耳标佩戴在羊耳朵的内侧，带编号副耳标佩戴在羊耳背侧。耳标一般用以记载羊的个体编号、出生年月等，有些甚至可以记载羊的品种、性别、来源等信息。

三、称重、鉴定与记录

（一）称重

体重是衡量肉羊生长发育的主要指标，也是检查饲养管理工作的重要依据之一，所以应及时准确称重。一般羔羊出生后，在被毛稍干而未吃到初乳前就称重，即初生重。其他年龄段的称重，均应在早晨空腹时进行。除称初生重外，还应称断奶重、周岁重、成年体重以及配种前体重、产前和产后体重等，称重是鉴定种羊品质的重要依据之一，可结合羊场的育种工作同时进行。

（二）鉴定

鉴定是育种工作的基础，按生长发育阶段种羊的鉴定分为出生、断奶、周岁、成年鉴定等，主要是根据体貌、体重、体长、体高、胸围、管围及系谱资料等指标综合评定。如按育种生产分，包括品种、等级、生产繁殖性能鉴定等指标。

（三）记录

记录工作应由专业的技术人员或资料管理人员负责。记录内容包括配种、产羔、羔羊生长发育，种公羊的精液品质检查，种羊鉴定，后代测定以及种羊卡片、系谱档案等。羊场还应建立完善的年度选种选配计划、兽医防疫、养殖档案记录。各项内容都应及时记录、认真归档、规范保存。鉴定与记录工作主要用以指导种羊生产和管理。

四、剪毛、去势、断尾与修蹄

（一）剪毛

剪毛是羊场生产管理的一项重要工作。应根据饲养品种、当地气候条件以及劳力准备等情况协调进行。细毛、半细毛和杂种绵羊一般每年剪毛1次。剪毛时间多在5~6月份进行。剪毛前应做好场地、羊群、劳力及用具的准备。剪毛时，同一品种，应按羯羊、试情羊、幼龄羊、母羊和种公羊的顺序进行；不同品种，应按粗毛羊、杂交羊、细毛羊或半细毛羊的顺序进行。

剪毛方法：首先，让羊左侧卧在剪毛台或席子上，羊背靠剪毛员，从右胁部开始，由后向前依次剪掉腹部、胸部和右侧前后肢的羊毛。再翻转羊体使其右侧卧位，腹部朝向剪毛员，剪毛员用右手提直绵羊左后腿，从左后腿内侧到外侧，再从左后腿外侧到左侧臀部、背部、肩部、直至颈部，纵向长距离剪去羊体左侧羊毛。然后，使其坐起，靠在剪毛员两腿间，从头顶向下，横向剪去右侧颈部及右肩部羊毛，再用两腿夹住羊头，使羊右侧突出，再横向由上向下剪去右侧被毛。最后，检查全身，剪去遗留下的羊毛。

剪毛注意事项：剪毛剪应均匀地贴近皮肤将羊毛一次剪下，留茬应低，也不要重剪，否则影响羊毛利用；不要让粪土草屑等混入毛被，毛被应保持完整，以利羊毛分级、鉴定等；剪毛动作要快，时间不宜拖得太久；翻转要轻，以免引起瘤胃臌气、肠扭转而造成不良损失；尽可能避免剪破皮肤，一旦剪破要及时消毒、涂药或进行外科缝合，以免生蛆和溃烂，最好同时注射破伤风抗毒素。

（二）去势

羔羊经初步鉴定，凡体躯有花斑、体型不良、发育不好、没有留种价值的公羔都应及早去势，避免乱交滥配，降低后代品质；同时，经去势的羔羊易于育肥且肉质较好。去势羊可在2~3周龄时进行，可采用手术法、橡皮筋套扎法以及去势液注射法等。当前农户常用的橡皮筋套扎去势法，效果好又不出血，且不会感染破伤风杆菌，一般1周后睾丸自行脱落。对稍大一些的羊可用无血去势钳，先将睾丸挤至阴囊底部，再用无血去势钳夹断精索以达到去势的目的。

（三）断尾

细毛羊、半细毛羊及杂种羊，尾巴细而长，断尾既可预防其污染后躯及体侧毛被，防止蝇蛆寄生，又可方便配种。断尾时间一般在羔羊出生后1~2周的晴天早晨进行。断尾常用以下两种方法。

1. 结扎法

用弹性较好的橡皮筋，套在羔羊第三、第四尾椎之间，紧紧勒住，断绝血液流通，过10 d左右尾巴即自行脱落。

2. 烧烙法

可用断尾铲或断尾钳进行。用断尾铲断尾时，先准备两块20 cm见方的木板。一块木板的下方挖一个半月形的缺口，木板的两面钉上铁皮；另一块仅两面钉上铁皮即可。操作时一人固定羔羊，两手分别握住羔羊的四肢，把羔羊的背贴在固定人的胸前，让羔羊蹲坐在木板上。操作者用带有半月形缺口的木板，在尾根第三、第四尾椎间，把尾巴紧紧压住。用灼热的断尾铲紧贴木块稍用力下压，切的速度不宜过急，若有出血，用热铲烫一下即可。最后用碘酊消毒。用断尾钳的方法与断尾铲基本相同，即先用带有小孔的木板挡住羔羊的肛门、阴部或睾丸，使羔羊腹部向上，尾巴伸过断尾板的小孔，用烧红的断尾钳夹住断尾处，轻轻挤压并截断、消毒。

（四）修蹄

蹄是皮肤的衍生物，不断生长，放牧羊会自然磨损，但一般不过度生长；规模化舍饲肉羊因蹄匣磨损较少，造成蹄匣不正常生长，有的蹄尖过长而前翘，甚至掌骨落地，有的蹄匣偏向一侧生长，羊只行走不便、姿势弯曲，严重时，造成种公羊不能配种，失去种用价值，母羊产奶量下降。修蹄可用专用修蹄刀或较锋利的小刀或剪刀，剪去或削去过长部分，使蹄匣与蹄底接近平齐，蹄的负重均匀。如果蹄壳干硬、修剪不便，可将羊蹄浸泡一会再进行整修。

五、刷拭与运动

（一）刷拭

经常刷拭，可使羊体清洁，促进新陈代谢，使皮肤健康，有利于人畜亲近，便于管理。刷拭还可提高泌乳能力，保持奶品清洁。刷拭可用鬃刷或草根刷，从上到下、从左到右、从前到后，按照毛丛方向有顺序地进行。注意除去毛皮上的泥土和粪便，保证被毛清洁光顺。

（二）运动

经常运动有利于促进肉羊新陈代谢，增强体质，提高抗病力。哺乳羔羊加强运动，可促其多哺乳、吸收快、防腹泻，提高羔羊成活率和断奶重。青年羊加强运动，有助于骨骼发育，充足的运动是培育后备羊的一个重要方面。运动充足的青年羊，胸部开阔，心肺发育好，消化器官发达，体格高大健壮。妊娠母羊加强运动，前期可促进胎儿的生长发育，后期有利于防止乳房水肿及难产；产后及时运动，可以促进子宫复位。种公羊加强运动，则性欲旺盛，母羊受胎率提高。因此，有条件的羊场，应尽可能创造运动条件，提高种羊质量。

第五章 肉羊生态保健技术

新修订的《中华人民共和国动物防疫法》对动物疫病预防的原则是"预防为主，预防与控制、净化、消灭相结合"的方针，本章所叙述的保健就是预防的主要措施之一。在肉羊生态养殖过程中，保健对疾病预防的作用不亚于治疗，保健也是无病预防的主要措施之一。通常我们说的保健三措施指的是饲养管理保健、疫苗免疫保健和药物预防保健。饲养管理保健就是加强肉羊日粮的营养调控、让羊只有一个好的身体，提高自身抗病能力，当然加强羊舍环境的消毒、开展定期驱虫等工作也是肉羊管理过程中必不可少的环节；免疫保健就是通过对肉羊接种相关疾病的疫苗，激发机体产生抗体，从而提高对某种疾病的免疫抵抗能力；药物预防保健是指羊只有可能发生疾病或在疾病的感染初期，对其采取药物预防和治疗，最大程度减少疾病对肉羊生产造成不必要的经济损失，做到无病早防、有病早治。消毒、定期驱虫和药物预防是动物疫病预防的基础，是最常规的工作；免疫是关键，能有效提高羊对相应疾病的免疫抗体水平，是筑牢疫病入侵机体的保护屏障；无抗饲养和良好的饲养管理能提高肉羊自身的免疫水平，降低疫病的发生概率，减少兽药的使用量，降低不必要的开支，同时也是降低羊肉产品中药物残留的有效途径之一。

第一节 饲养管理保健技术

肉羊常见保健措施主要包括加强饲养管理、做好营养调控、搞好环境卫生与消毒、严格检疫监测、定期驱虫药浴等，各项措施环环相扣、紧密联系。

一、加强饲养管理

（一）科学管理

科学的管理是实现肉羊效益最大化的根本保障，肉羊场的日常管理除了采取自繁自育，可有效防止引种带来病原体之外，还应该加强日常的保温防寒、通风降温，为肉羊生产创造舒适的环境。在肉羊生产中，高温酷暑季节往往会造成肉羊采食量降低，生产性能下降，主要表现为新生羔羊死亡率增加，育成羔羊生长发育减慢或停滞，断奶母羊发育延迟，妊娠母羊流产、难产增多，种公羊精液量减少，品质下降等。为了防暑降温，我们可以通过搭建凉棚、植树造林、加强圈舍空气流通或在高温时段在羊舍内洒水或喷淋降温等综合方式为羊舍降温；寒冬季节因天气寒冷往往造成肉羊采食量增加但增重速度降低，此时我们要通过关闭羊舍门窗、堵好通风窗口、羊舍地面适当铺上垫草或羊舍内安全生火升温等有效措施，保持羊舍适宜温度。当然，肉羊日常管理并没有固定的模式，要结合不同区域羊舍具体条件、具体品种、具体季节、采取相应的对策措施。

（二）营养保健

生态肉羊养殖要根据饲养规模做好相应的饲草料储备，并按不同年龄、品种、性别、生产阶段进行科学配制饲料，提高营养水平，如夏季酷暑，肉种羊采食量明显减少，此时在保持粗蛋白质和能量水平不变的情况下，添加适量豆粕、面饼等植物性蛋白饲料，相应提高日粮营养浓度。羊场所有羊只应供给清洁饮水，严禁饲喂霉变、冰冻饲料以及未经脱毒处理的糟、渣、饼、粕等含毒素饲料。种公羊与生产母羊应适时地定量饲喂全价饲料及优质青绿粗饲料，种公羊配种期还应额外添加足量维生素 AD、维生素 E、维生素 B_2 制剂；生产母羊围产期必须补充足量的钙、磷及能量、蛋白质饲料。新生羔羊应及时吃好、吃足初乳，缺硒地区羔羊还应注射含硒维生素 E 及右旋糖酐铁等。育肥羊应将羔羊按体质强弱分群饲养，保证饲料中足够的营养物质，提供足够的优质精、粗饲料，精、粗饲料比例不低于 1 : 3。在炎热季节应对饲料现配现喂，防止发酵。

肉羊生产中往往通过科学的营养调控实现效益最大化的目的，常见的营养调控技术主要措施如下。

1. 增加日粮营养水平

夏季酷暑，肉种羊采食量明显减少，如不及时调控营养，有些种羊生产性能会不同程度下降。因此，此时的日粮营养浓度应相应提高，可在保持粗蛋白质和能量水平不变的情况下，添加适量豆粕、棉饼等植物性蛋白饲料。

2. 提供优质粗饲料

品质越差的粗饲料，纤维含量越高，食后体增热量也越多，种羊会本能地减少对其摄入量；反之，鲜嫩牧草、葡萄藤、瓜秧等青绿多汁饲料以及青贮玉米、微贮饲料等可明显改善种羊适口性，提高饲料消化与利用率等。

3. 提供充足洁净饮水

高温酷暑，种羊饮水量明显增加，必须保证洁净、充裕的水源。大量饮水可满足种羊机体需求，同时伴随采食、排尿、排便活动，种羊体内积聚热量随之排出，从而降低体温。为缓解种羊体内盐分、矿物质消耗，维持酸碱平衡，水内宜加入少量食盐或电解质类。

4. 科学调整饲喂方式与时间

夏季正午炎热，种羊食欲降低，而早、晚相对凉爽，食欲较好，因此要掌握"早晨赶早喂，中午少而精，晚上吃饱又吃好"的原则。另外，羊只有夜食性，晚上应喂给足够的夜草，这样既可增加种羊白天休息时间，又可使种羊始终食欲旺盛，提高生产性能。

（三）应用微生态制剂

微生态制剂可以有效提高饲料利用率，减少粪便排放量以及氮和磷的含量，减少环境负担。同时微生态制剂可提高肉羊健康状况，减少放屁率。喷施微生态制剂，还可以分解饲养环境中的氨气、吲哚和粪臭素等，使臭味减弱，蚊蝇数量减少。微生态制剂还可用于处理肉羊粪污。将畜禽粪便经过微生物发酵处理后，可以杀死一些致病菌，降低疫病传染率。沈根祥等通过将牛粪与秸秆混合进行好氧堆肥发现，添加微生物菌剂有利于堆肥质量的提升，增加种子发芽率，并利于作物生长和根系形成。据张艳雯等报道，广西某公司利用当地盛产的木屑和甘蔗渣等资源，通过复合菌剂（含有粪链球菌、酵母菌、乳酸菌、双歧杆菌、放线菌和光合细菌等）处理后作为牛舍垫料，达到无粪尿排放的生态清洁养牛模式。发酵后生物垫料的氨态氮含量可达到20%~30%，有机质达20%~25%，有效磷10%，钾6%，完全熟化，无粪臭且无氨气挥发，达到直接还田标准。

1. 微生态制剂对维护肉羊健康的影响

微生态制剂对肉羊的健康具有重要意义。有益菌的胞壁肽聚糖和脂磷壁酸可刺激动物的免疫系统，使巨噬细胞活力增强，刺激 B 细胞产生抗体，有效提高动物抗病力。益生菌还可以通过与病原菌竞争附着于肠上皮细胞，从而有效保护肉羊的肠壁，同时增大细胞间隙，刺激巨噬细胞产生免疫球蛋白 A（IgA）和免疫球蛋白 M（IgM），增强肉羊免疫力。其中，好氧菌（酵母菌和芽孢杆菌等）通过消耗氧气为纤维分解菌和乳酸菌等厌氧菌的增殖创造有利条件，而乳酸菌的繁殖有利于肉羊抵抗力的增加。同时，乳酸菌及其胞外代谢产物能够刺激巨噬细胞活性增强，促使其产生抗炎因子，从而提高对病菌的防御能力；芽孢杆菌可产生胞外蛋白多肽类物质抑制病原菌的生长，增加有益菌在肠道内的竞争优势；酵母细胞壁的甘露寡糖可以通过竞争吸附有毒物质和病原菌，从而阻止细菌与肠壁上含甘露寡糖的细胞结合，保护动物肠道，提高动物机体免疫力。生态制剂可降低羔羊下痢的发病率和死亡率，主要原因是羔羊的下痢是由于寄生在肠道中的病菌产生肠毒素而导致，微生态制剂中的有益菌可通过竞争作用和优势菌群产生生物活性物质，抑制致病菌在肠道壁上的吸附。研究显示，对1~5日龄的犊牛使用粪链球菌和嗜酸性乳杆菌混合物，下痢发病率可减少 70%，同时死亡率降低 90%。李春生应用微生态制剂对312头犊牛进行腹泻预防试验，试验组腹泻率比抗生素组降低6.0%，成活率提高8.1%；在试验期间对腹泻犊牛进行治疗，应用微生态制剂治愈率达到93.3%，效果优于抗生素组（84.6%）。

口蹄疫抗体水平高低对肉羊肉牛的免疫能力有直接影响，乳酸菌和酵母菌等微生态制剂进入肉羊机体后，通过提高巨噬细胞活力和刺激 B 细胞产生抗体等作用，来提高肉羊的免疫力和抗病力。同时，有益菌进入肉羊机体后，使肠道菌群中有益菌优势增加，增加口蹄疫抗体的分泌，从而增强动物机体免疫功能。有研究指出，在肉羊饲料中添加酵母菌和乳酸菌等，有助于提高肉羊口蹄疫抗体水平。

2. 微生态制剂在肉羊生产应用中注意事项

微生态制剂虽然有很多不可替代的优点，但在实际应用中仍存在一些问题，需在具体应用中高度重视。

（1）微生态制剂需要在饲料中保持活性才能发挥作用。菌株存在易失活的特性，为保证菌株的活力和数量，产品在运输和贮存中需要保持一定的温度和湿度，防止活性损失。

（2）未经处理微生物制剂不能与拮抗物质（维生素、矿物质和油脂等）混合使用。

（3）要综合考虑微生态制剂在肉羊上的应用效果受菌种类型和数量、羊只的健康状况及微生态制剂饲喂持续时间的影响等问题。

（4）微生态制剂在菌种选育上仍需寻找具有更多功效的优良菌种，并明确其安全性、长效性、广泛性、多效性、高效性和针对性。目前，微生态制剂在羊体内的作用机制尚未透彻明晰，理论研究并不深入，应该从动物营养代谢与微生物代谢方面进行深入探讨，研究菌种及其代谢产物在羊体各个器官组织中具体发挥的作用。

（5）微生态制剂研发可以与基因工程技术、缓释技术和微囊技术相结合，改善微生态制剂的活菌存活率和微生态制剂作用的高效性。

（6）微生态制剂也需要与动物营养学、预防医学和动物微生态学等结合，提高微生态制剂的应用科学性和系统性，全面提升其利用效率。

总之，微生态制剂的开发应用为肉羊生态养殖提供一条优质、安全和高效的新途径。随着研究的逐步深入及制作工艺的不断提高，饲用微生态制剂作为一种绿色、安全和环保型饲料添加剂，必将在肉羊养殖业得到越来越广泛的应用。

（四）减少生产中的应激。

养羊的生产环节主要包括鉴定、配种、产羔和育羔、断奶和分群等，每一生产环节的安排，都应在短时间内完成，尽可能不影响肉羊采食和休息，同时避免强应激。如短期内难以完成，应妥善布置，科学合理利用时间，加强阶段性补饲，饲料或饮水中添加维生素 C 和电解多维等抗应激药物，降低应激产生的不良影响。

二、做好日常消毒

（一）清洁环境卫生

羊场及其周围的环境卫生好坏，与疫病的发生紧密相连。若环境差，杂草丛生，圈舍空气污浊，为病原微生物滋生和传播创造有利条件，导致肉羊健康生产。因此，在肉羊生产中应经常保持羊场环境干净卫生，圈舍空气新鲜。

1. 美化羊场生态环境，净化羊场区域内空气

场区四周、生产区、职工生活区等空闲地带，通过宜林则林、宜草则草。运动场及圈舍周围种植藤本植物，营建绿色保护屏障，可明显改善圈舍环境温度，起到夏季防暑降温、冬季防寒保暖作用。同时，可阻挡风沙，改善环境卫生。该项内容在第一章羊场建设内容中进行了详细叙述。

2. 经常清扫，保持羊场卫生清洁

羊场要因地制宜建立卫生消毒制度，定期对生活区、生产区、无害化处理区进行卫生清扫与消毒。羊舍及周围环境（包括生产区和职工生活区）要定期清扫并彻底消毒，冬春季节保持每月消毒1~2次，夏秋季节保持每周消毒一次。羊舍内饲槽每日饲喂前进行清扫，饲喂草料应保持清洁干燥，防止霉变；水槽（池）要有排水口并定期消毒。羊舍饲喂通道地面应硬化，以利清洗、消毒，羊舍留有污水排出口，排出污水要有明（暗）道通向舍外。圈舍、运动场要求饲养员每日清扫，凡羊毛、塑料片、胎衣、废弃草料等应在及时清扫后运至垃圾场进行无害化处理。羊粪应每季清理1次，运至贮粪池堆积发酵或出售给有机肥厂再利用。剪毛场、兽医室、配种室也应及时清扫消毒。

3. 做好灭鼠、灭蚊蝇工作

老鼠、蚊蝇是病原体的宿主和携带者，能传播多种传染病和寄生虫病。因此，应定期开展消灭蚊蝇、鼠害的活动。定期定点投放灭鼠药，及时收集死鼠和残余鼠药，清除水坑、垃圾等蚊蝇滋生地，并定期喷洒消毒灭菌药物。这些地点消毒要求每月1~2次，配种、产羔时节每周至少1次。

（二）严格消毒措施

消毒是预防疾病传播的重要措施之一。通过消毒能够有效将散播于空气及环境中的病原微生物消灭，切断传播途径，阻止疫病蔓延。

1. 明确消毒对象

肉羊生产的消毒，包括羊舍地面、墙壁、门窗、食槽及圈舍空气和周边环境等都是消毒的重点对象。不能只盯着圈舍地面、墙壁、饲槽和周边环境，而忽视圈舍的空气消毒。

2. 合理选择消毒药剂

羊舍消毒，必须选择正规厂家生产的兽用消毒液（或消毒剂），一般包装盒或瓶身上都标明生产日期、保质期或有效期等。常见的消毒药剂按形态分为液体消毒剂（如甲醛、酒精等）和固体消毒剂（如高锰酸钾、火碱等）；按化学性质可分为酸性消毒液、碱性消毒液等。如典制剂、次氯酸、高锰酸钾、过氧乙酸等是常见的酸性消毒药剂，生石灰、火碱（氢氧化钠）、季铵盐类、84消毒液（次氯酸钠）等属于碱性消毒药剂。近几年，随着科技的发展，部分兽药厂家推出有针对性熏蒸作用的中药制剂，对治疗呼吸道或其他病症起到较好的辅助疗效。

3. 按标准配制消毒药液

配制消毒药液时必须按说明配制操作，如10%~20%的漂白粉乳液、2%~5%的烧碱溶液、10%草木灰水、0.05%~0.50%的过氧乙酸、84消毒液等。不能随意稀释消毒液的浓度，更不能随意提高消毒液的浓度。

4. 合理安排消毒时间

羊舍正常为每周一次或每半月一次。在冬季，消毒时间一般选择在中午或午后温度较高的时段消毒。夏季根据生产安排随时可以消毒。清理完粪便的圈舍要即时进行消毒。

5. 选择正确的消毒方式

不同区域（地点）采用不同的消毒方式，使用不同的消毒设备。如圈舍周围环境消毒通常采用大型消毒器械进行消毒，省时省力且压力大效果好。圈舍内部消毒可以使用小型电动喷雾器。带畜消毒通常使用刺激性较小无毒性的消毒液。一般消毒结束后，在规定时间内打开门窗通风，饲槽水槽等用具应用清水冲洗，除去残留在其上面的消毒药。酸碱消毒液杜绝混合使用。日常消毒中要选择两种或两种以上消毒药交替使用。消毒过程中要做好人员防护，正确的操作方式是将喷雾器的喷头朝上，让雾化的颗粒自由落下，消毒人员退着走，边走边消毒。实践证明：圈舍温度越高消毒效果越好，具体需要工作人员正确把握。

三、做好检疫监测

（一）检疫

检疫是应用各种诊断方法，对羊体及其产品进行疫病（主要是传染病和寄生虫病）检查，并采取针对性措施，防止疫病的发生和传播。为了做好检疫工作，必须有相应的检疫手续和严格的检疫制度，以便把好羊只流通的各个环节关口，做到层层检疫、环环紧扣、互相制约，从而杜绝疫病的传播蔓延。羊从出生到出栏，要经过出入场检疫、收购检疫、运输检疫和屠宰检疫；涉及外贸时，还要进行进出口检疫。出入场检疫是所有检疫中最基本、最重要的检疫，只有检疫过并确定无疫病发生时，才能从非疫区购入种羊。购入种羊应经产地兽医检疫部门检疫并签发检疫合格证，运抵目的地后，再经本地兽医检疫并隔离1个月以上，确认健康并经驱虫、消毒、补注射疫苗后方可与原羊群混群饲养。饲料、兽药等也要从正规厂（商）处购入，并接受当地动检部门抽检。

（二）疫情监测

疫情监测是指由当地动物防疫监督机构，采取法定的检验方法和操作规程，对饲养者的畜禽定期或不定期进行疫病监测，从中掌握动物疫病发生的种类、规律、趋势的过程。对于国家计划控制、消灭的疫病，本地新发现的疫病及对本地区危害较大的疫病必须进行疫病监测。羊场应主动配合当地动物防疫监督机构开展监测工作，掌握本场疫情动态并制定相应防范措施。

四、定期驱虫、药浴

（一）驱虫

驱虫是肉羊饲养中必须采取的预防寄生虫的有效措施之一。预防性驱虫不仅要根据当地羊寄生虫病的流行季节动态而定，而且在生产实践中应结合本场本地区寄生虫流行情况，选择合适的驱虫药物和恰当的给药时间及有效的给药途径开展驱虫工作。

1.驱虫新法的理论依据

根据近年来的调查研究结果来看，春秋季驱虫存在弊端较多，不仅驱虫效果不好，而且造成污染环境，达不到预期作用和目的。王光雷等提出了"冬季驱虫、转场前驱虫、舍饲前驱虫和治疗性驱虫（秋季高潮前驱虫）"为核心的"驱虫新法"，这种新的驱虫时间比传统的春秋季驱虫时间效果更好、预防作用更明显。其理论依据如下。

（1）自然净化原理　根据严寒（0℃以下）和酷暑（40℃以上）对自然界中虫卵和幼虫有杀灭作用的特点。外界环境中的虫卵和感染性幼虫在25℃左右为最佳生长温度，0℃或40℃停止发育，0℃以下时，温度越低，虫卵和感染性幼虫存活时间越短；40℃以上时，温度越高，虫卵和感染性幼虫存活时间越短。如感染性幼虫10~22℃时，12 h死亡；40℃，8 d死亡；50℃，0.5 h死亡。大自然的自然净化作用（严冬、酷暑）可部分削减环境中的感染性虫卵和幼虫。

（2）寄生虫在冬季主要寄生在羊体内发育的特点。

（3）根据我国西北地区有转场放牧的特点（冬草场、春秋牧场、夏草场）。

（4）根据寄生虫有发育史主循环和侧循环的特点。

（5）根据寄生虫病要以预防为主，减少危害的原则。

2.驱虫新法的具体优点

（1）冬季驱虫　可全部驱出秋末初冬感染的所有幼虫和少量残存的成虫。

驱出体外的成虫、幼虫和虫卵在低温状态下很快死亡，不可能发育为感染性幼虫，不造成环境污染，起到无害化驱虫的目的；驱虫后的羊只在相当长的一段时间内不会再感染虫体，或感染量极少，这就可有效地保护羊只越冬度春；减少春乏死亡；驱虫后，家畜不易再感染寄生虫，切断寄生虫的发育史，起到净化作用。

（2）转场前驱虫　转场前驱过虫的羊只体内没有寄生虫，到新牧场放牧不会对新草场造成污染；由于新草场在放牧前已经过一个严冬或一个炎热的夏天，草场中的感染性幼虫在高温和低温不利条件下会大量死亡，草场得到自然净化，羊只再感染的机会相对较低，可保持较长时间的低荷虫量；在春、夏、秋季节中，这些虫卵即使发育为感染性幼虫，也会因没有宿主而停止发育，遇到恶劣气候时会大量死亡。

（3）舍饲前驱虫　为了提高饲料利用率，减少寄生虫病的危害，在舍饲前对羊只进行驱虫，以减少羊只带虫入舍和寄生虫对羊只的危害。

（4）治疗性驱虫　一方面是羊只发病后进行有针对性的驱虫；另一方面是在寄生虫繁殖的高峰时段，进行集中驱虫，将大量幼虫或虫卵驱除体外，实现治疗性驱虫的目的；第三是对有条件保证驱虫后不（少）接触病原的情况下，给予驱虫，减少寄生虫对家畜的危害（转场前驱虫、舍饲前驱虫都是此类驱虫方法）。据美国的研究结果表明，母羊在围产期中，寄生虫排卵量最高，这是生物进化过程中的必然现象，也是寄生虫赖以生存和发展的重要过程。围产期中，母羊往外界环境中大量排出虫卵，这些虫卵在外界环境中很快发育成Ⅲ期幼虫，当羔羊跟随母羊放牧时，就会很快受到感染，从而扩大了宿主的感染数量，也增加了整个羊群中的寄生虫数量，有利于寄生虫的繁衍。当这批寄生虫进入羊体后，很快发育成熟、排卵、形成秋季高潮。因此，此时段驱虫也是减少寄生虫荷虫量的关键措施之一。

大量的驱虫试验研究结果证明，冬季驱虫优于传统的春季驱虫。冬季驱虫尤其对羊胃肠道线虫病的防治具有重要的作用和明显效果，值得在生产实践中推广应用。

3. 驱虫注意事项

（1）驱虫最好选择上午空腹时或外界气温在0℃以下进行。

（2）春季、夏季和秋季驱虫时，应在圈舍内进行，驱虫后圈养1~2 d，驱虫结束后的7 d内要对圈舍进行彻底消毒。

（3）对驱虫后的粪便应及时清除，单独堆放，生物热发酵杀灭虫卵，防止虫卵二次污染，达到无害驱虫的目的。

（4）妊娠母羊及羔羊应慎重用药，特别是对怀孕1个月和5个月的母羊，禁止进行冬季驱虫。

（5）对进行治疗性驱虫的羊只，不要让驱虫后的羊只进入污染区，防治二次感染。

（6）在选择驱虫药品时，首先选择特效药，其次选择广谱药。

（二）药浴

药浴是防治羊体外寄生虫病，如羊蜱、螨病和羊虱子等的一项有效措施。

1. 药浴时间

药浴时间一般选择在每年的6月上旬和9月中下旬，肉羊剪毛后7~10 d，这时羊皮肤上的伤口已愈合，毛茬较短，药液易浸透到皮肤上，防治效果最好。

2. 药品选择

药浴使用的药品有0.1%~0.2%杀虫脒，0.025%~0.030%林丹乳油水溶液，0.5%~1.0%敌百虫水溶液，0.05%辛硫磷乳油水溶液，0.025%螨净（二嗪农）、0.02%胺丙畏（巴胺磷）、12.5%双甲脒以及0.005%溴氰菊酯乳油等。

3. 药浴液的配制

药浴常用药物配制用水若为井水或自来水，可提前1 d日晒增温，有条件者可添加热水，配制药液严格按照说明进行配制，一定要配制准确，过低无效过高中毒。

4. 药浴的操作

目前，国内大部分地区的羊场、养殖企业和农户多采用在专门的药浴池中进行药浴。一些经济条件好的羊场、企业采用喷雾法药浴。药浴时，应先浴健康羊，最后浴患疥癣的羊。羊药浴时，一定要让羊各部位都洗到，药液浸透皮毛，同时要适当控制羊只通过药浴池的速度，药浴持续时间，预防1 min，治疗2~3 min。药浴人员手持带钩的木棍将羊头部不时浸入药液内1~2次，以防头部发生疥癣。羊只出药浴池后，让羊在滴流台上停留20 min，使羊体上的药液滴下流回药浴池，这样既可节省药液，又避免药液被羊带到草地的牧草上，羊吃了含药液的草中毒。通常，药浴后先让羊只在羊圈或空旷的地方休息1~2 h，再开始放牧和饲喂。

5. 药浴方法

（1）池浴法 药浴时一个人负责推羊只进池，另一人手持浴叉负责池边照护，遇有背部、头部没有浸透的羊只要将其压入浸湿；遇有拥挤互压现象，要及时将其分开，以防浴液呛入羊肺或淹死。羊只在入池2~3 min即可出池，使其在滴流台停留5 min后再放出。

（2）淋浴法 淋浴是在池浴的基础上进一步改进后形成的药浴方法，一般由淋场（或直接在羊圈内）、150 L左右水箱（加药）、自吸式高压泵组成。优点是浴量大、速度快、节省劳力、较安全、药浴质量高。目前，我国许多地区都已逐步采用此法。

淋浴前应先清洗好淋场进行试淋，待机械运转正常后，即可按规定浓度配制药液。淋浴时先将羊赶入淋场，开动水泵进行喷淋，经2~3 min淋透全身后关闭水泵，将淋毕的羊只赶入滤液栏中，经3~5 min可放出。

（3）盆浴法 在适当大小的浴盆或缸中配好药液后，用人工方法将羊只逐个洗浴的方法，只适用于小规模或个别羊只药浴。

6. 药浴注意事项

（1）妊娠2个月以上的母羊，不进行药浴。

（2）为了保证药浴安全，在大群羊药浴前，先用少量健康体壮的羊只进行试浴，确定不会引起中毒时再进行大群羊药浴。

（3）药浴应选择无风无雨的晴暖天气并在中午进行，以便药浴后羊毛易晒干。

（4）药浴前2 h给羊饮足水，并在浴前8 h停止放牧和饲喂，以防其口渴误饮药水。

（5）药浴时选择无风、晴朗天气，以便药浴后及时晒干。

（6）药浴时，应随时补充药物浓度，对弱小或患病羊可停止药浴，待体况（病情）恢复后，采用大盆或喷淋装置补充药浴。

（7）为减少应激和抓羊次数，羊场可采用药浴配合内服（丙硫苯咪唑驱绦虫）驱虫药进行驱逐体内寄生虫，做到体内体外同时驱虫。

（8）对患疥癣病的羊，第一次药浴后间隔1~2周重复药浴1次。羊群若有牧羊犬，也应一并药浴。药浴期间，工作人员应佩戴口罩和橡皮手套，以防中毒。药浴结束后，药液不得任意倾倒，以防动物误食中毒，应将其清除后深埋地下。

第二节　免疫保健技术

"免疫"就是通过制订科学的免疫计划，按照一定的程序进行有效的免疫接种，在一定的时间内产生免疫抗体，实现有效预防某种疾病的保健措施之一。实践证明，在肉羊养殖过程中，疫苗免疫是预防肉羊传染性疾病最有效、最可靠、较廉价的方式之一。但在疫苗免疫过程中，疫苗质量、免疫程序、注射方法等都会影响其免疫效果，如果免疫过程中的一个环节操作不当，将会导致免疫工作的失败，甚至造成不良反应。

一、疫苗的接种类型

疫苗的预防接种按照疫病发生情况可分为有组织的定期预防接种、环状预防接种（包围预防接种）、屏障（国境）预防接种和紧急接种四种类型。

（一）有组织的定期预防接种

有组织的定期预防接种是将疫苗强制或有计划地反复投给被免疫畜禽，通常是以易感动物全群为目标。这种方式多为全国性的，我们通常开展的春秋季防疫工作其实就是有组织的定期预防接种。如我国的牛羊口蹄疫疫苗接种、禽流感免疫等。

（二）环状预防接种

环状预防接种是以疾病发生地点为中心，划定一个范围，对范围内所有易感动物全部免疫。这种情况就是某一地区发生传染性疾病，为了防止波及周围畜禽而采取的预防措施。

（三）屏障预防接种

屏障预防接种是以防止病原体从污染地区向非污染地区侵入为目的而进行的免疫接种，对接触污染地区边界的非污染地区的易感动物进行的免疫接种方式。

（四）紧急接种

紧急接种是在发生传染病时，为了迅速控制和扑灭疫病的流行，对疫区和受威胁区尚未发病的动物进行的应急性接种。与环状接种近似，只要受到威胁的地区均应接种，接种地区不一定呈环状。

二、疫苗的接种途径

家畜常见的免疫接种途径有皮下、皮内、肌肉和口服等。

（一）皮下接种

凡引起全身性广泛损害的疾病，以此途径免疫为好。此法优点是免疫确实效果佳，吸收较皮内快。缺点是用药量较大，副作用也较皮内法稍大。该法是主要的免疫途径。

（二）皮内接种

皮内接种的优点是使用药液少，注射局部副作用小，产生的免疫力比相同剂量皮下接种高；缺点是操作需要一定的技术与经验。目前只适用于羊痘苗和某些诊断液等。

（三）肌肉接种

药液吸收快，家畜肌肉接种多在颈部和臀部。极少数疫苗及血清注射用此法。肌肉注射优点是操作简便、吸收快；缺点是有些疫苗会损伤肌肉组织，如果注射部位不当，可能引起跛行。

总体来说，以上三种方法都需捕捉动物，占用较多的人力，同时动物易产生应激反应，影响生产力。

（四）口服免疫

有些病原体常在入侵部位造成损害，免疫机制以局部抗体为主，如呼吸道病常以呼吸道局部免疫为主，而消化道传染病可用经口免疫模拟病原微生物的侵入途径进行免疫。

研究表明，皮下、黏膜下众多淋巴样组织形成免疫力的 2/3。胃肠道黏膜下淋巴样组织丰富，可以接受抗原刺激而形成局部免疫。但是，抗原在到达肠道的过程中，确实会受到一定程度的破坏。目前羊的布病免疫就是采用口服免疫。

三、科学合理制定免疫程序

根据《中华人民共和国动物防疫法》及其配套相关法规的要求，地方畜牧兽医行政管理部门应结合当地实际，制定科学合理的疫病免疫规划。肉羊规模养殖场根据地方免疫规划制定本场的免疫程序，并认真组织实施。

（一）羔羊常见免疫程序

羔羊的免疫力主要从初乳中获得，在羔羊出生后1 h内，保证吃到初乳。对5日龄以内的羔羊，疫苗主要用于紧急免疫，一般暂不注射。羔羊常用疫苗和使用方法见表5-1。

表 5-1　羔羊常用疫苗和使用方法

序号	时间	疫苗名称	剂量	方法	备注
1	出生 12 h 内	破伤风抗毒素	1 ml / 只	肌肉注射	预防破伤风
2	16~18 日龄	羊痘弱毒疫苗	1 头份 / 只	尾部内侧皮内注射	预防羊痘
3	23~25 日龄	三联四防灭活苗	1 ml / 只	肌肉注射	预防羔羊痢疾、猝狙、肠毒血、快疫
4	1 月龄	羊传染性胸膜肺炎氢氧化铝菌苗	2 ml/ 只	肌肉注射	预防羊传染性胸膜肺炎

（二）成羊常见免疫程序

羊的免疫程序和免疫内容并不是一成不变的，也不能照抄、照搬，而应根据各地的疫病发生和流行情况，如常发病、流行性病、地方病等，制定切实可行的免疫程序（表5-2）。

表5-2　成羊常见免疫程序

序号	疫苗名称	免疫剂量	注射部位	预防病种	免疫时间
1	三防四联灭活苗	1头份	皮下或肌肉注射	羔羊痢疾、猝狙、肠毒血、快疫	春秋季2次
2	羊痘弱毒疫苗	1头份	尾部内侧皮内注射	羊痘	春季
3	羊传染性胸膜肺炎氢氧化铝菌苗	成年羊5.0 ml，6月龄以下羔羊3.0 ml	皮下或肌肉注射	羊支原体	春秋季2次
4	羊口蹄疫疫苗	1~1.5头份	皮下注射	口蹄疫	春秋季2次
5	羊小反刍兽疫疫苗	1头份	颈部皮下注射	羊小反刍兽疫	春季或秋季
6	羊布鲁氏杆菌菌苗	1头份	口服	羊布鲁氏杆菌病	春季或秋季（连续3年）

按免疫程序进行预防接种，使羊只从出生到淘汰都可获得特异性抵抗力，增强羊对疫病的抵抗力。

四、免疫接种注意事项

（一）全面了解免疫羊群现状

开展免疫接种工作时，要了解被预防羊群的年龄、妊娠、泌乳及健康状况，体弱或原来就生病的羊预防后可能会引起不良反应，应说明清楚，或暂时不开展免疫工作。对15日龄以内的羔羊，除紧急免疫外，一般暂不注射。预防注射前，对疫苗有效期、批号及厂家应注意记录，以便备查。羊接种疫苗时要详细阅读说明书，查看有效期。记录好生产厂家和批号，做到一针一消毒（或一头一换）严防接种过程中通过针头传播疾病。每种疫苗的具体使用以生产厂家提供的说明书为准。

（二）科学执行免疫程序计划

结合当地的实际情况科学合理地制订适合本场的免疫计划。常规预防中，羊口蹄疫、小反刍兽疫（羊瘟）等重大动物疫病和羊痘、羊四防等传染性疫病要做到春秋两季必须防。一般布鲁氏菌病，除3月龄以内羔羊及妊娠后期母羊外，凡健康羊只均可在春季免疫1次；如羊场从未免疫过此苗，且当地出现严重疫情，可进行每年2次免疫。口蹄疫，可用O型免疫苗，每年免疫2次，疫情严重区，可每年免疫3次。羊痘，每年春季可免疫1次。魏氏梭菌引起的肠毒血症，可于每年夏秋季用三联四防苗免疫1次。羔羊痢疾多发羊场，可于母羊配种前后1个月强化免疫1次。以上免疫接种措施，应严格按疫苗使用说明操作。

（三）用有效的疫苗免疫接种

原则上，疫苗从出场到运输、保存均在低温下进行，整个过程为：出库—运输（恒温）—稀释—注射（室温）。所以疫苗的运输过程必须要用冷链运输车或专用设备运输，并按疫苗的保存要求保存疫苗，一般灭活苗的冷藏保存温度要求为 2~8 ℃，冻干苗的冷冻保存温度要求为 −15 ℃及以下。在注射疫苗时，做到村不漏户、户不漏畜、畜不漏针。注射疫苗时要科学掌握疫苗的用量，生产中一般在说明剂量的基础上要考虑注射器遗漏损失的剂量，同时要参考羊只体重的大小，对体重小的羊只（非羔羊）推荐使用说明书上的量，体重大的羊只可以适当以标准量的1.5倍注射疫苗，同时禁止飞针注射疫苗。

（四）做好免疫后的记录、消毒和无害化处理

免疫后要做好相应的记录（时间、防疫员、疫苗名称、生产厂家、保质期、生产日期、批号等），参与免疫人员疫苗注射结束后要及时消毒、洗手，注射疫苗的器械（如一次性注射器、针头等）及空疫苗瓶及剩余疫苗要严格消毒后进行无害化处理。

（五）注意观察是否有疫苗反应

疫苗接种后72 h要观察接种羊只是否出现过敏反应，如羊只体温升高或接种部位出现局部肿胀等症状。一般可不做处理，如果反应持续时间过长，全身症状明显，应及时请兽医技术人员诊治。

（六）其他注意事项不可忽视

免疫用疫苗不能混合使用，建议单独使用，更不能使用过期疫苗或和抗生素等混合使用。疫苗使用期间避免阳光直射，稀释后的疫苗尽量在2~3 h内用完。疫苗免疫接种后7 d内禁止使用抗生素或磺胺类药物。

第三节　药物保健技术

药物预防是指根据羊场疫病流行情况，适时把安全高效的药物加入饲料或饮水中对肉羊群体进行预防的措施。

羊场常用的预防性药物有抗生素。如0.1%磺胺类药物，0.01%~0.03%的四环素族抗生素等。长期使用化学药物预防，容易使羊产生耐药性，因此，应经常对羊体进行药敏试验，选择使用高度敏感性的药物。此外，缺硒地区，羊场应定期补充维生素E等微量元素预混剂，新生羔羊注射右旋糖酐铁、亚硒酸钠、维生素E等，都能起到很好的预防保健效果。近年来，采用中药或中药颗粒搅拌在饲料中进行群体性预防，也起到较好的预防作用，这项技术也是无抗养殖的主要措施和将来生态养殖发展的主要方向。

一、药物计量单位

一般固体药物用重量表示，液体药物用容量表示。按照1984年国务院关于在我国统一实行法定计量单位的命令，一律采用法定计量单位。如克、毫克，升、毫升等。

一部分抗生素、激素、维生素及抗毒素（抗毒血清）其用量单位用特定的"单位"（U）或"国际单位"（IU）来表示。

还须指出，在采用混饲、混饮等群体给药法时，常使用ppm（兆比率、百万分率）来表示饲料或水中所含药物的浓度。

ppm的意思是"百万分率"（parts per million）。在固体（饲料）或液体（饮水）中，是按重量计，每一百万份中，某一物质（药物）的份数。例如1 ppm即表示1 kg（即100万 mg）饲料或1 L 水中含药1 mg，或表示1 t（100万 g）饲料或水中含1 g。在空气中的气态物质是按容积计，即每100万份空气中，某一物质的份数。ppm与百分比（%）可以互相换算。如 g 将 % 换算为 ppm，应将小数点向右移四位，例如0.1%=1 000 ppm；如果将 ppm 换算为 %，则应将小数点向左移四位，例如500 ppm=0.05%。

二、羊场常见用药方法

羊的给药方法有多种，应根据病情、药物的性质，结合羊只的大小、品种类别、体质体况等，选择合适的给药方法，才能取得较好的治疗效果。

（一）口服法

1. 自行采食法

多用于大群羊的预防性治疗或驱虫。将药物按一定比例拌入饲料或饮水中，任羊自行采食或饮水。大群用药前，最好先做小批的毒性及药敏试验。

2. 长颈瓶给药法

当给羊灌服稀释药液时，可将药液倒入细口长颈的玻璃瓶、胶皮瓶或一般的酒瓶中，抬高羊嘴，工作人员左手用食指、中指自羊右口角深入口中，轻轻压迫舌头，羊口即张开；然后，右手将药瓶口从左口角深入羊口，并将左手抽出，待瓶口伸到舌头中间，即抬高瓶底，将药液灌入。

3. 药板给药法

专用于喂服舔剂。舔剂不流动，在口腔中不会向咽部滑动，因而不致发生误咽。给药时，用竹制或木制的药板，药板长30 cm、宽3 cm、厚3 mm，表面须光滑没有棱角。给药者站在羊的右侧，左手将开口器放入羊口中，右手持药板，用药板前部提取药物，从右口角伸入口内到达舌根部，将药板翻转，轻轻按压，并向后抽出，把药抹在舌根部，待羊下咽后，再抹第二次，如此反复进行，直到把药给完。

（二）灌肠法

灌肠法是将药物配制成液体，直接灌入直肠内。羊可用小橡皮管灌肠：先将直肠内的粪便清除，然后在橡皮管前端涂凡士林，插入直肠内，把橡皮管的盛药部分提高到超过羊的背部。灌肠完毕后，拔出橡皮管，用手压住肛门或拍打尾根部，以防药物排出。灌肠药液的温度，应与体温致。

（三）胃管法

羊插入胃管的方法有两种：一是经鼻腔插入，二是经口腔插入。

1. 经鼻腔插入

先将胃管插入鼻孔，沿下鼻道慢慢送入，到达咽部时，有阻挡感觉，待羊进行吞咽动作时趁机送入食管；如不吞咽，可轻轻来回抽动胃管，诱发吞咽。胃管通过咽部后，如进入食管，继续深送感到稍有阻力，这时要向胃管内用力吹气，或用橡皮球打气，如见左侧颈沟有起伏，表示胃管已进入食管。如胃管误入气管，多数羊会表现不安、咳嗽，继续深送，毫无阻力，向胃管内吹气，左侧颈沟看不见波动，用手在左侧颈沟胸腔入口处摸不到胃管；同时，胃管末端有与呼吸一致的气流出现。如胃管已进入食管，继续深送，即可到达胃内，此时从胃管内排出酸臭气体，将胃管放低时则流出胃内容物。

2. 经口腔插入

先装好木质开口器，用绳固定在羊头部，将胃管通过木质开口器的中间孔，沿上腭直插入咽部，借吞咽动作胃管可顺利进入食管，继续深送即可到达胃内。

胃管正确插入后，即可接上漏斗灌药。药液灌完后，再灌少量清水，然后取掉漏斗，用嘴吹气，或用橡皮球打气，使胃管内残留的液体完全入胃，然后用拇指堵住胃管管口，或折叠胃管，慢慢抽出。该法适用于灌服大量水剂及有刺激性的药液。患咽炎、咽喉炎和咳嗽严重的病羊，不可用胃管灌药。

（四）注射法

注射法是将灭过菌的液体药物，用注射器注入羊的体内。注射前，要将注射器和针头用清水洗净，煮沸30 min。注射器吸入药液后要直立，推进注射器活塞，排除管内气泡，再用酒精棉球包住针头，准备注射。

1. 皮下注射

皮下注射是把药液注射到羊的皮肤和肌肉之间。羊的注射部位是在颈部或股内侧皮肤松软处。注射时，先把注射部位的毛剪净，涂上碘酊，用左手捏起注射部位的皮肤，右手持注射器用针头斜向刺入皮下，如针头能左右自由活动，即可注入药液。注射完毕后拔出针头，在注射点上涂擦碘酊。凡易溶解的药物、无刺激性的药物及疫苗等，均可进行皮下注射。

2. 肌肉注射

肌肉注射是将灭菌的药液注入肌肉比较多的部位。羊的注射部位是在颈部。注射方法基本上与皮下注射相同，不同之处是，注射时以左手拇指、食指成"八"字形压住所要注射部位的肌肉，右手持注射器针头，向肌肉组织内垂直刺入注药。一般刺激性小、吸收缓慢的药液，如青霉素等，均可采取肌内注射。

3. 静脉注射

静脉注射是将经灭菌的药液直接注射到静脉内，使药液随血液循环分布到全身，很快发生药效。羊的注射部位是颈静脉。注入方法是先用左手按压静脉靠近心脏的一端，使其怒张，右手持注射器，将针头向上刺入静脉内，如有血液回流，则表示已插入静脉内，然后用右手推动活塞，将药液注入。药液注射完毕后，左手按住刺入孔，右手拔针，在注射处涂擦碘酊即可。如药液量大，也可使用静脉输入器。凡输液（如生理盐水、葡萄糖注射液等），药物刺激性大，以及不宜皮下或肌内注射的药物（如九一四、氯化钙等），多采用静脉注射。

4. 气管注射

气管注射是将药液直接注入气管内。注射时，多取侧卧保定，且头高臀低，将针头穿过气管软骨环之间，垂直刺入。摇动针头，若感觉针头已进入气管，接上注射器，抽动活塞，见有气泡时即可将药液缓缓注入。如想使药液流入两侧肺中，则应注射两次，第二次注射时，须将羊翻转，卧于另一侧。该法适用于治疗气管、支气管和肺部疾病，也常用于肺部驱虫（如羊肺丝虫病）。

5. 瘤胃穿刺注射

当羊发生瘤胃臌气时，可采用该法。穿刺部位是在左侧胶窝中央或臌气最高的部位。其方法是局部剪毛，用碘酊涂擦消毒，将皮肤稍向上移，然后将套管针或普通针头垂直地或朝右侧肘头方向刺入皮肤及瘤胃壁，气体即从针头排出；然后，用左手指压紧皮肤，右手迅速拔出套管针或针头，穿刺孔用碘酊涂擦消毒。必要时可从套管针孔注入防腐剂。

（五）局部用药

局部用药常见的是皮肤、黏膜给药。通过皮肤和黏膜吸收药物，使药物在局部或全身发挥治疗作用。常用的给药方法有喷鼻、局部皮肤涂擦、药浴、浇泼等。

（六）群体给药法

为了预防或治疗动物传染病和寄生虫病以及促进畜禽发育、生长等，常常对动物群体施用药物。常用方法有以下几种。

1. 拌料给药

将药物均匀混入饲料中，让动物吃料的同时吃进药物。此法简便易行，适用于长期投药。不溶于水的药物用此法更为恰当。但应注意药物与饲料的混合必须均匀，并应准确掌握饲料中药物的浓度。

2. 混水给药

将药物溶解于水中，让动物自由饮用，此法尤其适用于因病不能吃食，但还能饮水的动物。用药时要根据动物的饮水量来计算药量与药液浓度。对不溶于水或在水中易破坏变质的药物，须采取相应措施，以保证疗效。如使用辅助溶剂使药物能够溶于水中，限制时间饮用药液，以防止药物失效或增加毒性等。

3. 气雾给药

将药物以气雾剂的形式喷出，使之分散成微粒，让动物经呼吸道吸入而在呼吸道发挥局部作用，或使药物经肺泡吸收进入血液而发挥全身治疗作用。若喷雾于皮肤或黏膜表面，则可发挥保护创面、消毒、局麻、止血等局部作用。气雾吸入要求药物对动物呼吸道无刺激性，且药物应能溶解于呼吸道的分泌液中，否则会引起呼吸道炎症。

生产中使用喷雾器喷药或用烟熏剂熏蒸给药也类似气雾给药，只是它们喷射药物的动力不是封装在容器中的抛射剂而已。

4. 药浴

药浴的目的是预防和治疗羊体内外寄生虫病，如疥癣、蜱螨等。根据药液利用方式的不同，可分为池浴、淋浴、盆浴三种药浴方式。池浴、淋浴在规模羊场比较普遍，盆浴多在羊数量较少的情况下采用。具体操作及注意事项详见本章第一节第四项内容。

三、常用预防保健药物

（一）抗微生物药

1. 青霉素

（1）性状　白色，结晶状粉末，易溶于水，干粉稳定，水溶液不稳定。临床应用的是苄青霉素（青霉素 G）。效价用单位来表示。

（2）作用与用途　对革兰氏阳性菌和革兰氏阴性球菌有作用。主要用于各种敏感菌感染的疫病，如炭疽、气肿疽、肺炎、支气管炎、乳房炎、子宫内膜炎等。

（3）用法与用量　青霉素 G 钾（钠）盐，每支80万 IU、160万 IU，粉针剂。用时，以灭菌生理盐水或注射用水溶解，供肌内注射，以生理盐水或5% 葡萄糖注射液稀释至每毫升5 000 IU 以下浓度，做静脉注射。每日2~4次，每次每千克体重1. 0 万 ~1.5万 IU。

（4）注意事项　青霉素水溶液极不稳定，必须现用现配，不宜与四环素、卡那霉素、维生素 C、碳酸钠、磺胺钠盐等混合使用。随着青霉素的广泛应用，耐药菌株逐渐增加，因而选用青霉素一定要给予足够的剂量和疗程，以免产生耐药性，目前临床应用中可适当加大剂量。青霉素过敏反应是其主要的不良反应，在动物临床中较少发生，一旦出现可用肾上腺素进行抢救。

2. 链霉素

（1）性状　灰色，结晶粉，难溶于水，在酸性溶液中易破坏。可与有机酸结合成盐而溶于水。

（2）作用与用途　对大多数革兰氏阴性菌有较强的抗菌作用。抗菌谱比青霉素广，临床主要用于敏感菌所致的急性感染，如各种腹泻、乳房炎、子宫炎、膀胱炎、败血症、肺炎等。

（3）用法与用量　粉剂：每支100万 IU（1 g）。用注射用水稀释，每次每千克体重10 mg，每日2次，肌内注射。

（4）注意事项　易产生耐药性，长期用药，对听觉神经等有不良反应。

3. 庆大霉素

（1）性状　白色或类白色粉末，有吸湿性，易溶于水。

（2）作用与用途　广谱抗生素，对大多数革兰氏阴性菌有较强的作用，对常见的革兰氏阳性菌也有效。临床主要用于消化道、泌尿道感染、乳房炎、子宫内膜炎、败血症等。

（3）用法与用量　注射液：每支5 ml，80 mg（8万 IU）；每支10 ml，200 mg（20万 IU）等剂量。每千克体重每次1.0~1.5 mg，每日2次，肌内注射。

4. 卡那霉素

（1）性状　白色或类白色粉末，易溶于水。

（2）作用与用途　抗菌谱广，主要用于治疗多数革兰氏阴性杆菌和部分耐青霉素金葡菌所引起的感染，如呼吸道、肠道和泌尿道感染、败血症以及乳房炎等。

（3）用法与用量　注射液：每支10 ml。每次每千克体重10~15 mg，肌内注射。

5. 诺氟沙星（氟哌酸）

（1）性状　淡黄色结晶粉末，微溶于水。

（2）作用与用途　为喹诺酮类抗菌药。抗菌谱广，对革兰氏阴性菌作用强，对耐庆大霉素、氨苄西林等的菌株有良好的灭杀作用。主要用于肠道及泌尿道的感染。

（3）用法与用量　粉剂：2%和5%两种剂量，羔羊每千克体重10~15 mg。注射液：2%，10 ml／支，10~15 ml／次，每日2次，肌内注射。

6. 磺胺嘧啶。

（1）性状　白色结晶粉末，几乎不溶于水，其钠盐易溶于水。

（2）作用与用途　抗菌力强，疗效较好，不良反应小，吸收快，代谢慢，易进入组织和脑脊液，是治疗脑部感染的首选药物，对脑炎、肺炎、上呼吸道感染具有良好作用。

（3）用法与用量　片剂：0.5 g，内服首次用量为每千克体重0.14~0.2 g，维持量减半，每天2次。注射液：每支10 ml（1 g），每千克体重0.07~0.1 g，每日2次，静脉或肌内注射。

（4）注意事项　针剂呈碱性，忌与酸性药物配合用，不能与维生素C、氯化钙等药物混合使用。

7. 土霉素

（1）性状　淡黄色至暗黄色结晶粉末，无臭，在日光下颜色变暗，在碱性溶液中易破坏失效，难溶于水。

（2）作用与用途　四环素类抗菌药，广谱抗生素。主要用于革兰氏阳性菌、阴性菌感染，对螺旋体、放线菌、支原体、立克次体和某些原虫，

（3）用法与用量　片剂：每片0.05 g（5万 IU）、0.125 g（12.5万单位）、0.25 g（25万单位）。

内服，一次量，每千克体重10~20 mg，每日2~3次。成年羊不宜内服。

注射液：注射用盐酸土霉素，每支0.2 g（20万 IU）、1 g（100万 IU），静脉或肌内注射，一次量为每千克体重2.5~5.0 mg，每日2次。静脉注射，配成0.5%浓度，用5%葡萄糖注射液或0.9%氯化钠注射液溶解；肌内注射，配成5%浓度，最好用专用溶媒（每100 ml中含氯化镁5 g、盐酸普鲁卡因2 g）溶解。

8. 磺胺脒（磺胺胍）

（1）性状　白色针状结晶粉末，微溶于水。遮光、密闭保存。

（2）作用与用途　内服吸收少，在肠道内可保持较高浓度，适用于肠炎、

腹泻等肠道细菌性感染。

（3）用法与用量　内服，每千克体重0.1~0.3 g，每日2~3次，首次量加倍。

9. 病毒灵（吗啉胍）

（1）性状　白色结晶粉末，易溶于水。

（2）作用与用途　抗病毒药，对流感病毒的各个阶段有抑制作用，可用于防治病毒性流感、疱疹等。据报道，该药对病毒性肠炎有一定疗效。都有抑制作用。作为饲料添加剂饲喂有促生长作用。

（3）用法与用量　片剂：每片0.05 g（5万IU）、0.125 g（12.5万IU）、0.25 g（25万IU），内服，一次量为每千克体重10~20 mg，每日2~3次。成年羊不宜内服。

（二）驱虫药

1. 盐酸左旋咪唑

（1）性状　白色或带黄色晶粉，易溶于水。

（2）作用与用途　广谱、低毒驱虫药，驱虫活性强于盐酸噻咪唑。

（3）用法与用量　粉剂：内服，每次量，每千克体重5~10 mg。注射液：每支5 ml（0.25 g）、10 ml（0.5 g），肌内或皮下注射，每次量，每千克体重5~6 mg。

2. 丙硫咪唑

（1）性状　白色或浅黄色粉末，无臭，不溶于水。

（2）作用与用途　具有广谱、高效、低毒、低残留等特点，能同时驱除胃肠道线虫、绦虫、吸虫，对囊尾蚴也有明显效果。

（3）用法与用量　丙硫咪唑粉，内服，一次量，每千克体重5~15 mg。本品适口性差，如混饲给药，应少添多次喂服。

3. 硝氯酚

（1）性状　黄色结晶粉末，无臭，难溶于水。

（2）作用与用途　主要用于家畜吸虫病，对羊肝片吸虫成虫有良好作用，对童虫也有一定效果，具有疗效高、毒性小、用量少的特点。

（3）用法与用量　硝氯酚片，一次量，山羊每千克体重3~4 mg；绵羊每千克体重8 mg。

4. 吡喹酮

（1）性状　无色结晶粉末，无臭，微溶于水。

（2）作用与用途　新型广谱驱绦虫和抗血吸虫药。可使进入钉螺体内的幼虫发育受阻，对绦虫成虫及未成熟虫体有效。对肉羊多头绦虫有效。

（3）用法与用量　吡喹酮片，每片0.1 g、0.5 g，内服。一次量为每千克体重成年羊50 mg，连用5 d；羔羊30~50 mg，连服5 d。

5. 阿维菌素（灭虫丁、虫克星）

（1）性状　白色或类白色粉末。

（2）作用与用途　高效、低毒、安全、无残留。对家畜体内外寄生虫如线虫、蜱、螨、虱等具有高效驱杀作用，一次用药可同时驱除体内多种寄生虫。

（3）用法与用量　片剂：每片（粒）2 mg，口服，每千克体重0.3~0.4 mg，首次用药7 d后可重复用药1次。针剂：2 ml（2 mg）、5 ml（5 mg），皮下注射。每次量为每千克体重0.2 mg。

6. 伊维菌素（麦克丁）

（1）性状　本品为白色或微黄色结晶粉末，溶于甲醇、酯和芳香烃中，不溶于水。

（2）作用与用途　新型广谱、高效、低毒抗生素类抗寄生虫药。主要用于治疗家畜的胃肠线虫病、牛皮蝇蛆、纹皮蝇蛆、羊鼻蝇蛆和猪、羊疥螨病。内服，能抑制粪便中的蝇、蜱的繁殖力，使蝇幼虫不能发育为成虫。

（3）用法与用量　注射液：1%、1.5%（长效）、3.15%（长效）；浇泼剂：0.5%；口服液：0.2%和0.8%两种剂型；片剂：5 mg/片。每次量为每千克体重0.02 mg，内服或皮下注射。预混剂：0.6%和1.0%两种剂型，连用5~7 d。

（三）作用于消化系统的药物

1. 人工盐（人工矿泉盐）

（1）性状　白色粉末，易溶于水。由44%干燥硫酸钠、36%碳酸氢钠、18%氯化钠、2%硫酸钾组成的白色粉末。

（2）作用与用途　内服，具有增强食欲、促进胃肠蠕动和分泌的作用，可改善消化功能。大剂量内服具有缓泻作用，用于治疗消化不良、食欲下降、胃肠弛缓及初期便秘。此外，还有利胆作用，可用于胆囊炎，促进胆汁排出。

（3）用法与用量　健胃：内服，每只羊一次量10~30 g；缓泻：内服，每只羊一次量50~100 g，加水适量灌服。

2. 干酵母（食母生）

（1）性状　黄色干粉末。

（2）作用与用途　含有酵母及多种B族维生素，主要用于一般性消化不良及B族维生素缺乏。

（3）用法与用量　片剂，每片0.2 g、0.3 g、0.5 g，内服，每只羊一次量30~60 g。

3. 硫酸镁（硫苦）

（1）性状　白色细小的斜状或斜柱状结晶，无臭、味苦。

（2）作用与用途　内服，促使胃肠蠕动增加，软化粪便，具良好下泻作用。可用于治疗家畜便秘及排除肠道内毒物。静脉注射，具镇静、解痉作用，可用于脑炎、破伤风的辅助治疗。

（3）用法及用量　内服，配成5%~10%溶液灌服，用于健胃，每只羊一次量5~10 g；下泻每次40~100 g。针剂，25%，每支10 ml（2.5 g），10~20 ml/次，肌内或静脉注射。

4. 氯化钠注射液

（1）性状　含氯化钠10%，无色透明的无菌水溶液，pH 4.5~7.6。

（2）作用与用途　静脉注射，能促进胃肠道蠕动及腺体分泌。主要用于反刍动物前胃弛缓、瘤胃积食、瓣胃阻塞等。

（3）用法与用量　注射液，每瓶500 ml、250 ml，每千克体重0.1 g。

5. 鱼石脂

（1）性状　糖浆状液体，能溶于水。

（2）作用与用途　外用有消炎作用；内服能促进胃肠蠕动，并防腐止酵。

可用于治疗瘤胃弛缓和胃肠胀气，外用可治疗烧伤、湿疹、皮肤及软组织炎症。

（3）用法与用量　内服，先用酒精溶解，加水（热水）稀释后灌服，每次2~5 g。外用，20%~25% 的软膏患部涂擦。

6. 液状石蜡

（1）性状　无色，透明油状液体，无臭，无味，中性。

（2）作用与用途　液状石蜡是一种矿物油，在肠道内不被吸收和消化，能润滑肠壁，阻止水分吸收，软化粪便，具有缓泻作用。可用于治疗便秘及排除肠道内有害物质，多用于小肠便秘。该药比较安全，药效缓和，对胃肠黏膜无刺激。

（3）用法与用量　每瓶500 ml。内服，每只羊一次量50~200 ml。

（四）作用于呼吸系统的药物

1. 氯化铵

（1）性状　无色结晶或白色结晶粉末，易溶于水。

（2）作用与用途　内服，具有祛痰作用，主要用于急性支气管炎。

（3）用法与用量　片剂，每片0.3 g。内服，每次2~4 g。

（4）注意事项　对肝、肾功能异常的患羊慎用。本药不能与碱性药物、磺胺类药物配合使用。

2. 氨茶碱

（1）性状　白色或淡黄色颗粒或粉末。淡氨味，易溶于水。

（2）作用与用途　对支气管平滑肌有松弛作用，解痉、平喘疗效稳定。主要用于治疗痉挛性支气管炎、支气管喘息等。

（3）用法与用量　注射液，每支5 ml（1.2 g），静脉注射；或0.25~0.50 g/ 次，肌内注射。片剂：0.1 g、0.2 g，内服，0.2~0.4 g/ 次。

（五）作用于泌尿、生殖系统的药物

1. 呋塞米（速尿）

（1）作用与用途　临床上主要用于治疗全身水肿及其他利尿药无效的严重病例；也可用于预防急性肾功能衰竭及药物中毒时加速药物排出。

（2）用法与用量　注射液：每支20 mg。每次量为每千克体重0.5~1.0 mg；片剂：每片20 mg、40 mg。用量：每次每千克体重2 mg。

（3）注意事项　长期大剂量用药可出现低血钾、低血氯及脱水现象。避免与氨基糖苷类抗生素合用。

2. 乌洛托品

（1）性状　无色，细小结晶体，能溶于水。

（2）作用与用途　在酸性环境中能分解出甲醛和氨，产生抗菌作用，由尿道排出，发挥尿道防腐作用。主要用于肾炎、膀胱炎、尿道炎等。

（3）用法与用量　粉剂：内服，2~5 g/次；针剂：40% 20 ml，静脉注射，5~10 ml（2~5 g）/次。

3. 缩宫素（催产素）

（1）性状　白色粉末，能溶于水，水溶液呈酸性。

（2）作用与用途　激素类药，由动物脑垂体后叶中提取。能兴奋子宫平滑肌，使子宫收缩，并能收缩乳腺平滑肌，促进排乳，收缩毛细血管，起到止血作用。用于催产、子宫出血、胎衣不下等。

（3）用法与用量　注射液1 ml（10 IU）、5 ml（50 IU），皮下或肌内注射，每次每只10~50 IU。

4. 黄体酮（孕酮）

（1）性状　白色或几乎为白色的结晶粉末，能溶于水。

（2）作用与用途　激素类药，能抑制子宫收缩，降低子宫对缩宫素的敏感性，有安胎作用。主要用于先兆性流产、习惯性流产等。

（3）用法与用量　注射液：每支1 ml（50 mg、20 mg、10 mg）。肌内注射，每次每只10~25 mg。

5. 雌二醇

（1）性状　白色或乳白色结晶粉末。无臭。在乙醇中略溶，不溶于水。

（2）作用与用途　激素类药，能使子宫体收缩，子宫颈松弛。可促进炎症产物、脓肿、胎衣及死胎排出；小剂量用于发情不明显动物的催情。

（3）用法与用量　苯甲酸雌二醇注射液，1 ml（1 mg、2 mg、5 mg）。肌内注射，每只羊一次量1~3 mg。

6. 丙酸睾酮

（1）性状　白色结晶或类白色结晶粉末。无臭，难溶于水。

（2）作用与用途　主要用于雄性激素缺乏所致隐睾症，成年公羊激素分泌不足时的性欲缺乏，诱导发情，以及中止母羊持续发情的作用。

（3）用法与用量　注射液：1 ml（25 mg、10 mg、5 mg）。肌内、皮下注射，一次量为每千克体重0.25~0.5 mg。

（4）注意事项　心功能不全病羊慎用，宰前休药21 d。

（六）作用于心血管系统的药物

1. 安钠咖（苯甲酸钠咖啡因）

（1）性状　白色粉末或颗粒，微溶于水。

（2）作用与用途　对中枢神经系统有兴奋作用，能使心脏收缩加快、加强，使皮肤、肾脏、脑及冠状血管扩张，内脏血管收缩。主要用于治疗严重传染病、麻醉药过量及各种毒物中毒引起的急性心脏衰弱和呼吸困难等。

（3）用法与用量　注射液：10% 10 ml，每支含1克，每次每只0.5~2.0 g，皮下、肌内、静脉注射。

2. 酚磺乙胺（止血敏）注射液

（1）性状　无色，澄清液体。

（2）作用与用途　能增加血小板的数量和功能，增强毛细血管抵抗力，减少毛细血管壁的通透性，从而发挥止血作用。

（3）用法与用量　注射剂：每支2 ml（0.25 g）、10 ml（1.25 g），肌内或静脉注射。每次每只2~4 ml。

（七）镇静与麻醉药

1. 盐酸氯丙嗪（冬眠灵）

（1）性状　白色或微红色结晶粉末，易溶于水。

（2）作用与用途　为中枢神经抑制药，能镇静、催眠、止吐、缓解胃肠平滑肌，并能增强麻醉药和镇痛药的作用。可用于狂躁症、脑炎、破伤风及麻醉前给药。

（3）用法与用量 注射液：每支10 ml（50 mg），每次每千克体重1~3 mg。

2. 静松灵（二甲苯胺噻唑）

（1）性状 白色或类白色结晶粉末，味微苦，微溶于水，溶于乙醇。

（2）作用与用途 具有镇静、镇痛和中枢性肌肉松弛作用。肌内注射后，10 min 显效，1 h 恢复。

（3）用法与用量 注射液：2 ml（0.2 g）、10 ml（0.2 g、0.5 g），肌内注射，每次每千克体重1~3 mg。

（4）注意事项 中毒时可注射肾上腺素、尼可刹米等对症治疗。

3. 盐酸普鲁卡因。

（1）性状 无色，无臭，结晶，能溶于水。

（2）作用与用途 局部应用能阻断神经冲动的传导，产生局部麻醉作用。但其穿透力差，一般不作表面麻醉。主要用于浸润麻醉、传导麻醉。

（3）用法与用量 注射液：每支10 ml（0.3 g、0.15 g）浸润麻醉，0.1%~0.5%浓度用于皮下、黏膜下注射。传导麻醉浓度2%~5%，分点注射。

（八）解热镇痛抗风湿药

1. 安乃近

（1）性状 白色或淡黄色结晶粉末。无臭，易溶于水。

（2）作用与用途 解热作用强于氨基比林，镇痛作用与氨基比林相同，也有抗炎作用。主要用于解热、镇痛、抗风湿，也用于肠臌气，腹痛；具有不影响肠蠕动的优点。

（3）用法与用量 注射液：每支10 ml（3 g），皮下或肌内注射，每次每只1~3 g。

2. 氨基比林

（1）性状 白色结晶粉末，溶于水，易溶于乙醇。

（2）作用与用途 有明显的解热镇痛和消炎作用，退热效果良好，镇痛作用强而持久。现多为氨基比林柴胡等复方制剂。

（3）用法与用量　复方氨基比林注射液，每支10 ml，皮下、肌内注射，每次5~10 ml。

3. 安痛定（阿尼利定）

（1）性状　淡黄色水溶液。

（2）作用与用途　解热镇痛药。镇痛作用强，主要用于发热性疾病，关节、肌肉镇痛和风湿症等。

（3）用法与用量　注射液：含氨基比林、安替比林、巴比妥10 ml/支，皮下、肌内注射，每次每只5~10 ml。

（九）体液补充剂

1. 葡萄糖

（1）性状　无色或白色粉末，味甜，易溶于水。

（2）作用与用途　具有补充能量、强心、利尿、解毒等作用。5%等渗液可用于各种急性中毒，以促进毒液排泄。10%~50%高渗液可用于低血糖症、营养不良、心力衰竭、脑水肿等。

（3）用法与用量　5%、10%、25%注射液，每瓶500 ml，50%注射液，20 ml/支，静脉注射，每次每只10~50 g。

2. 氯化钠

（1）性状　无色或白色结晶粉末，易溶于水。

（2）作用与用途　0.9%等渗液静脉注射，可补充体液、维持血压。主要用于大失血和缺盐性脱水。外用可冲洗外伤及眼、鼻、口等。也用于稀释其他注射液或生物疫苗等。

（3）用法与用量　0.9%注射液（生理盐水），每瓶250 ml、500 ml。静脉注射，每次每只250~500 ml。

3. 葡萄糖酸钙

（1）性状　白色结晶或颗粒，能溶于水。

（2）作用与用途　补充血钙，并有抗炎、抗过敏、解毒和促凝血的作用。

一般为10%葡萄糖酸钙。主要用于治疗钙缺乏症、骨软症、过敏性疾病。

（3）用法与用量 10%葡萄糖酸钙注射液，每瓶500 ml，静脉注射50~100 ml。

4. 碳酸氢钠（小苏打）

（1）性状 白色结晶粉末，能溶于水。

（2）作用与用途 内服或静脉注射，可直接增加机体碱性。主要用于防治代谢性酸中毒。

（3）用法与用量 片剂：0.3 g，每次10 g；5%注射液：每瓶500 ml，每次每只500~1500 ml（50 g）。

（十）解毒药

1. 阿托品

（1）性状 白色粉末，无臭，味苦，易溶于水。

（2）作用与用途 能阻断 M 胆碱受体的作用，用药后可减轻部分有机磷中毒症状。主要用于有机磷中毒的解毒，用药越早越好，剂量可酌情加大或重复用药。

（3）用法与用量 注射液：1 ml（5 mg）、5 ml（25 mg），肌内或皮下注射，每次10~30 mg。

2. 碘解磷定

（1）性状 黄色结晶粉末，略溶于水。

（2）作用与用途 为胆碱酯酶复活剂，具有强大的亲磷脂酸作用，能将结合在胆碱酯酶上的磷酰基抢走，恢复酶的水解能力；并能使进入体内的有机磷脂失去毒性。常用于有机磷中毒的解毒剂。

（3）用法与用量 注射液：每支10 ml（0.4 g），静脉注射，每千克体重每次15~30 mg。

（十一）消毒药和外用药

1. 碘酊（碘酒）。

（1）性状与成分 为碘、碘化钾的酒精溶液。棕红色澄清液体。

（2）作用与用法　有较强的杀菌能力，可杀死细菌、芽孢、病毒和真菌。2.5% 浓度可用于注射和手术部位的消毒；5%~10% 浓度可用作治疗慢性肌腱炎、关节炎；1% 碘甘油可用于治疗各种黏膜炎症，如口腔炎、口疮等。

2. 酒精（乙醇）。

（1）性状　无色、透明，具有特殊香味的液体（易挥发），能溶解多种有机物和无机物。

（2）作用与用途　一般95% 酒精用于器械消毒；70%~75% 酒精用于杀菌；更低浓度的酒精用于降低体温，促进局部血液循环等。

3. 高锰酸钾。

（1）性状　深蓝色结晶，能溶于水。

（2）作用与用途　为强氧化剂，与有机物相遇即释放氧而将有机物氧化，故有杀菌，除臭，解毒等作用。常用0.1% 溶液冲洗创伤，0.2% 溶液冲洗子宫等。

4. 碘伏。

（1）性状　棕红色液体，具有亲水、亲脂两重性。溶解度大，无味，无刺激性，毒性低。

（2）作用与用途　杀菌作用持久，能杀死病毒、细菌、细菌芽孢、真菌及原虫等。主要用于畜舍、饲槽、饮水、皮肤和器械等的消毒。

（3）用法与用量　5% 溶液可用于消毒畜舍，每立方米用药3~9 ml；5%~10% 溶液刷洗或浸泡消毒室内用具、手术器械等。每升饮水中加入原药液15~20 ml，饮用3~5 d，可防治畜禽肠道传染病。

5. 氢氧化钠（苛性钠）。

（1）性状　白色块状、棒状或片状结晶，易溶于水及酒精，极易潮解，在空气中易吸收二氧化碳形成碳酸盐。应密闭保存。

（2）作用与用途　强效消毒剂。主要用于杀灭被有害微生物污染的细菌繁殖体、芽孢、病毒及寄生虫卵等。

（3）用法与用量　2% 溶液可用于被病毒、细菌污染的厩舍、饲槽和运输车辆等的消毒；3%~5% 溶液用于炭疽芽孢污染的场地消毒。

6. 氧化钙（生石灰）

（1）性状　白色或灰白色块状物，无臭，易吸收水分，在空气中能吸收二氧化碳，进而变成碳酸钙失效。氧化钙与水混合，生成氢氧化钙（熟石灰）。

（2）作用与用途　强效消毒剂，对大多数繁殖型病菌有较强的杀灭作用，但对炭疽芽孢无效。主要用于洗刷厩舍墙壁、畜栏以及地面、粪池周围、污水沟等消毒。

（3）用法与用量　10%~20%石灰乳，洗刷厩舍墙壁、畜栏和地面消毒。氧化钙加水350 ml，生成消石灰粉末，可将其撒在阴湿地面、粪池周围及污水沟等处消毒。

（十二）中药及中成药制剂

1. 鱼腥草注射液

（1）性状　无色或微黄色的澄清液体，有鱼腥味。

（2）作用与用途　清热解毒，消肿排脓，利尿通淋。临床主要用于治疗呼吸道感染，感冒，发热咳喘；乳房结块、肿痛；细菌性痢疾，习惯性便秘；泌尿系统感染等。

（3）用法与用量　注射液：每支10 ml（含原生药20 g），肌内注射，每次每只5~10 ml。

2. 黄芪多糖注射液

（1）性状　黄色或黄褐色液体，长久贮存或冷冻后有沉淀析出。

（2）作用与用途　清热解毒，清肝利胆，清肺止咳，散热疏风，补气升阳，益卫固表，利水消肿，化脓排毒，提高机体免疫力，增强体质。主要用于治疗各种细菌性、病毒性疾病，特别是病毒、细菌混合感染及烈性传染病。

（3）用法与用量　注射液：每支10 ml（含原生药0.2 g），皮下、肌内或静脉注射，每千克体重每次量0.1~0.2 ml。

3. 穿心莲注射液

（1）性状　黄色至黄棕色澄清液体。

（2）作用与用途　清热解毒。临床主要用于肠炎、肺炎等。

（3）用法与用量　注射液：每支10 ml（含原生药10 g），肌内注射，每次每只5~15 ml。

4. 健胃散。

（1）性状与成分　淡棕色粉末，气微香，味微苦。主要成分为山楂、六神曲、麦芽、槟榔。

（2）作用与用途　具有消食下气、开胃、宽肠及促生长功效。临床主要治疗伤食停滞、消化不良、食欲下降等。

（3）用法与用量　内服，每袋500 g。每只每日30~60 g，连用3~5 d，幼畜酌减。

5. 清肺散。

（1）性状与成分　浅灰色粉末，气清香，味微甘。主要成分为板蓝根、葶苈子、浙贝母、桔梗、甘草。

（2）作用与用途　清肺平喘，化痰止咳，行水消肿，抗炎排毒等功效。主治家畜肺热咳喘、咽喉肿痛等。

（3）用法与用量　内服，每袋500 g。每只每日30~50 g，连用3~5 d。

四、保健用药注意事项

（一）科学选择兽药

羊场选用兽药必须要符合兽药标准（包括国家标准、专业标准和地方标准），即符合兽药典和兽药规范，应是正规厂家生产，既要符合经济性，便于使用，又要有生产合格证和国家批准的兽药批号，凡不符合标准的药品禁止入场。选择兽药要注意检查药物的包装、容器、标签、说明书和药品的出厂日期、批号、有效期与失效期等，检查兽药包装上是否有电子码。同时还要从以下几个方面综合考虑。

1. 预防或治疗效果好

为了尽快治愈疾病，应选择疗效好的药物，也就是做到对症下药、不可滥用。如治疗羔羊下痢，用四环素、硫酸新霉素、黄连素（小檗碱）等，但以硫酸新霉素疗效最好，可以作为首选药，有条件的羊场可以通过药敏试验选择疗效好的药物。不能胡乱用药，也不能不用药，要根据具体的病症正确用药。

2. 不良反应小

有的药物疗效虽好，但毒副作用严重，选药时不得不放弃，而改用疗效虽稍差但毒副作用较小的药物或畜禽体内残留小的药物。例如可待因止咳效果很好，但因有成瘾与抑制呼吸等副作用，所以除非必需，一般不用。

3. 价廉易得

肉羊饲养要讲究经济效益，所以进行治疗疾病，必须精打细算，选择那些疗效确实，又价廉易得的药物。例如用磺胺类治疗全身感染，多选用磺胺嘧啶，而少用磺胺甲基异噁唑等。

（二）合理制订方案

肉羊生产中无论预防用药还是治疗用药，必须要制订合理的用药方案，这个合理方案其实就是我们常见的兽医开具的兽药处方。方案中既包括药物名称、使用剂量、给药途径和使用次数及具体用药疗程等，同时包括兽医诊断结果、诊断日期和兽医签名等。

在实际生产中，用药的剂量既要按照家畜的体质量、药物的功效而定，也要根据家畜的吸收情况而定。如果使用剂量过大，不仅会无法全部吸收而造成药物的浪费，甚至会给家畜带来不良的药物反应，幼年畜、青壮年畜和老年畜的用药剂量也不一样。一般说来，幼龄与老年家畜及母畜，对药物的敏感性比成年家畜和公畜高，故用量应适当减少。妊娠后期的母畜对毛果芸香碱等拟胆碱药敏感，易引起流产。同种动物不同个体对同一药物敏感性也往往存在着差异。就用药途径而言，一般口服用药是最常使用的给药方法，优点是操作简单，无论药物的形态如何，都无需进行消毒灭菌等操作，直接灌服即可；缺点是药效慢，而且对胃的刺激较大，需要根据用药时间更改喂饲料的时间。注射用药是一种科学卫生的给药方法，不仅要对注射药物进行严格的消毒，而且对注射部位也要做相应的消毒处理。注射方式一般为静脉注射、肌肉注射和皮下注射。注射用药的优点是见效快，剂量小，只需口服用药的1/2左右，刺激性较小，可以根据药效选择不同的注射方法；缺点是不适用于所有药物，有些药物不容易被吸收。灌肠较常用的药液是水合氯醛，用时宜配合黏浆剂，以减少对黏膜的刺激。灌用药的剂量，一般相当于口服量。外用药即用在体表、可视黏膜和外伤等部位的药物，如碘伏或其他制剂。在治疗或预防过程中根据病情缓急或用药目的选择最适宜的给药方式，用药疗程就是用药要达到一定的时间，不按时给药或达不到规定治疗时间，往往导致疾病治疗不彻底。有的养殖户为了节省开支，较少治疗疗程或者是只用了较小剂量的药物，没有达到完全治愈的效果。会导致细菌和病毒的快速繁殖，严重威胁家畜的生命安全。

（三）联合巧妙用药

每种药物都有其独特的药性，注意联合用药往往产生不同的效果。其结果往往有三种结果：一是比预期的作用更强（协同作用），能够加速药物的吸收，使疾病更快痊愈；二是减弱一药或两药的作用（拮抗作用），会影响药效吸收，使疾病更难恢复；三是产生意外的毒性反应，是病畜出现中毒现象。

药物的相互作用，可发生在药物吸收前、体内转运过程、生化转化过程及排泄过程中。当两药互相无影响时，其合用后的药物作用可以预知，不会有问题。若存在相互作用，则应注意利用协同作用提高疗效（如磺胺与抗菌增效剂联合），尽量避免出现拮抗作用或产生毒性反应。但是拮抗作用有时可用来治疗药物中毒，如麻醉药中毒可用中枢兴奋药解救。因此，无论预防用药还是治疗用药必须要掌握好药物的配伍禁忌，正确搭配药物。如地高辛与华山参片合用，后者有抗胆碱作用，可抑制肠蠕动，增加药物与肠黏膜的接触时间，因而促进难溶性药物地高辛的吸收；相反地，高辛若与大黄、番泻叶、火麻仁等泻药合用，由于胃肠蠕动速度加快，使地高辛不能充分溶解，吸收减少。

（四）注意配伍禁忌

在实际生产中，无论治疗还是预防畜禽疾病，很少见到单独用药。往往为了获得更好的疗效，常将两种及以上药物配伍使用。但配合不当，则可能出现减弱疗效或增加毒性的变化。这种配伍变化属于禁忌，必须避免。药物的配伍禁忌可从药理性、化学性、物理性等方面综合分析考虑。

1. 药理性（药理作用互相抵消或使毒性增加）

有些药物互相配伍后，由于药理作用相反，使药效降低，甚至抵消。本类配伍禁忌的药物很多，如中枢神经兴奋药与中枢神经抑制药、氧化剂与还原剂、泻药与止泻药、胆碱药与抗胆碱药等。但当某种药物中毒时，应用药理作用相反的药物进行解救，不属于配伍禁忌。如在盐代谢平衡药物中，氯化钙忌与强心苷、肾上腺素、硫酸链霉素、硫酸卡那霉素、磺胺嘧啶钠、地塞米松磷酸钠、硫酸镁注射液合用；肾上腺素注射液作用强、快，剂量过大可导致心律失常，重者可发生心室颤动，用时要严格控制剂量。水合氯醛和酒石酸锑钾禁止与洋地黄、钙剂等配合使用，以免发生心跳停止。

2. 化学性（出现沉淀、产气、变色、燃爆及肉眼不可见的水解等化学变化）

化学性配伍禁忌常见的外观现象有变色、产气、沉淀、水解、燃烧或爆炸等。变色是指配伍时发生化学反应或受光、空气影响引起变色而影响药效，甚至完全失效，如碱类、亚硝酸盐类和高铁盐类。产气是指配伍放出气体改变药效，甚至发生爆炸，如碳酸氢钠与稀盐酸配伍，就会发生中和反应产生二氧化碳气体。沉淀是指配伍时生成不溶性溶质沉淀。水解是指某些药物在水溶液中容易发生分解而失效。燃烧或爆炸是指强氧化剂与强还原剂配伍易引起燃烧爆炸。在维生素类药物中，维生素 K 不宜与巴比妥类药物、碳酸氢钠、青霉素 C 钠、盐酸普鲁卡因、盐酸氯丙嗪注射液配伍使用。维生素 C 注射液在碱性溶液中易被氧化失效，故不宜与碱性较强的注射液混合使用。磺胺嘧啶钠注射液遇 pH 较低的酸性溶液易析出沉淀，除可与生理盐水、复方氯化钠注射液、20% 甘醇、硫酸镁注射液配伍外，与多种药物均为配伍禁忌。碳酸氢钠注射液为碱性药物，忌与酸性药物配合使用，碳酸氢根离子与钙离子、镁离子等形成不溶性盐而沉淀；在强心剂中，洋地黄毒苷注射液易被酸、碱水解，故单独使用为好。

3. 物理性（产生潮解、液化或从溶液中析出结晶等物理变化）

物理性配伍禁忌主要是外观发生了变化，常见的现象有分离、沉淀、潮解、液化等。分离指两种性状比重不同的溶剂配伍出现分层现象，应注意药物的溶解特点，避免水溶剂与油剂的配伍。沉淀指配伍时出现溶质析出产生沉淀，这种现象既影响药物的剂量又影响药物的应用。潮解指含结晶水的药物配伍时其中的结晶水被析出，而使固体药物变成半固体或成糊状，如碳酸钠与醋酸铅共同研磨，即发生此种变化。液化是指固体物质混合时由于熔点的降低而使固体药物变成液体状态。如将水含氯醛与樟脑等放在一起共研时，形成了熔点低的热合物，即产生此种现象。在抗生素类药物中，青霉素与大环内酯类合用会抑制青霉素的杀菌效果，与碱性物质合用可能会使青霉素失去活性，青霉素加入葡萄糖液中疗效下降且易出现过敏反应；抢救感染性休克时阿拉明和新福林合用会降低效价，与维生素 C 混用会使疗效下降或失效，与含醇的药物合用会分解降效，与去甲肾上腺、阿托品、氯丙嗪等混合使用会发生沉淀混浊或变色。

4. 常见配伍禁忌及注意事项

（1）安钠咖注射液不宜与硫酸卡那霉素、盐酸土霉素、盐酸氯丙嗪注射液等配伍。

（2）氯化钙葡萄糖注射液与葡萄糖酸钙注射液不是同种药，不可混淆。

（3）葡萄糖酸钙注射液静脉注射速度也应缓慢，忌与强心苷、肾上腺素、碳酸氢钠、硫酸镁注射液并用。

（4）维生素 E 不宜与维生素 K、洋地黄长期合用。

（5）氯化钾不与肾上腺素、磺胺嘧啶钠注射液配伍。

（6）头孢菌素忌与氨基苷类抗生素，如硫酸链霉素、硫酸卡那霉素，硫酸庆大霉素联合使用，不可与生理盐水配伍。

（7）氢化可的松注射液、地塞米松磷酸钠等肾上腺皮质激素类药物长期大量使用会出现严重的不良反应，如诱发或加重感染，引起矿物质代谢和水盐代谢紊乱，而出现负氮平衡、组织水肿、低血钾、肌肉萎缩、骨质疏松、糖尿、幼畜生长停滞等。突然停药可发生精神沉郁、体温升高，软弱无力、食欲不振、血糖和血压下降。某些病畜在突然停药后，即复发甚至加剧。因此使用本类药物在一星期以上时，不应突然停药，而应逐渐减量至停药。

（8）磺胺类抗生素与TMP（三羟甲基丙烷）按5∶1比例配伍使用，可使作用显著增强，从抑菌变为杀菌；TMP（三羟甲基丙烷）与黄连素联用有明显的增效作用；甲氧氯普胺片可加速胃排空，增加诺氟沙星的吸收，增加疗效。

第六章　肉羊疾病诊断技术

在肉羊的养殖过程中，疾病防治尤为重要。肉羊疾病防治的效果一方面体现在药效，另一方面体现在诊断水平，准确诊断羊病是实现羊病有效治疗的前提，羊疾病诊断的准不准将直接影响肉羊疾病治疗的效果，所以疾病诊断对肉羊疾病的治疗意义重大。在肉羊疾病的治疗或预防过程中不能盲目行事，应该以辩证唯物主义的思想，辨证地诊断疾病、分析病因，全面准确地掌握疾病发生发展的规律，为疾病的防治提供科学的理论依据，实现及时合理有效治疗。随着互联网技术的应用推广，动物疾病的诊断技术可分为传统的人工诊断技术和计算机智能化诊断技术，前者主要是兽医从业人员根据实践经验结合理论基础对肉羊发病情况开展综合诊断，后者是利用计算机软件编程程序结合肉羊病理变化特点等对肉羊的发病情况作出智能化诊断。

第一节　病因分析

一、肉羊的正常生理指标

羊常见生理指标是判断肉羊是否健康的重要依据，也是畜牧兽医技术人员在生产实践中需要掌握的基本常识，下面就肉羊的常见生理指标汇总如下，供肉羊生产者参考。

表6-1 肉羊的正常生理指标

项目	体温 /℃	脉搏/（次·min⁻¹）	呼吸/（次·min⁻¹）	瘤胃蠕动/（次·min⁻¹）
绵羊	38~40	70~80	12~20	1.5~3
山羊	37.6~39.7	80~119	18~34	1.5~3.5

二、病因分析

羊病的发生原因可分为外因和内因两大类。从西医角度来讲，外因即外界致病因素，内因即内部致病因素。从中医角度来讲，致病的外因就是指非自身因素所引发的疾病，像风、寒、暑、湿、燥、火，如天突然刮大风，冬天太冷，夏天太热，空气太湿、太干，这些外界不可抗拒的因素就是外因；致病的内因就是指羊自身个体因素所引发的疾病。实践中肉羊发病往往是外因和内因共同所致，并非单方面原因所致。

（一）外界致病因素

外界致病因素即导致肉羊发生疾病的外因，主要有生物性致病因素、化学性致病因素、物理性致病因素、机械性致病因素、管理和营养性因素五大类。

1. 生物性致病因素

生物性致病因素指致病的微生物和寄生虫，包括细菌、真菌、支原体、衣原体、螺旋体、病毒和寄生虫等。生物性致病因素是危害养羊业最主要的一类致病因素，可引起传染病和寄生虫病。

2. 化学性致病因素

化学性致病因素主要有强酸、强碱、重金属盐类、农药、化学毒物、氨气、一氧化碳、硫化氢等化学物质，可引起中毒性疾病。

3. 物理性致病因素

物理性致病因素指高温、低温、电流、光照、噪声、气压、湿度和放射线等因素，这些因素达到一定强度或作用时间较长时，都可使羊的机体发生物理性损伤。

4. 机械性致病因素

所谓机械性因素就是包括打、压、刺、钩、咬等各种机械力，它们都可引起羊的机体发生损伤。

5. 营养和管理性因素

由于饲养管理不当和饲料中各种营养物质不平衡（营养过剩或不足），引起发生羊病。

（1）营养过剩　羊饲养中蛋白质、脂肪、糖、盐、微量元素和维生素等长期过多时，会使羊发病，如饲料中蛋白质过多，可诱发母羊酮病；微量元素过多可引起中毒病等。

（2）营养不足　饲料中维生素、微量元素、蛋白质、脂肪、糖等营养物质不足，会引起相应的缺乏症，如维生素 A、维生素 D 缺乏症，硒缺乏症等。

（3）管理不当　羊舍饲时，羊密度过大、停水、舍内通风不良，羊长途运输和惊吓、追赶等应激反应，均可诱发肉羊病变。

（二）内部致病因素

内部致病因素即导致羊病发生的内在原因，主要是指羊体自身的免疫能力和对疾病的抵抗力。机体对致病因素的易感性和防御能力，与机体各器官的结构、功能、代谢特点和防御机构的功能状态有关，也与机体一般特征，即羊的品种、年龄、性别、营养状态、免疫状态等个体反应有关。

1. 品种差异

品种差异是由于羊的品种不同，对同种致病因素的反应也有差别，如绵羊易感染巴氏杆菌，而山羊则不易感染；绵羊比山羊易感羊快疫等。

2. 年龄差异

一般幼年羊和老年羊的抵抗力较弱，成年羊的抵抗力较强，所以有些羊病与年龄大小有很大关系。如羔羊易感染大肠杆菌，发生羔羊痢疾；而羊黑疫则多发于2~4岁、膘情较好的青年羊。

3. 性别差异

不同性别的羊，对某些疫病有不同的感受性，如母羊比公羊更易感布鲁氏菌病。

4. 营养状态差异

营养不良的羊，对疫病的感受性明显增高，因为营养状态与机体抵抗损伤的能力有密切关系。

5. 免疫状态差异

免疫注射能有效地抵御病原微生物的侵袭，防止传染病的发生。因此，羊体免疫状态不同，对同一种病原的抵抗力也不同。经过免疫接种羊快疫疫苗的羊，就比未接种过的羊强，对羊快疫病原的抵抗力强。

当然，任何羊病的发生，往往不是单一病原引起的，而是外因和内因相互作用的结果。在肉羊生产中，必须加强对肉羊的饲养管理，做好疫苗的预防接种工作，以提高机体的抵抗力和健康水平。同时，也要做好环境卫生和清洁消毒工作，以便消除外界因素的致病作用。

第二节 羊病诊断的步骤

肉羊疾病的诊断既要讲究策略，又要制定合理的诊断步骤，抓住主要矛盾，做到沉着应对。

一、疾病的诊断

羊病的诊断是兽医对病羊的全面检查，并对发病原因、发病机制作出分类鉴别，以此作为制订治疗方案的方法和途径的过程。诊断疾病要认识疾病的本质，认识疾病也和认识其他事物一样，必须遵循"实践、认识、再实践、再认识"这一辩证唯物主义认识论的原则。按照诊断内容可以分为：症状性诊断、病理形态学诊断、原因诊断、机能诊断和发病学诊断等；按照诊断时间可以分为：早期诊断和晚期诊断；按照诊断的手段可以分为：观察诊断和治疗诊断等。

二、疾病诊断的步骤

（一）调查病史、收集症状

首先要得到完整的病史材料，应全面、认真地调查现有病史，在调查过程中要特别注意防止主观片面性，以免造成诊断上的失误。除调查病史外，更为重要的是对病畜进行细致检查，全面收集症状。为了圆满地收集症状，兽医要正确而熟练地掌握各种检查方法，有时必须采用一定的姿势和方法，才能取得完善而准确的结果，并能保证人、畜安全。对肉羊机体正常情况的了解和认识，是识别病理现象的基础。同时要不断地培养自己锐敏的观察和判断能力，以保证所收集材料的准确性，为进一步确诊奠定良好的物质基础。

（二）分析症状，初步诊断

通过调查和检查所得到的资料，有时比较零乱和缺乏系统性，必须将获得的资料进行归纳、整理，去粗取精、去伪存真，抓住主要矛盾或矛盾的主要方面，加以综合、分析和推论，排除那些证据不足的疾病，集中到一个或两个最符合客观实际情况的疾病，作出初步诊断。

1. 分析症状时应注意的几个关系

现象与本质的关系，如胃肠型的感冒，表现为上吐下泻，其本质是感冒引起，所以在治疗过程中既要止吐止泻，根本性措施就是要治疗感冒；共性与个性的关系，这种关系往往在营养代谢病或中毒性疾病的发生中体现；主要矛盾与次要矛盾的关系，主要表现为找准致病的主因，如白肌病的发生，主要原因是硒的缺乏，次要原因是个体发病；局部与整体的关系，如发现个别羊只发病，必须及时隔离并进行治疗，否则将会影响整体；阶段性与发展变化的关系，部分疾病发展阶段不同，其表现的临床症状也不相同。

2. 建立初步诊断

建立诊断，就是对病畜所患的疾病提出病名。最好能用一个主要疾病的诊断来解释病畜的全部临床表现，应能指出患病器官、疾病性质和发病原因。如果有两种或几种疾病同时存在，则不应机械地受此诊断的限制，对于不能解释清楚的现象应重新全面考虑，不能单用一个疾病的诊断生搬硬套，勉强自圆其说。要想提出恰当的病名，建立比较正确的初步诊断，必须善于发现综合症状或主要病症。

（三）实施防治，验证诊断

一般来说，防治措施显效的，证明初步诊断是正确的；防治措施无效的，证明初步诊断并不完全正确，则有必要重新认识，对诊断作出修正或补充。临床工作中在运用各种检查手段，全面客观地搜集病史、症状的基础上，通过思维加以整理，建立初步诊断以后，还要拟订和实施防治计划，并观察这些防治措施的效果，以验证初步诊断的正确性。

以上就是诊断疾病的三个基本步骤，也是诊断疾病的基本过程，三者互相联系，相辅相成，缺一不可。其中调查病史、搜集症状，是认识疾病的基础；分析症状、建立初步的诊断，是制定防治措施的关键；实施防治、观察效果，是验证诊断、纠正错误诊断和发展正确诊断的必由之路。

第三节　羊病诊断的方法

羊病诊断技术的好坏，往往会体现一名兽医技能水平的高低。这就需要兽医既具备扎实的理论基础，又需要有丰富的实践经验，也就是我们常说的理论结合实践。生产中，常见肉羊疾病的诊断技术分为现场诊断、实验室诊断、特殊设备诊断和综合诊断等。

一、现场诊断法

现场诊断常见的方法有临床诊断和病理剖解诊断。

（一）临床诊断法

临床诊断就是通过望、闻、问、触等综合方式掌握羊的发病症状及异常变化，经过诊断结合理论知识和实践经验，对疫病作出初步判断，或为进一步检验提供临床依据。临床诊断法是羊病最常用的诊断方法，也叫经验诊断法。

1. 临床检查的程序

临床检查程序又叫临床检查方案。临床检查病羊时为了全面而系统地搜集病畜的症状，应按一定的顺序，有系统、有目的地对病羊进行全面检查，以免某些症状被遗漏，防止产生误诊，同时可以获得比较全面的症状和资料。这对综合分析疾病和判定疾病非常重要，特别是初学者更应该养成这种良好的习惯。下面介绍在临床检查实际工作中通常的检查顺序。

（1）病畜的登记　系统地记录就诊动物的一般情况和个体特征，目的是识别病症，防止在给药、隔离及记载中出现差错。同时也可以帮助了解、识别疾病的发生情况和性质，为诊疗工作提供某些参考资料与条件。另外，某些特征对疾病的诊断也有一定的参考价值，通过对病羊登记建立档案，为以后的诊疗和科研工作提供资料。

病羊登记的内容包括品种、性别、年龄、个体特征（如毛色、烙印等）以及畜主的姓名、住址、单位等。这不仅便于对病羊的识别及与畜主的联系，而且因肉羊的种类、品种、性别、年龄的不同，有其不同的多发病及特有的传染病，也有助于某些疾病的诊断和治疗。

品种：品种不同，其所患疾病也不同。

性别：关系到解剖生理特征，性别不同，其发病原因也不同。

年龄：年龄不同则免疫力有强弱之分，对疾病感受性也不同。

体重：主要与用药量有关，注意误差不能太大。

用途：用途不同，其所患疾病也有差别。

毛色：是个体特征标志之一，但也与某些疾病发生有关。

（2）病史调查　包括现病史和既往病史及平时的饲养、管理情况调查。主要通过问诊来了解，必要时需深入现场进行流行病学调查。当疾病有可能发生传染或群发现象时，应详细问诊，如流行病学、检疫结果、防疫措施等，在此基础上综合分析，寻找具有诊断价值的指标。

（3）现症检查　包括一般检查、系统检查及根据需要而选用的实验室检验或特殊检查。

一般临床检查：包括整体状态检查、表被状态检查、可视黏膜检查、体表淋巴结检查及体温、脉搏、呼吸数的测定。

系统检查：包括心血管系统的检查、呼吸系统的检查、消化系统的检查、泌尿生殖系统的检查、神经系统的检查。

实验室检查：包括血液、尿液、粪便、体液、组织细胞及病理产物的物理性状、化学成分、有形成分等检查。

特殊检查：包括X线诊断、超声诊断、心电图诊断等。

肉羊临床检查的要点：了解饲料供应及生产性能；对鼻镜进行观察，对前胃情况检查，对乳房检查，注意代谢病的发生。

2. 临床诊断的方法

临床诊断法主要包括视诊（望）、嗅诊（闻）、问诊（询问）、触诊（触摸）、叩诊（叩打）等。

（1）视诊　观察羊的表现。视诊时，最好先从离病羊几步远的地方，观察羊的体况、姿势、步态和精神状态等；然后靠近病羊详细察看其被毛、皮肤、可视黏膜（口腔黏膜、眼结膜、鼻黏膜、阴道黏膜）、反刍和粪尿等是否正常。并结合观察结果初步分析致病原因，确定致病原因属于外因还是内因，在观察的同时要进行具体综合分析。健康羊表现为步态活泼而稳健、皮肤光滑富有弹性、眼睛炯炯有神、站立或躺卧时不停反刍（倒磨），眼结膜、鼻腔、口腔、阴道和肛门黏膜呈光滑的粉红色。如出现行动不稳，或不喜行走，流眼泪、淌口水、被毛粗糙无光泽等现象往往是患病的表现。

下面就常见的几种视诊经验分享如下：若病羊身体肥壮突然发病死亡可能是由羊肠毒血症、急性炭疽或中毒等急性病所致；若病羊身体瘦弱一般因患有寄生虫病等慢性病所致。若病羊四肢僵直、头颈后仰、行动不便或四肢不稳可能是破伤风所致；若病羊表现为跛行则可能是四肢肌肉、关节或蹄部发生疾病。若病羊被毛粗乱蓬松，失去光泽，而且容易脱落，可能是患螨病所致；患螨病的肉羊患部被毛往往成片脱落，同时皮肤变厚变硬，出现蹭痒和擦伤。健康羊的被毛，平整而不易脱落，富有光泽；在病理状态下，在检查皮肤时，除注意皮肤的颜色外，还要注意有无水肿、炎性肿胀、外伤以及皮肤是否温热等。若病羊口腔黏膜发红，多半是由于体温升高，或身体上有发炎的地方；黏膜发红并带有红点、血丝或呈紫色，是由于严重的中毒或传染病引起的；黏膜呈苍白色，多为贫血病所致；呈黄色，多患黄疸病；呈蓝色，多患肺脏、心脏病。若羊采食和饮水忽然增多或减少，喜欢舔泥土、吃草根等，也是患病的表现，如慢性营养不良、微量元素缺乏等。若病羊反刍减少、无力和停止运动或流口水等，往往是羊的前胃有病或口腔有病，如喉头炎、口腔溃疡、舌有烂伤等，打开口腔就可以看出来。排便的检查，主要检查其形状、硬度、色泽及附着物等，正常时，羊粪呈球形，没有难闻气味。若肉羊粪便有特殊臭味，见于各种肠炎；粪便过于干燥，多为缺水和肠迟缓症；粪便过于稀薄，多为肠功能亢进症；粪便带血呈黑褐色、前部肠道出血，粪便带血呈鲜红色肠道大肠部位出血；粪便内有大量黏液，往往为肠黏膜有卡他性炎症；粪便混有完整谷粒和粗纤维，往往是消化不良；粪便混有纤维素膜时，往往为纤维素性肠炎；粪便混有寄生虫及其节片时，往往是其体内有寄生虫。排尿的检查，正常羊每天排尿3～4次。排尿次数和尿量过多或过少，以及排尿痛苦、失禁，都是患病的征候，考虑是否有尿结石的可能。呼吸的检查，羊每分钟呼吸12～20次。呼吸次数增多，见于热性病、呼吸系统疾病、心脏衰弱、贫血和腹压升高等；呼吸次数减少，主要见于某些中毒、代谢障碍、昏迷等。另外，还要检查羊呼吸是否困难以及呼吸型、呼吸节律等。

（2）嗅诊　诊断羊病时，嗅其分泌物、排泄物、呼出气体和口腔等的气味，通过气味判断病羊可能患的疾病。如肺坏疽时，鼻液带有腐败性恶臭；胃肠炎时，粪便腥臭或恶臭；消化不良时，可从呼吸气味中闻到酸臭味。

（3）问诊　通过询问畜主或饲养员，了解肉羊发病的有关情况。询问内容一般包括发病时间、发病数量、病前和病后的异常表现、以往的病史、治疗情况、免疫接种情况、饲养管理和采食及饮水等情况以及肉羊的年龄、性别等。问诊时应掌握恰当的问诊方法和技巧，听取回答时，应考虑当事人与病羊场的利害关系（责任），分析其真实性和可靠性。

（4）触诊　即用手指或指尖感触被检查的部位，并稍加压力，以便确定被检查的各个器官或组织是否正常。常用触诊方法有皮肤检查，主要检查皮肤的弹性、温度、有无肿胀和伤口等；羊的营养不好或得过皮肤病，皮肤就没有弹性。体温检查，发高烧时，皮温会增高。一般用手摸羊耳朵，或将手由嘴角插进口腔握羊舌头，可推断病羊是否发热，但最准确的方法还是用体温表测量。在给羊量体温时，先把体温表的水银柱甩下去，涂上油或水以后慢慢插入肛门里，体温表的1/3留在肛门外面，插入后滞留的时间一般为2~5 min。羊的正常体温是38~40 ℃。如高于正常体温，则为发热，常见于传染病。测量羊的体温时要注意，一般幼羊比成年羊高一些，热天比冷天高一些，运动后比运动前高一些，这都是正常的生理现象。脉搏检查，检查时，注意脉搏每分钟跳动次数和强弱等。检查羊脉搏的地方，是用手指触摸颌外动脉或股内侧动脉。健康羊每分钟脉搏跳动70~80次。羊患病时，脉搏的跳动次数和强弱都与正常羊不同。体表淋巴结检查，主要检查颌下、肩前、膝上和乳房上的淋巴结；若肉羊体表淋巴结肿大，往往是结核病、伪结核病、羊链球菌病或其他病毒病所致，应病种不同往往其形状、硬度、温度、敏感性及活动性等也会不同。人工诱咳，检查者站在羊的左侧，用右手捏压气管前3个软骨环，羊患病时，会容易引发咳嗽。若病羊咳嗽声低弱，往往是肺炎、胸膜炎、结核病所致；若病羊咳嗽声强而有力，往往是因喉炎及支气管炎所致。

（5）听诊　是利用耳朵听羊体内的声音来判断其是否生病。最常用的听诊部位为胸部（心、肺）和腹部（胃、肠）。听诊的方法有两种：一是直接听诊，即将一块布铺在被检查的部位，然后把耳朵紧贴其上，直接听羊体内的声音；二是间接听诊，即借助听诊器听诊。无论用哪种方法听诊，都应当把病羊牵至清静的地方，以免受外界杂音的干扰。

心脏听诊，就是通过听心脏跳动的声音来判断肉羊患病情况。健康羊的心脏跳动可听到"嘭咚"两个交替发出的声音。"嘭"音，为心脏收缩所产生的声音，其特点是低、钝、长、间隔时间短，叫作第一心音；"咚"音，为心脏舒张所产生的声音，其特点是高、锐、短、间隔时间长，叫作第二心音。第一、第二心音均增强，见于热性病的初期；第一、第二心音均减弱，见于心脏功能障碍的后期或患有渗出性胸膜炎、心包炎；第一心音增强时，常伴有明显的心搏动增强，第二心音减弱，常见于心脏衰弱的后期，排血量减少，动脉压下降；第二心音增强时，见于肺气肿、肺水肿、肾炎等病理过程。如果在正常心音以外听到其他杂音，多为瓣膜疾病、创伤性心包炎、胸膜炎等。

肺脏听诊，就是通过听取肺脏在吸入和呼出空气时振动而产生的声音来判断肉羊是否健康。一般有下列五种。

①肺泡呼吸音　健康羊吸气时，从肺部可听到"呋"的声音；呼气时，可听到"呼"的声音，这称为肺泡呼吸音。肺泡呼吸音过强，多为支气管炎，黏膜肿胀等；过弱时，多为肺泡肿胀、肺泡气肿、渗出性胸膜炎等。

②支气管呼吸音　空气通过喉头狭窄部所发出的声音，类似"赫"的声音。如果在肺部听到这种声音，多为肺炎的肝变期，见于羊的传染性胸膜肺炎等病。

③啰音　支气管发炎时，管内积有分泌物，被呼吸的气流冲动而发出的声音。啰音可分为干啰音和湿啰音两种。干啰音甚为复杂，有嘶嘶声、笛声、口哨声及猫鸣声等，多见于慢性支气管炎、慢性肺气肿、肺结核等。湿啰音类似含漱声、沸腾音或水泡破裂音，多发生于肺气肿、肺充血、肺出血、慢性肺炎等。

④捻发音　这种声音像用手指捻毛发时所发出的声音，多发生于慢性肺炎、肺水肿等。

⑤摩擦音　一般有两种，一是胸膜摩擦音，多发生在肺脏与胸膜之间，多见于纤维素性胸膜炎、胸膜结核等。因为胸膜发炎，纤维素的沉积，使胸膜变得粗糙，当呼吸时互相摩擦而发出的声音，这种声音像一手贴在耳上，用另一手的手指轻轻摩擦贴耳的手背所发出的声音。二是心包摩擦音，当发生纤维素性心包炎时，心包的两叶失去润滑性，因而伴随心脏的跳动，两叶互相摩擦发出杂音。

腹部听诊，主要是听取腹部胃肠运动的声音。健康羊的左肷窝可听到瘤胃蠕动音，呈逐渐增强又逐渐减弱的"沙沙"音，每2 min 可听到3~6次；若羊前胃弛缓，或患发热性疾病时，瘤胃蠕动音减弱或消失。羊的肠音，类似于流水声或漱口声，正常时较弱。在羊患肠炎初期，肠音亢进；便秘时，肠音消失。

（6）叩诊　用手指或叩诊锤来叩打羊体表部位或置于体表的垫着物（如手指或垫板），借助所发出的声音来判断内脏的活动状态。

羊叩诊方法是用左手食指或中指平放在检查部位，右手中指由第二指节呈直角弯曲，向左手食指或中指第二指节敲打。

叩诊的音响：清音、浊音、半浊音、鼓音。清音，叩诊健康羊胸廓所发出的持续的高、清音。浊音，健康状况下叩打臀及肩部肌肉时所发出的音；在病理状态下，当羊胸腔集聚大量渗出液时，叩打胸壁出现水平浊音节。半浊音，介于浊音和清音之间的一种声音，叩打含少量气体的组织，如肺缘，可发出这种声音；羊患支气管肺炎时，肺泡含气量减少，叩诊发出半浊音。鼓音，如叩打左侧瘤胃处，发鼓响音；若瘤胃臌气，则鼓响音增强。

（二）病理剖检诊断法

对于不明原因引起的羊只死亡或临床诊断不能确诊的疾病，必要时可进行羊只病理学剖检诊断。通过对一些脏器组织呈现的特征性病理变化检查，可对某些传染病、寄生虫病和中毒性疾病迅速作出诊断。因此，病理剖检诊断在羊病的诊断中具有比较重要的作用，进行病理剖检的人员必须具备扎实的解剖基础，进行病羊尸体剖检时必须按照畜禽剖检规程做好相应的防护措施，并对剖检后的病羊尸体要进行深埋或无害化处理。剖检时如发现羊尸僵不全，迅速腐败、胀，全身出血，呈暗黑色，血液凝固不良，脾脏肿大2~5倍，淋巴结肿大等，可初步断定为羊炭疽，若怀疑是炭疽等烈性传染病应立即停止剖检。剖检过程中除了用肉眼观察外，还需要采集病料样本做病理组织学的进一步检查。

1. 剖检方法

一般剖检羊尸时取左卧位（左侧朝下），剖检应先观察尸体外表，注意其营养状况、被毛、可视黏膜等的情况。然后剥皮，切开腹壁，露出腹腔脏器，进行必要结扎后摘除大网膜，取出胃肠。随后依次摘出脾、肝、肾上腺、肾脏等脏器，最后打开胸腔，将心、肺取出。对病变的形态、位置、颜色、硬度、性质、切面的结构变化等都要客观地记录下来，必要时可进行补充说明。

2. 注意事项

（1）剖检所用器械要预先煮沸消毒　剖检前对病羊或病变部位仔细检查。如怀疑炭疽时，严禁剖检，先采集耳尖血涂片镜检，当排除炭疽病时方可剖检。

（2）合理确定剖检时间　剖检时间愈早愈好（不超过24 h），特别是在夏季，尸体腐败后影响观察和诊断。

（3）做好防护和消毒　剖检时应保持清洁，注意消毒，尽量减少对周围环境和衣物的污染，并做好个人防护。

（4）剖检后将尸体和污染物做深埋处理　尸体处理时在尸体上撒上生石灰，或10% 石灰乳，或4% 氢氧化钠，或5%~20% 漂白粉液等。污染的表层土壤铲除后投入坑内，埋好后对掩埋地面还要进行再次消毒。

二、实验室诊断法

实验室诊断是用物理、化学和显微镜观察等方法对肉羊的体液、排泄物和分泌物进行检查，并将所得的结果结合临床症状进行综合分析的一种相对准确有效的诊断方法。实验室检查依据临床的启示或需要进行，为临床诊断的主要辅助手段。

实验室诊断主要包括血液检查、尿液检查、粪便检查、胃液检查、胃内容物检查、渗出液和漏出液的检查等。

（一）血液检查

血液理化、形态学方面的病理变化反映着血液和其他器官的病态。因此，血液检查在对血液疾病和其他器官疾病的诊断和防治上都有重要的意义。

血液检查按其方法和内容，可分为血液物理性质的测定、血液有形成分（血细胞）的检查和血液化学成分的分析3个方面。

血液常规检查的内容包括血沉测定、血红蛋白测定、红细胞计数、白细胞计数和白细胞分类计数5项。兽医临床最常用的除常规检查外，还有血浆二氧化碳结合力测定、红细胞比容容量测定等。

1. 血液标本的采集

根据检验项目、采血量的多少以及肉羊品种的不同，可以选择不同的采血部位和方法。需血量较多时，在颈静脉采血；需血量少时，在耳缘部刺破小静脉采血。

2. 血液的抗凝

血液检验中，凡用全血或血浆的，均加入适量的抗凝剂，以防血液凝固。常用的抗凝剂和使用方法为：柠檬酸钠0.04~0.05 g或草酸钠0.015~0.020 g可抗凝血液10 ml；EDTA二钠（乙二胺四乙酸二钠）0.01~0.015 g可抗凝血液10~15 ml，也可配成10%水溶液，按每5 ml血液加1滴该溶液，即可抗凝。其中EDTA二钠抗凝的优点较多，在室温下数小时或在冰箱内保存24 h对红细胞比容容量和血红蛋白测定、血小板以及血细胞计数均无影响。

3. 血液涂片的制备和染色

（1）血液涂片制备 取无油脂的洁净载玻片数张，选择边缘光滑的载玻片作为推片（推片一端的两角磨去，也可用血细胞计数板的盖玻片作为推片），用左手的拇指夹持载玻片，右手持推片。先取被检血1小滴，放于载玻片的右端，将推片倾斜30°~40°角，使其一端与载玻片接触并放于血滴之前，向后拉动推片，使与血滴接触，待血液扩散形成一条线状之后，以均等的速度轻轻向前推动推片，则血液均匀地被涂于载玻片上而形成一薄膜。

良好的血片，血液应分布均匀，厚度要适当，对光观察时成霓虹色。血膜应位于玻片中央，两端留有空隙，以便注明羊的性别、编号和日期。

（2）血液涂片染色 瑞氏染色法是最常用的染色法之一。将自然干燥的血片用蜡笔于血膜之两端各画一道横线，以防染色液外溢。置血片于水平支架上，滴瑞氏染液于血片上，并计其滴数，直至将血膜浸盖为止，待染1~2 min，滴加等量缓冲液或蒸馏水，轻轻吹动使之混匀，再染4~10 min，用蒸馏水冲洗，吸干，油镜观察。

4. 细胞计数

细胞计数包括红细胞计数和白细胞计数及白细胞分类计数等，细胞计数是一项细致的工作，需要实验室专业人员进行操作，这里就不作详细叙述，在采血过程中，为避免计数不准，要确保防凝、防溶、取样的正确操作。

5. 注意事项

防凝时采取末梢血液的动作要快，以防止血液部分凝固；抗凝血时，抗凝剂的量要合适，不可过少使血液部分呈小块凝集；采血中应及时将血液与抗凝剂混匀。

防溶是指防止过分振摇而使红细胞溶解，或是器材用水洗后未用生理盐水冲洗而发生溶血，使计数结果偏低。

取样正确是指吸血 10 μl 或 20 μl 一定要准确，吸血管外的血液要擦去，吸血管内的血液要全部洗入稀释液中；稀释液的用量要准；补充液量不可过多或过少，过多会使血盖片浮起，过少则计数室中形成小的空气泡，使计数结果偏低甚至无法计数。

此外，显微镜台未保持水平，使计数室内的液体流向一侧等，这些操作上的错误均可使计数结果不准确。

（二）尿液检查

尿液检查对诊断泌尿系统疾病和判断肾脏功能，具有重要的临床意义。

1. 尿液的采集与保存

检查用尿液，可在家畜自然排尿时用容器接取，或装着采尿袋接取尿液，也可采用人工导尿法采集尿液。也可用手指从直肠压迫膀胱，或两手从腹壁两侧同时压迫膀胱，可引起排尿。必要时可从腹壁进行穿刺，采取尿液。

尿液采取后，应立即检查。如果不能及时检查，为防止酵解，须加入防腐剂，密封，放冷暗处保存。常用防腐剂为甲苯或二甲苯（按 1 L 尿液加入 2~3 ml）、硼酸（1 ml 尿液加入 2.5 g）。检查尿液时，用滤纸过滤。

2. 尿液检查

尿液检查包括尿液的物理学检查、尿液的化学检查和尿沉渣的显微镜检查等项目，需要实验室专业人员进行检查，这里就不进行详细叙述。

（三）粪便常规检查

粪便常规检查包括粪便的感观检查、化学检查和显微镜检查。

1. 粪便的感观检查

粪便的感观检查主要是检查粪便的气味、色泽、硬度和混合物等。

排便次数增多，粪便稀薄如水称为腹泻，见于消化不良、肠炎、羔羊痢疾等。突然更换饲料，饲喂大量霉败饲料和受凉时，也可发生腹泻。

排粪减少，表现为排粪次数和数量都减少。粪便干硬而色暗或表面附有黏液，多为便秘，见于运动不足、前胃迟缓、胃积食、肠变位、排粪有疼痛性疾病和某些神经系统疾病。

排粪失禁，即不自主的排粪，见于严重下痢、腰荐部脊髓损伤和炎症、脑病等。

羊频发便意，不断做排粪姿势，并强度努责，而仅排出少量粪便或黏液的称为里急后重，见于直肠炎及久泻不止时。

排粪时动物呈现疼痛、不安、拱背、努责甚至呻吟、吼叫，见于创伤性网胃炎、肠炎、肠变位、便秘、瘤胃积食等。

2. 粪便的化学检查

（1）粪便酸碱度检查　用 pH 试纸、酸度计等进行测定。其操作方法是取新鲜粪便2~3 g 置试管或小烧杯内，加入中性蒸馏水8~10 ml，搅拌均匀后，用精密 pH 试纸测定。

（2）粪便潜血检查　粪便潜血检查时需准备1% 联苯胺冰醋酸液、3% 过氧化氢溶液、载玻片、竹镊子、酒精灯、小试管等。其具体操作方法：用竹镊子在粪便的不同部分，选取绿豆大小的粪块，置洁净的载玻片上涂成直径约1 cm 的范围。如粪便干燥，可加少量蒸馏水调和涂布。将载玻片在酒精灯上缓缓通过数次，以破坏粪中的过氧化氢酶。冷却后，滴加1% 联苯胺冰醋酸液2~3滴，再加等量新鲜3% 过氧化氢溶液，用玻璃棒搅动混合，将载玻片置于白色背景上观察。若呈绿色或蓝绿色，表明粪便中有血液，常见于出血性胃肠炎。

（3）注意事项　粪便的化学检查所用器材应清洁无血迹。一定要将粪便标本加热处理，否则可呈现假阳性。联苯胺冰醋酸液、过氧化氢液贮存时间过久者，不易发生颜色反应。

（四）瘤胃液检查

1. 瘤胃内容物的采取

采取瘤胃内容物时通常要用胃管（前端开侧孔）、电动吸引器、长针头及注射器等。操作方法：从鼻孔或口腔送入胃管，直到瘤胃背囊，连接吸引器的负压瓶，开动马达，抽吸瘤胃液。或在左肷部剪毛消毒，用长针头穿刺瘤胃，连接注射器抽取瘤胃液。所采瘤胃液，用四层纱布过滤后，送实验室检验。

2. 检验方法

瘤胃内容物的检查包括一般物理性状的检查和纤毛虫计数，纤毛虫计数需要在兽医实验室由专业人员进行计数，这里就不详细叙述了。一般物理性状的检查包括以下几方面。

（1）气味　饲喂干草或青贮料的健康羊，瘤胃液略呈发酵类芳香味；若有酸臭或腐败臭，多为瘤胃内过度发酵，见于瘤胃积食、臌气。

（2）颜色　健康羊瘤胃液为浅绿色，如为黄褐色，表示青贮料过饲；如为灰白色，表示精料过饲；如为乳灰白色，表示瘤胃酸中毒。

（3）黏稠度　用玻璃棒轻蘸少许瘤胃液观察，正常瘤胃液黏稠度适中，如果其过于稀薄，见于瘤胃功能降低、酮病、瘤胃酸中毒；如果其黏稠度增加且混有大量气泡，多为泡沫性臌气。

（4）沉渣　瘤胃液倒入试管后观察，正常瘤胃液很快有沉渣出现，若沉渣过粗且成块时，多为瘤胃功能下降。

（5）pH 测定　瘤胃液的 pH 一般在6.0~7.0之间。pH 下降为乳酸发酵所致，见于过饲碳水化合物为主的精料、瘤胃功能降低和 B 族维生素显著缺乏。

（五）浆膜腔液检查

浆膜腔液包括胸膜腔液、腹膜腔液、心包腔液、关节滑膜腔液等。

1. 浆膜腔液的鉴别与诊断意义

健康羊的浆膜腔（胸膜腔、腹膜腔、心包腔、关节滑膜腔等）内，含有少量浆液，与浆液膜的毛细血管保持渗透压的平衡。若羊的局部组织因受到损伤、发炎，从而造成浆膜腔积液（渗出液），或毛细血管内压增高、内皮细胞受损，血液内胶体渗透压降低，使浆膜腔内液体增多（漏出液）。在疾病诊断中，鉴别它是炎性的渗出液还是非炎性的漏出液，既有利于疾病的诊断，又可为治疗提供确切的依据。

2. 浆膜腔液的采取

浆膜腔液的采取可用穿刺术采取。为防止渗出液凝固，可在试管内事先加入3.8% 枸橼酸钠溶液，约占标本体积的1 / 10即可。

3. 浆膜腔液的检查

（1）浆膜腔液的物理学检验（见表6-2）

表6-2 浆膜腔液的物理学检验指标

类别	颜色与透明度	气味与凝固性	比重
漏出液	一般为无色或淡黄色，透明，稀薄	无特殊气味，不易凝固，但放置后可有微细的纤维蛋白凝块析出，仅有少量沉淀	比重在 1.015 以下，与尿比重测定方法相同
渗出液	一般为淡黄、淡红或红黄色，混浊或半透明，稠厚	无特殊臭味，在体外易凝固	比重在 1.018 以上，标本采集后，为避免凝固，应迅速测定

（2）浆膜腔液的化学检验（见表6-3）

表6-3 浆膜腔液的化学检验指标

类别	浆液黏蛋白试验	蛋白质定量
原理	浆液黏蛋白是一种酸性糖蛋白，等电点pH 3~5，在稀释的冰醋酸液中可产生白色云雾状沉淀	
操作方法	在烧杯或大试管中加蒸馏水 50~100 ml，加冰醋酸 1~2 滴，充分混合后加穿刺液 1~2 滴	浆膜腔液的蛋白质定量方法与尿液蛋白质定量方法相同，但尿蛋白计仅能测定较少量蛋白质，故测定浆膜腔液蛋白质时应稀释 10 倍后进行
漏出液	无云雾状痕迹或微有混浊，且中途消失，为阴性反应	蛋白质含量在 2.5% 以下的为漏出液
渗出液	如浆膜腔液下沉，径路显白色云雾状混浊并直达管底，为阳性反应	蛋白质含量在 4% 以上的为渗出液

（3）浆膜腔液的显微镜检验　主要在于发现和辨别其中的有形成分，以鉴别浆膜腔液的性质，在某些情况下，对确定浆膜腔液的病因有重要意义。操作方法：取新鲜的穿刺液于盛有 EDTA-Na 抗凝剂试管中，抗凝剂的量同血液抗凝方法一样，离心沉淀，上清液分装于另一试管，取一滴沉淀物于载玻片上，盖上盖玻片，在显微镜下观察间皮细胞、白细胞、红细胞等。需做白细胞分类时，则取沉淀物涂片，染色镜检，其方法与血液中白细胞分类法相同。

三、特殊设备诊断法

特殊设备诊断法是现代兽医科技发展所取得的具体成果，为动物疾病的准确诊断提供直观的科学的依据。一般大型规模化牧场多采用 B 超仪器检查种畜怀孕情况。

特殊设备诊断包括 X 线检查（如透视、摄片、X 线造影等）、超声检查（如 A 型超声诊断仪、B 型超声诊断仪、超声多普勒诊断仪等）、心电图检查和内窥镜检查（如喉镜检查、支气管镜检查、食管镜检查、结肠镜检查）等。因每类设备的生产厂家不同，往往操作细节各有不同。

四、综合诊断法

综合诊断就是根据病羊临床症状，结合尸体的外部检查、体腔剖开情况、各器官组织检查和病理试验室及特殊设备的检查结果，进行论证诊断和鉴别诊断等综合分析，对疾病的本质作出判定、诊断并给出结论和治疗处理方案的一种方法。

（一）论证诊断

论证诊断是当疾病的病象已经充分显露，并表现有可以反映某个疾病本质的特有症状时，即可依此而提出某疾病的假定诊断，并将临床诊断所具有的症状、资料与假定的可能性疾病加以比较、审查、分析、研究，若大部及主要症状、条件相符合，所有现象、变化均可用该病予以解释，则这一诊断即可成立，建立初步诊断。进行论证诊断时，必须以所占有的临床症状、实验室资料为依据，能肯定时就肯定，能否定时也应勇于否定。如具有假定疾病应具备的特殊症状或综合征候群，已查明足以引起该病的致病原因，发病情况符合一般规律，通常即可肯定；如果缺乏假定疾病应该具有的特殊症状和足以引起该病的明确致病因素或假定疾病不能解释其全部时，则可否定之，应再设假定疾病，进行论证诊断。要注意疾病的时期及患病个体的特征，不能主观臆断。

（二）鉴别诊断

在疾病的早期，一些复杂的或不典型的病例，尚缺乏足以提示明确诊断的症状和根据，因此，很难作出一个假定性诊断，也就不可能运用论证诊断法进行推断。但是可以根据某一或某几个主要症状提出一组可能的、相近似的有待区别的疾病，并将它们从病因、症状、发病经过等方面进行分析、比较，采用排除法逐渐排除可能性较小的疾病，缩小考虑的范围，最后留一个或几个可能性较大的疾病，作为初步诊断的结果，并根据治疗实践的验证，最后作出确切的诊断。

当然，论证诊断法和鉴别诊断法在疾病的诊断过程中是相互补充、相辅相成的，这是一个集前三种方法的综合过程。一般当提出某一种疾病的可能性时，主要用论证的方法，并适当与近似的疾病加以区别而肯定或否定；但当提出几种疾病的可能性诊断时，则应进行比较、鉴别，经一一排除，再对最后留下的可能性最大的疾病加以论证。在临诊工作中，为能建立正确的诊断，必须以全面而真实的症状、资料为依据；以辩证唯物主义的观点作指导，对症状、资料进行全面、客观的综合分析；用发展的观点看待疾病，对疾病全程的经过作动态的分析，以取得最后的正确结论。

第四节　羊病诊断技术与互联网技术的融合应用

在计算机网络技术日新月异的信息时代，肉羊疾病诊断技术和计算机网络技术进行了全面融合应用。人工智能化的肉羊疾病诊断技术成为最活跃、最有成效的一个研究领域。它是将肉羊疾病诊断所需的知识体系包括流行病学、临床表现、剖检变化等储结果存于计算机的羊病诊断系统，通过计算机超强的运算分析能力，采用不同的高级程序语言（如 PAseAL、FORTRAN、C 等）或人工智能语言（如 LISP、PROL OG 等），模拟人类兽医专家辨证施治思路，求解问题的思维过程；遵循施治规则，结合病例资料数据库中病例的临床症状、流行性病学证型及病理变化和辨证施治过程等，作出推理性结论并提出科学辨证的施治方案或建议。随着计算机信息技术的不断提升和改进，肉羊疾病人工智能诊断系统越来越完善并得到广泛应用，有效提高了肉羊疾病诊断的便利性和准确性。下面就肉羊疾病人工智能诊断系统的发展过程、基本原理和未来的发展方向探究如下。

一、发展过程

20世纪80年代初，计算机研究人员把已建成的专家系统中的知识库"挖"掉，剩余部分作为框架，再装入某一领域的专业知识，构成新的专家系统。在调试过程中只需检查知识库是否正确即可。在这种思想指导下，产生了建立专家系统开发工具，利用专家系统开发工具，动物疾病领域的专家将本领域的知识装入知识库，经调试修改，即可得到本领域的专家系统，无须懂得许多计算机专业知识。国内兽医领域最早用电子计算机对家畜21种病症进行辨证施治，随后江西、江苏和吉林等地采用概率模型或模糊数学模型，对马、牛大家畜电脑辅助诊疗系统进行研究与报道。1985年张信等设计了"马真性腹病电脑诊疗系统"；1992年许剑琴设计出"鸡常见群发病计算机诊断专家系统"；1995年陆昌华设计出"鸡常见疾病计算机临床诊断专家系统（ESCCD）"；1997年吴德华等设计出"犬病专家诊断系统"；1999年北京佑格科技发展有限公司开发出一整套的禽病、猪病、犬病、牛病和羊病诊断专家系统；2005年中国农业大学动物科技学院畜牧生产系统教研组葛翔教授与北京今日网讯信息科技发展有限公司联合研发了"鸡病诊断与防治专家系统 PDE"（Poultry Disease Expert）。自此，动物疾病计算机诊断和防治专家系统得到突飞猛进的发展。

二、基本原理

动物疾病计算机诊断和防治专家系统的基本结构由于不同的设计者，其组成可能有所不同，但是其基本原理基本相同，主要由诊断依据（系统知识库）、诊断中心（推理机）、治疗处方和解决问题方案等几个模块组成。当然不同的设计者还可以设计其他一些模块，比如系统维护、操作指南、在线交流和医生手记、帮助信息和安全退出等。诊断依据（系统知识库）数据库主要记载描述性知识，包括畜禽疾病的流行性特点、临床症状和病理变化等，诊断中心（推理机）包括对已选的特点、症状和病理变化情况通过辨证推理而作出的可能推论，诊断中心（推理机）体现了辨证论治过程的控制性知识，是对人类兽医专家辨证施治思路的模拟，主要应用概率统计的方法，对临床诊断的大量样本进行统计分析而得出结论。每一种疾病都有一定的临床症状及病理变化，其中有一部分是多种疾病所共有的，有一部分是某一疾病所特有的。临床医生诊断疾病时，通过分析病畜禽的病因、临床症状、剖检变化，并和病畜禽某种疾病时应该表现的症状相比较，根据二者的符合程度作出初步诊断。专家诊断系统模拟这种思维方式，通过对兽医临床诊断的大量样本、专家经验和书本知识对疾病信息和症状信息进行分值计量定义，找出症状与疾病之间的统计规律，确定出经验公式，然后根据这些症状信息统计处理。电脑从知识库中挑选一定信息提问操作者，根据操作者的回答结果进行条件选择，并根据选择结果进一步提问，直至选择出符合程度最高的一种或几种可能的疾病，从而作出诊断。在诊断出结果后，用户按取"防治措施"按钮即可将显示和打印出所诊断出的疾病的详细情况：概述、流行病学、临床症状、病理变化、诊断鉴别、防治措施等信息，并给出相应疾病的彩色症状图谱，便于对照观察患畜出现的症状。

三、优点及不足

（一）优点

1. 仿人思维

据兽医临床专家诊疗经验，建立知识库和推理机制，除在指标描述上给出适宜的"权重"外，还赋予用户二次加权的权力，以提高疾病诊断的准确率。在人机对话中，达到客观与主观的有机统一。

2. 高度集成性

系统将临床兽医、计算机与数学等多学科相结合，定性分析与定量分析、符号处理与数值处理相结合。系统采用计算机语言编程，实现知识表达、推理策略有解释，功能实用有效。

3. 简单易学，便于使用

非专业人员无需专门培训，只要移动电脑鼠标即可为畜禽进行疾病诊断和治疗，并且诊断准确率高达95%以上。而专业人员利用该软件能大幅度提高诊断准确率。

4. 诊断准确率高，速度快，具有很强的科学性、先进性和实用性

系统不仅非常适用于各类畜禽养殖场和兽医诊疗部门进行临床诊断，更适用于各饲料厂、兽药厂、饲料兽药经销商进行售后服务使用。

（二）缺点和不足

1. 依靠人的输入

计算机诊断只是提供了诊断方向，并不能代表临床兽医诊断，兽医还要根据该病的流行病学特点（如发病时间、病畜禽年龄、饲养情况、流行病学调查等）、实验室检查（特别是特异性检查，如传染病的病原学检查、免疫学检查等）等才能最后确诊。当然，这些诊断依据也可输入计算机。总之，计算机诊断依据的资料越多，诊断的可靠性越大，而这些诊断依据是靠人输入的。

2. 需不断更新知识库

某症状与某病关系的概率值需搜集大量病例才能确定，病例越多，可靠性越大。所以，专家系统应不断更新知识库。

3. 不能完善代替临床兽医

专家系统在诊断混合感染性疾病方面有一定缺陷，其原因是混合感染使病畜禽表现出复杂的临床症状和患单一疾病时的临床症状不一致，对此电脑只能提示多种可能的疾病，其确诊依赖于实验室检查。所以，目前疾病智能诊断系

统不能完全代替临床兽医进行疾病诊断和防治。

四、疾病诊断系统未来的发展方向

随着科技的创新驱动和计算机系统不断更新完善，动物疾病诊断系统在未来的发展中在硬件配置方面越来越提档升级，并向微型化和便捷化方向发展。在系统的创新方面将会迈入越来越智能化和网络化，并会融入大数据的发展之中，各种动物疾病的最新成果不受空间限制随时随地进行共享，对提高动物疾病诊断的准确率和治疗的及时性意义重大。

（一）微型化

微型化是大规模及超大规模集成电路发展的必然。从第一块微处理器芯片问世以来，发展速度与日俱增。计算机芯片的集成度每18个月翻一番，而价格则减一半，这就是信息技术发展功能与价格比的摩尔定律。计算机芯片集成度越来越高，所完成的功能越来越强，使计算机微型化的进程和普及率越来越快。

（二）网络化

网络化是计算机技术和通信技术紧密结合的产物。尤其进入20世纪90年代以来，随互联网技术的飞速发展，计算机网络已广泛应用于各个领域，越来越多的人接触并了解到计算机网络的概念。计算机网络将不同地理位置上具有独立功能的不同计算机通过通信设备和传输介质互联起来，在通信软件的支持下，实现网络中的动物疾病诊断之间共享资源、交换信息、协同工作。

（三）智能化

让计算机疾病诊断系统能够模拟人类的智力活动，如感知、理解、判断、推理等具备理解自然语言、声音、文字和图像的能力，使人机能够用自然语言直接对话，利用已有的和不断更新的疾病诊断知识，进行思维、联想、推理，并得出科学合理的结论和解决问题方案，实现从业者都是兽医，降低畜禽养殖疾病诊断的相应成本，甚至有一部手机动物疾病诊断 APP 就可以随时随地开展动物疾病的诊断工作。

第七章 肉羊常见病防治技术

肉羊生产中常见疾病的发生是不可避免的，要对肉羊疾病的治疗高度重视。羊场羊只一旦发生疾病，无论大小，都应及时采取有效措施，制订可行方案进行治疗。若治疗不及时，往往会造成疾病的传播和蔓延，导致同舍或邻舍健康羊只被传染，轻则造成用药成本增加，重则引起羊只死亡，对肉羊生产和经济效益造成严重影响。实践证明，在肉羊生产中采用中药保健预防、中西医结合治疗可起到事半功倍的作用。

第一节 羊病的分类

为了能够更好的有针对性地对已发生的羊病采取有效的防治措施，根据羊病的发病原因，对羊病进行分类。按照病原机理可将羊病分为传染病、寄生虫病和普通病三类。生产中肉羊发病往往是两种或两种以上的疾病综合所致，并非是某一种单纯疾病所致。

一、传染病

传染病是指由病原微生物侵入机体，并在体内生长繁殖而引起的具有传染性的疫病。传染病在羊病中是最重要的一类疫病，而且临床上也最常见。一旦发生，常造成严重的经济损失。传染病的病原是各种病原微生物，包括病毒、细菌、支原体、真菌、螺旋体和衣原体等。这些致病因素引起的疫病包括以下类型。

1. 病毒引起的疫病

病毒引起的疫病常见的有口蹄疫、羊传染性口疮、羊痘、羊狂犬病、蓝舌病等。

2. 细菌引起的疫病

细菌引起的疫病常见的有羊破伤风、羊布鲁氏菌病、羔羊大肠杆菌病、羊李氏杆菌病、羊肠毒血症等。

3. 支原体引起的疫病

支原体引起的疫病如羔羊支原体肺炎。

4. 衣原体引起的疫病

衣原体引起的疫病如羊衣原体病。

5. 真菌引起的疫病

真菌引起的疫病如山羊皮肤霉菌病。

二、寄生虫病

寄生虫病是指寄生虫侵入羊体内或侵害其体表而引起的疾病。当寄生虫寄生于羊体时，通过虫体对羊的器官、组织造成机械性损伤、掠夺营养或产生毒素，使羊消瘦、贫血导致生产性能下降，严重者可导致患病羊死亡。常见和比较常见的寄生虫病有以下类型。

1. 蠕虫病

蠕虫病，如肝片吸虫病、双腔吸虫病、前后盘吸虫病、阔盘吸虫病等。

2. 外寄生虫病

外寄生虫病，如硬蜱病、螨病、羊鼻蝇蛆病等。

3. 原虫病

原虫病常见的有羊梨形虫病、弓形虫病、球虫病等。

三、普通病

普通病是指由非生物性致病因素引起的疾病。引起羊常见的普通病有创伤、冻伤、高温、化学毒物、毒草中毒以及营养缺乏等。临床上比较常见多发的普通病按不同发病系统分类如下。

1. 消化系统疾病

常见消化系统疫病有口炎、食管阻塞、前胃弛缓、瘤胃积食、急性瘤胃臌气、瓣胃阻塞、创伤性网胃心包炎、胃肠炎等。

2. 呼吸系统疾病

呼吸系统疫病有感冒、肺炎等。

3. 营养代谢性疾病

营养代谢性疫病如维生素 A 缺乏症、佝偻病、食毛病、羔羊白肌病等。

4. 中毒性疾病

中毒性疫病有机磷中毒、棉酚中毒、尿素中毒、蕨类中毒、醉马草中毒、慢性氟中毒等。

5. 产科疾病

产科疫病有流产、难产、阴道脱、胎衣不下、子宫内膜炎、乳房炎、创伤等。

第二节　常见消化系统疾病的防治

消化系统疾病是肉羊在舍饲条件下常见的一种疾病，如瘤胃积食、前胃弛缓、瘤胃急性臌胀、胃肠炎等。羊消化系统疾病的发病原因有多种多样，但大多是由于饲养管理不当引起的，如饲喂不规律，饲料品质不良（发霉、腐败、冰冻、有毒）或含有土尘、泥沙、不能消化的化纤塑料类物质或突然变换饲料，日粮粗纤维含量太高或太低，饲料粉得过于细碎，饲喂糊状精料，饮水不洁，水草不足等。另外，还有许多传染病和内寄生虫病也都能够引起消化系统疾病的发生。

一、口炎病的防治

口炎是羊常发的消化系统疾病之一，主要表现为口腔（内舌、齿根腭及颊部）黏膜的炎症。临床上以流涎，采食、咀嚼障碍为特征。常见的有卡他性口炎、水疱性口炎、溃疡性口炎。本病一年四季都可发生。

（一）发病原因

根据临床实践，口炎病的发生往往与下列因素有关。

长期饲喂未经加工调制的饲草，如饲喂尖锐麦芒、枯梗秸秆等过于粗硬饲料往往刺伤口腔黏膜，引发口炎病；在口腔检查时操作手段粗暴、使用开口器方法不当或用胃导管及投药器时手法粗鲁等造成机械性损伤；羊只误食有毒植物、口服浓度大或舔食刺激性的药物而引起口炎；饲喂发霉、腐败饲草（如锈病菌及黑穗病菌）而引起的口炎发生；放牧时采食霜冻的饲草料；维生素或锌等元素的缺乏；口蹄疫、口疮等疾病的继发感染均可引起本病的发生。

（二）临床症状

口炎根据发病的轻重可分为卡他性口炎、水疱性口炎和溃疡性口炎三个类型。卡他性口炎主要表现为卡他性炎症，病变以红斑为主；水疱性口炎以口腔黏膜表面出现黄豆大小的水疱为特征；溃疡性口炎以口腔黏膜出现坏死性溃疡为特征。患病羊主要表现为采食量减少，喜欢采食柔软饲料，拒绝采食粗硬饲料；往往出现咀嚼障碍或流涎等。检查黏膜呈斑纹状或弥漫性潮红、温热疼痛、肿胀；口内干臭或腐臭，口腔内出现溃疡和口腔黏膜的糜烂，体温、脉搏、呼吸变化不大。

（三）治疗

治理原则：找准病因、对症治理，加强护理、快速愈合。

治理方法：采取中西医结合治疗效果较好。

具体措施如下。

1. 冲洗口腔

用0.1%高锰酸钾液或2%～3%碳酸氢钠或2%硼酸液或1%明矾液，也可用1%食盐水冲洗口腔。一般一日冲洗2～3次。此法适合卡他性口腔炎的治疗。

2. 向口腔内涂布药剂

用1%食盐水冲洗口腔后，用碘甘油（5%碘酒1份，甘油9份）或2%龙胆紫液，或1%磺胺甘油乳剂涂布创面，每天1~2次。此法适合口腔黏膜或舌面发生烂斑或溃疡时的口炎治疗。

3. 口衔收敛、消炎、杀菌药

口衔磺胺明矾合剂，每日更换一次，或口衔中药青黛散或冰硼散，装入布袋内，热水润湿后口衔。吃草时取下，吃完再带上，每日更换一次。此法适合严重口腔炎的治疗。

4. 对症治疗

对于维生素或微量元素缺乏导致的卡他性口炎病，可通过在饲料和饮水中添加维生素和微量元素，保持饲料营养全价；对于水疱性或溃疡性的口炎，同时继发感染其他疾病，往往引起病羊体温升高。此时可用安乃近注射液、板蓝根注射液配合氨苄西林钠进行肌肉注射；也可用柴胡注射液配合头孢噻呋钠肌肉注射，每天2次，连用3~5 d。

（四）预防

加强饲养管理，给羊只饲喂优质青干草和富含维生素的青绿饲料、块根饲料，精料补充料以全价配合饲料为主。对粗硬饲料可粉碎或氨化处理，不饲喂发霉变质的饲料，灌服药液时保持药液温度和羊只体温相当，禁止灌服过热的药液；开展口腔检查或经口投药时，检查要仔细，操作要慎重；在冬春季节，禁止采食霜冻的饲草料；加强对全羊场的免疫监测，防止口蹄疫、口疮等病的继发感染导致口腔炎症的发生。

二、食道梗塞的防治

食道梗塞是指食道的某一段被异物或食团阻塞而引起的梗塞，病羊表现为急性吞咽障碍、流涎、苦闷不安为特征的一种急性病，牛羊等动物因饲养管理不善或饲喂块根块茎饲料均可引发本病。

（一）发病原因

食道梗塞多由于饲养管理不当，饲料贮存保管散乱或放牧于未收尽的块根、块茎地（如胡萝卜、洋芋）等，有的是由于羊只盗食未经粉碎或饲喂粉碎不全的块根及块茎饲料导致食管腔某段堵塞，引起的以咽下障碍、嗳气停止为特征的一种急性疾病，放牧羊只较舍饲羊只多发。

（二）临床症状

发病突然食欲停止，呼吸急促，表现张口伸舌、头颈伸直、流涎、咳嗽，不断咀嚼，伴有吞咽动作不全，摇头晃脑，惊恐不安。当食管完全阻塞时，由于嗳气受阻，瘤胃中气体不能排出，可迅速继发严重的瘤胃臌气，病羊表现极度不安，腹痛起卧，摇头，可因腹压过大导致窒息死亡。

（三）诊断

食道前部阻塞可以用手在颈侧部摸到阻塞块；深部阻塞可从食道积满唾液有波动感即可诊断。食管完全阻塞时，胃管探诊不能顺利通过食管。胃管探诊可确定阻塞物发生阻塞的部位。

（四）治疗

治疗原则：找准阻塞位置、准确合理采取有效措施。

治疗方法：可根据阻塞部位、阻塞物大小及阻塞物在食道上能否移动等具体情况，采取相应的治疗措施。食道前部阻塞时，可采取口取法；食道深部阻塞时，可采取向胃内推送法、打气法、打水法或扩张法将阻塞物送入胃内；当阻塞物在食道上部固定紧密，无法移动时，可采取砸碎法、针刺划碎法或食道切开法取出，及时疏通食道。

具体措施如下。

1. 口取法

双手从食道两侧将阻塞物由胸腔方向向口腔推压后，阻塞物能从颈部推送到咽部时，可慢慢向咽部推送，直至由口腔取出。此法适合食道前部阻塞。

2. 送入法

将胸部食道阻塞物用胃管向下推送入胃。先灌服液状石蜡20~30 ml、2% 普鲁卡因溶液5~10 ml，待10 min后，插入硬质胃管将阻塞物缓慢地推送进入瘤胃内。此法适合食道后部阻塞。

3. 打气法和打水法

将胃导管插入食道后打气或边插边打气推送阻塞物入胃，或将胃管插入食道，顶住阻塞物，外端接在筒式灌肠器的接头上，将灌肠器插入水中，连续往食道内打水，如阻塞物移动时，顺势推动胃管，将阻塞物送入胃内。

4. 捶碎法

当易碎的阻塞物（如马铃薯）阻塞食管，可将病畜侧卧保定，用木板支在阻塞物下面，用砖块对着阻塞物往下砸，待阻塞物破碎后，用灌水法或用胃管送入胃内。此法适合食道中部阻塞。

5. 手术疗法

如阻塞物不能推入咽部或无法送入胃内时，只好切开食道将阻塞物取出。不过此法在实际生产中很少应用。

具体用哪种方法，要结合具体情况具体对待。当食道阻塞物不能及时排除时，可能继发严重的瘤胃臌气时，可采用瘤胃穿刺放气的方法减轻腹压，避免瘤胃异常发酵导致腹压过大而窒息死亡。

（五）预防

加强管理是预防羊发生食道梗塞的最主要措施。定时、定量饲喂，防止过于饥饿采食过急，饲喂时忌惊吓羊群；饲料加工调制科学化，块根块茎类饲料必须加工达到一定的碎度；给羊饲喂拌料时，要先将羊彻底隔开，拌料水分一定要适宜，粉碎精饲料充分拌匀，防止羊脱圈偷食，防止羊偷食马铃薯、苹果等块状饲料。

三、前胃迟缓的防治

羊的胃和牛的胃一样都是复胃动物，其前胃包括瘤胃、网胃和瓣胃。前胃弛缓往往由于脾胃虚弱所致。病羊前胃消化功能障碍和全身机能紊乱是本病的主要致病原因。病羊主要表现为食欲减退，收缩力减弱，食物在胃内不能正常消化和向后推送而腐败分解产生有毒物质，导致前胃蠕动的动力减弱，反刍和嗳气减少或丧失等。

（一）发病原因

长期饲喂粗硬、劣质和难以消化的饲料（秸秆、稻糠），饲喂品质不良（发霉、变质、霜冻）的草料或突然更换草料等；突然更换饲养方法，供给粉碎精料过多或运动不足等。瘤胃膨胀、瘤胃积食、创伤性胃炎及酮病等疾病也可继发前胃弛缓；长途运输、天气突变、遭受惊吓，公羊配种过度导致疲劳等，某些传染病、寄生虫病及营养代谢病均可引起前胃迟缓的发生。

（二）症状

采食、饮水减少或废绝，反刍缓慢、次数减少或停止；瘤胃蠕动无力或停止，肠蠕动音减弱，蠕动持续时间变短；排粪迟滞，便秘或腹泻；鼻镜上汗珠少，重则干燥；体温正常。病久日渐消瘦、触诊瘤胃有痛感，有时胃内充满了粥样或半粥样内容物。慢性病例瘤胃常发生周期性臌气。病重者精神不振，眼窝下陷，被毛蓬乱缺乏光泽，多喜卧。最后极度衰弱，卧地不起，头置于地面，体温降到正常以下。原发性前胃弛缓较少见，继发性前胃弛缓较多见，常常是作为其他疾病的一个症状而出现。

（三）诊断

根据临床症状结合听诊和饲养管理即可作出初步诊断。

（四）防治

1. 治疗原则

消除病因，恢复瘤胃蠕动能力。

2. 治疗方法

通过科学的饲养管理来预防本病的发生，发生本病时采取综合疗法。

（1）改善饲养管理　对病羊先禁饲1~2 d，但不限制饮水，之后可少量多次饲喂易消化的优质青干草。

（2）兴奋瘤胃蠕动

处方1：给病羊灌服酒石酸锑钾2~4 g，每天服一次，连用3 d。

处方2：肌肉注射复合维生素 B 注射液5~10 ml／只，隔5~6 h 再注射一次。

（3）促进病羊反刍

处方3：促反刍液50~100 ml/只，10%葡萄糖200~400 ml/只，一次静脉注射。

处方4：健胃散30~100 g/只，酵母片30~100片/只，一次灌服，每天一次，连用3 d。

（4）恢复瘤胃内微生物群系　用刚刚屠宰的羊的瘤胃液或健康羊反刍口腔内的草团，经口灌入病羊的瘤胃内。

（5）调节胃肠功能　原发性前胃弛缓，可根据症状灌服缓泻剂、止酵剂。

处方5：龙胆酊20 ml/只、酵母粉10~20 g/只、或木别酊5~10 ml/只加水，混合一次灌服（剂量为成年羊，羔羊或青年羊结合体重适当减量）。

处方6：红糖20 g/只、酵母20 g/只、酒精20 ml/只加水，灌服。

处方7：健胃散30~100 g/只，干酵母片50~100片/只，每天一次，连灌3~5 d。

对于体格壮实，口温偏高、口津黏滑、瘤胃蠕动次数减少，蠕动无力且粪干的病羊可，除了灌服健胃药以外，也可选用液状石蜡200 ml/只灌服润肠通便。

（五）预防

改善饲养管理，加强运动，合理调配饲料，不饲喂霉变和冰冻等劣质饲料，更换饲料或更换饲养方式要逐渐过渡，注意天气突变，精饲料和粗饲料合理搭配饲喂。

四、瘤胃积食

羊瘤胃积食也叫急性瘤胃扩张。兽医称为宿草不转，是因为羊采食大量的难于消化的饲草或容易膨胀的饲料蓄积于瘤胃中，导致的前胃收缩力减弱引发的疾病。临床表现，瘤胃急性扩张，瘤胃容积增大，消化停滞或内容物阻塞，瘤胃运动和消化机能障碍，形成脱水和尿毒症。

（一）发病原因

1. 饲养管理不当

过多采食易膨胀的饲料，如豆类、谷物等；采食大量未经加工处理的半干甘薯秧、花生秧、豆秸等；突然更换饲料，特别是由粗饲料换为精饲料又不限量，更易引发本病。

2. 消化系统疾病引起

因体质虚弱、消化能力不强，运动不足，采食大量饲料而又饮水不足所致；瘤胃弛缓、瓣胃阻塞、创伤性网胃炎、真胃炎和热性病等继发。

（二）症状

病羊呆呆站立，躬着背。还有一些明显的症状，主要表现为呼吸困难，肚腹发胀，急性膨大，左侧大于右侧。用手轻轻拍打或按压病羊发胀的肚子，食滞明显，有时听到有鼓音。另外，发病后反刍停止，在重病后期口吐白沫，很快窒息死亡。

（三）诊断

根据发病原因和临床症状即可确诊。

（四）治疗

1. 治疗原则

清除瘤胃内容物，恢复瘤胃蠕动。

2. 治疗方法

缓解酸中毒，改善瘤胃生物学环境，防止脱水和自体中毒。

（1）禁食按摩 一般病例先禁食，并进行瘤胃按摩，可收到良好的效果。每次按摩5~10 min；也可以先灌服酵母粉50 g，再进行瘤胃按摩。

（2）清肠消导 一般用盐类泻药或油类泻药，加上适量的制酵剂灌服。

处方：硫酸或硫酸钠50~150 g/只，鱼石脂5 g/只，加盐水300~1 000 ml，一次灌服；液状石蜡油或植物油200~300 ml/只灌服。

（3）促蠕动疗法

处方：10%浓氯化钠60~100 ml，静注，同时用复合维生素B注射液5~10 ml，肌肉注射效果更好。

（4）洗胃疗法

用直径1.0 cm、长150 cm的胶管或塑料管一条，经口腔导入瘤胃内，然后来回抽动，以刺激瘤胃收缩，使瘤胃内液状物经导管流出。若瘤胃内容物不能自动流出，可在导管另一端连接漏斗，向瘤胃内注温水600~1 000 ml，待漏斗内液体全部流入导管内时，取下漏斗并放低羊头和导管，用虹吸法将瘤胃内容物引出体外。如此反复，即可将精料洗出。

若病羊食欲废绝，脱水明显，应静脉补液，纠正酸中毒。用10%的葡萄糖注射液200~300 ml，复方氯化钠注射液150 ml或5%糖盐水200~400 ml，5%碳酸氢钠注射液100~200 ml等，一次静脉注射。

（5）强心疗法，防止心脏衰弱。

处方：10%安钠咖5 ml或10%樟脑磺酸钠 5~10 ml，静脉或肌肉注射。

（6）手术疗法　重症而顽固的积食，应用药物不见效果时，可行瘤胃切开术，取出瘤胃内容物。

（五）预防

加强日常的饲养管理，科学合理配合饲料，防止过食或突然变换饲料，避免不良因素引起应激反应。

五、瘤胃臌气的防治

羊瘤胃臌气又称胀气，是因为前胃神经反射性降低，收缩力减弱，过量食用易发酵的草料，在瘤胃微生物的作用下，异常发酵，产生大量气体，引起瘤胃急剧膨胀，导致膈和胸腔脏器受到压迫，呼吸和血液循环障碍而发生窒息现象的一种疾病。

本病按臌气的性质分为泡沫性臌气和非泡沫性臌气；按发病原因又分为原发性臌气和继发性臌气。

（一）发病原因

肉羊饲喂或采食大量幼嫩多汁青草豆科植物，如新鲜的苜蓿、草木樨、紫云英、豌豆藤等臌气源性牧草等；食入雨后或霜露的饲草；食如腐败发酵的青贮饲料以及霉败的干草等；继发性食道阻塞、前胃弛缓、创伤性网炎及腹膜炎等疾病；羔羊喂食多量的变质鲜奶，也可导致胀气；泡沫性瘤胃臌气多是由于采食大量的豆科牧草所致。

（二）症状

羊急性瘤胃臌气常见于采食易发酵的草料后不久，左肷部急剧膨胀，膨胀的高度可超过脊背，病羊呆呆站立，躬着背，病羊痛苦不安，还有一些明显的症状为呼吸困难，左肷部高于右肷部。用手轻轻拍打病羊的左肷部，会像打鼓一样，听到有鼓音。另外，发病后病羊食欲、反刍和嗳气完全停止，若不紧急抢救，病羊可因呼吸困难、缺氧而窒息死亡。呼吸每分钟60次以上，脉搏每分钟达110次以上。眼结膜充血，口色暗，行走摇摆，站立不稳，一旦倒地，臌气更加严重。

慢性瘤胃臌气多为继发性因素引起，病情缓慢，间歇性出现胀气，食欲不振等。

（三）诊断

根据临床症状结合病史即可作出诊断。

（四）治疗

1. 治疗原则

缓泻排气、消除鼓胀、强心补液，解除酸中毒，恢复瘤胃机能为主。

2. 治疗方法

可以根据病羊的情况采取相应的治疗措施。

（1）排除瘤胃内气体

①胃管排气。为顺利排出胃内气体，应使病畜站立在坡地上，头向上坡方向，将胃管缓慢插入。

②穿刺放气。对病重危险的羊，可用16号穿刺针穿刺缓慢放气。在左肷部膨胀部最高点，以碘酊消毒后用套管针迅速刺入，慢慢放气，放气后向瘤胃内注入消气灵40~80 ml。

（2）制止瘤胃内容物继续发酵产气　对轻度膨胀的羊，服用制酵剂，如内服鱼石脂3~5 g或75%的酒精10~30 ml。对泡沫性瘤胃膨气，可选豆油、花生油

50 ml 灌服，也可给羊服消气灵20~100 ml。

（3）排除瘤胃发酵内容物　可给病羊灌服泻剂，如硫酸钠80~100 g 和液状石蜡150~200 ml。

（4）口衔木棍法排气　把病羊牵到斜坡上，头在高处，一人将嘴撑开，另一人双手用力按摩膨胀部让气体排出，或者用一根涂以松馏油或胡麻油的小木棒横放口中，两端用绳子拴于头上，然后进行按摩，使胃内气体从口中排出，排出胃内气体的同时，投服止酵剂，如内服鱼石脂3~5 g 或75% 的酒精10~30 ml。

慢性瘤胃胀气，应及时查明病因并采取科学措施治疗原发病，从根本上治疗瘤胃胀气。

（五）预防

加强日常饲养管理，适当控制幼嫩多汁青草或豆科牧草的采食量；饲喂容易发酵的青绿饲料时，要先喂干草，然后再喂青绿饲料；杜绝食入雨后或霜露的饲草；禁喂腐败发酵的青贮饲料以及霉败的干草；羔羊禁喂变质奶；积极治疗原发病是预防本病发生的最有效措施。

六、瓣胃阻塞

瓣胃阻塞又叫百叶干。由于前胃机能障碍，瓣胃收缩力减弱，食物排出作用不充分，通过瓣胃的食糜积聚，不能后移的水分被吸收而干涸，内容物滞留导致的瓣胃机能障碍的疾病，多发于冬春季节。

（一）发病原因

长期饲喂细碎粉状坚实的饲料，如麸皮、糠皮以及饲喂坚韧而又纤维多的粗饲料，带泥沙不洁的糟、糠及经霜冻的冻饲料，加之饮水量不足是羊发生瓣胃阻塞的主要原因；饲喂方式单一、维生素及微量元素缺乏，导致饮水欲望减少和消化功能迟缓也是导致羊发生瓣胃阻塞的原因之一；长途运输过程，易导致脱水；羊采食塑料袋、地膜等无法消化的异物所致；也可继发于前胃迟缓、瘤胃积食、重瓣胃炎、真胃阻塞、血孢子虫病、产后瘫痪等病。

（二）临床症状

临床上以病羊前胃迟缓，瓣胃容积增大，坚硬、瓣胃听诊蠕动音减弱或消失，触诊疼痛，排粪干少，色暗为主要特征。病期与一般消化不良相似。病期1周后体温上升，食欲、反刍停止；鼻镜干燥无汗甚至龟裂、伴有呻吟；腹痛，回顾腹部；排粪减少或排粪停止，呈顽固性便秘；粪球变小、发黑、坚硬并附有黏液。

（三）诊断

根据临床表现，结合听诊、触诊等即可作出诊断。

（四）治疗

1. 治疗原则

增加瓣胃蠕动，软化干硬内容物促使其排出，同时对症治疗。

2. 治疗方法

方剂1：硫酸镁60~100 g、龙胆酊5~10 mg 混合加水500~1 000 ml，一次灌服；或用液状石蜡200~500 ml，加水内服。

方剂2：瓣胃内注射25% 硫酸镁液50~200 ml。

方剂3：肌肉注射新斯的明注射液2~4 mg，在无腹痛症状时应用。

方剂4：大承气散50~100 g，一次灌服；或用液状石蜡100 ml，大承气散50~100 g 混合一次灌服，体格壮实的羊适用此方。

方剂5：10% 高渗氯化钠40~100 ml、20% 安钠咖10 ml 注射液一次静脉注射。体质虚弱10% 葡萄糖注射液400~800 ml、维生素 C 注射液10 ml，葡萄糖酸钙注射液100 ml，一次静脉缓注。防止脱水和自体中毒，可采用输液疗法。

（五）预防措施

1. 加强饲养管理。要做到草净、料净、槽净，水净。

2. 保持圈舍、运动场卫生，经常清理牧场废弃物。

3. 避免给羊过多饲喂秕糠和坚硬的粗纤维饲料。

4. 及时防治导致前胃弛缓的各种疾病。

5. 注意运动和饮水，增进消化机能。

6. 在饲草或饮用水中拌入或加入一定剂量的人工盐、微量元素、维生素等能够促进肠道蠕动，维持消化道功能的正常运行，可有效预防本病的发生。

七、胃肠炎

胃肠炎主要是由于动物受到多种致病因素的刺激，导致机体胃肠道出现不同程度的炎症和病理变化。羊主要病理变化有胃肠道黏膜发生充血、出血、肿胀，甚至化脓坏死等，该病是临床多发的疾病之一。全身表现为胃肠机能严重障碍和不同程度的自体中毒。本病分原发性胃肠炎与继发性胃肠炎。

（一）发病原因

原发性胃肠炎主要由饲养管理不当引起，如圈舍湿度过大，卫生条件太差；饲料质量不好，如腐败、发霉、变质、带泥沙与霜冻的块根等伤害胃肠黏膜；饲喂时突然更换料、饥饱不均、饲喂次序打乱等，均能致使消化机能紊乱，消化液减少，胃肠内异常发酵。

前胃弛缓、创伤性网胃炎、子宫炎、乳腺炎、肠道寄生虫等也可继发本病。

（二）临床症状

羊胃肠炎多为突发，剧烈而持续腹泻。排泄物常夹有血液、黏液和黏膜组织，有时混有脓液，味恶臭。食欲、反刍减弱，口渴，腹痛不安，耳角根及四肢末梢变凉。病初体温增高，可高达40.5 ℃以上，肠音旺盛、后期变弱、排便失禁时眼窝很快下陷，精神沉郁，脱水，四肢无力，起立困难，呈现酸中毒症状。

（三）诊断

根据临床症状即可作出诊断。

（四）治疗

1. 治疗原则

消除病因，保护胃肠黏膜，对症治疗。

2. 治疗方法

（1）除去病因，加强护理　必要时禁食1~2 d，喂给少量柔软易消化的优质干草。

（2）清肠排毒　可用液状石蜡50~200 ml，鱼石脂3~5 g，混合加温水灌服；或用硫酸钠40~100 g，鱼石脂5 g，加水配成6%~8%的药液灌服。

（3）止泻　腹泻不止可用药用炭20~40 g加水灌服；亦可用鞣酸蛋白5 g，碳酸氢钠8 g，加水适量，1次灌服。

（4）抗菌消炎

方剂1：可用杨树花口服液10~30 ml，白头翁口服液10~30 ml，一次灌服，每日2次，连用3 d；

方剂2：可用白头翁散50~100 g，恩诺沙星口服液10~30 ml灌服，一日1~2次，连用3 d，次方适用于胃肠炎粪便带血；

方剂3：5%乳酸环丙沙星注射液5~10 ml，四季青注射液5~10 ml混合肌肉注射，每天2次，连用3 d；

方剂4：0.1%~0.2%的高锰酸钾溶液400~600 ml，一次量内服。

（5）对症治疗　脱水严重时补充体液，进行输液疗法。可用5%葡萄糖生理盐水200~400 ml，复方氯化钠注射液100~200 ml，一次静脉注射；酸中毒时可加5%的碳酸氢钠注射液80~100 ml，可根据脱水程度，重复应用；保护心脏，可用10%樟脑磺酸钠注射液5~10 ml或安钠咖注射液5~10 ml肌肉注射；如果病情严重，并伴有脱水，可采用复方氯化钠注射液100~200 ml，生理盐水200 ml，5%葡萄糖注射液100~300 ml，维生素C 10 ml，头孢噻呋钠0.5~1.0 g，5%乳酸环丙沙星注射液5~10 ml，四季青注射液5~10 ml混合静脉注射，每天一次，连用3 d。

（五）预防

加强饲养管理，科学合理配制饲草料，定时定量饲喂，保持羊舍干净卫生，定期消毒是预防羊胃肠炎发生的主要措施之一。饲喂品质优良且容易消化的草料，禁止饲喂混有发生霉变或者混杂腐蚀性、刺激性化学物质的饲草，合理搭配草料，保证含有全面营养，同时供给清洁卫生的饮水。及时治疗前胃弛缓、创伤性网胃炎、子宫炎、乳腺炎、肠道寄生虫病等也是预防本病发生的重要措施。

八、肠便秘的防治

羊肠便秘是因肠道运动机能减退和分泌机能紊乱而造成粪便在某段肠道内干结导致排出困难、腹痛和排粪迟滞为主要特征的一种疾病。绵羊和山羊均可发生，人工哺乳的羔羊发病率较高。

（一）病因

主要病因是饲养管理不当，如饲料质量低劣，突然变换饲料；长期饲喂单一豆秸、麦秸等粗纤维多的作物秸秆；饮水不足，机体缺水，食盐不足，气候突然变冷未做保护措施，缺乏运动。其他疾病继发，如蛔虫病、绦虫病、肠石症、肿瘤、肠肉芽肿、慢性消化不良、高热疾病引起胃肠蠕动减弱均可引发本病。

（二）症状

发病初期，体温无明显变化，病羊食欲减退。大羊发病时，最主要的症状是不时做伸展腰动作。严重者面部表情忧郁、离群、不食，常后顾腹部，起卧极不安宁；静卧霎时又起立前行，或者毫无方向地走动，变换一个地方又重新卧下。初生小羊患病时，时常伏卧，后腿伸直，哀叫，表情痛苦，有时起卧不安。尾根上翘，排少量干涩粪便。发病后期，病羊食欲废绝，肠蠕动音消失，排粪停止，病程后期，体温下降，卧地不起，眼球下陷，心脏衰弱，最后脱水、虚弱及自体中毒而死亡。

（三）诊断

可根据临床症状腹痛、伸展腰、静卧霎时又起立前行、不见粪便排出等临床症状即可确诊。

（四）治疗

1.治疗原则

加强护理，疏通肠道，镇痛解痉，减轻疼痛，缓解肠内压，纠正酸中毒。

2.治疗方法

（1）促进肠蠕动　用新斯的明1~2 mg皮下注射；也可肌肉注射复合维生

素B注射液5~10 ml，促进肠蠕动。

（2）灌肠　此法对直肠和结肠后段便秘效果较好。用温肥皂水或温水灌肠时若无灌肠器，可用小橡皮管与漏斗连接，将橡皮管的另一头插入肛门，徐徐将肥皂水灌入肠内。灌入水量不限制，见羊努责时，可让其自由排出，然后再反复灌入。

（3）灌服泻药　此法适用于肠道前段，如十二指肠和空肠、盲肠、回肠结肠前段的便秘治疗；以泻盐硫酸钠80~100 g加水配制成6%~8%的溶液灌服，或用液状石蜡150~300 ml一次灌服；对于体质强壮的羊可用大承气散60~100 g，一次灌服。

（4）镇痛解痉　对于腹痛不安的可肌肉注射30%安乃近注射液5~15 ml。

（5）缓解肠内压　可灌服鱼石脂乙醇止酵剂，制止胃肠异常发酵；对于严重瘤胃臌气的可进行瘤胃穿刺放气。

（6）强心补液，纠正酸中毒　补液可促进有毒物质排泄和使pH恢复至正常范围。对于心脏衰弱的可肌肉注射10%樟脑磺酸钠通5~10 ml；也可5%葡萄糖200~1 000 ml，生理盐水100~200 ml，5%碳酸氢钠注射液60~100 ml，维生素C注射液5~10 ml，一次静脉注射，可获满意效果。

（7）手术疗法　对严重的肠便秘，用上述方法治疗未果后，可及时进行手术疗法。手术疗法治疗羊肠便秘在临床上不常用。

（五）预防

1. 加强饲养管理，合理搭配日粮，饲料组成要科学且品种多样化。

2. 饲料中添加适量的食盐，每天供给充足清洁的饮水。

3. 防止应激反应，注意防寒解暑、变换饲料要逐渐过渡。

4. 及时治疗，如蛔虫病、肠石症、肿瘤、肠肉芽肿、慢性消化不良原发病。

第三节　常见呼吸系统疾病的防治

呼吸器官在整个生命过程中经常与外界环境保持接触，因此外界繁杂的致病因素就有较多的机会侵害呼吸器官，特别是由于饲养管理的不合理，会造成肉羊抗病力降低，引起呼吸器官发病。呼吸系统发病率占内科病的20%~40%，仅次于消化系统疾病。由于呼吸器官是动物的重要器官，重度的疾患会严重地危及动物的生命（死亡率约10%），而且绝大多数患病羊在罹病期或耐过后，常影响生产能力，并留有后遗症。因此，呼吸系统疾病的防治对肉羊生产具有十分重要的意义。

一、感冒

感冒是羊常发的一种轻微的呼吸道疾病，也就是我们常说的伤风。在临床上以咳嗽、流鼻液、畏光流泪、体温升高为特征。本病有传染性，以羔羊和老、弱、病、残羊多发，一年四季都可发生，但以早春和晚秋，气候多变季节多发。

（一）发病原因

羊的感冒根据致病原因分风热感冒和风寒感冒两种。风寒感冒多发生在冬季和初春季节，羊体受到风寒外邪的侵袭，引起上呼吸道炎症为主的急性全身性疾病，多发生在气候突变，受冷或者羊体被雨雪淋湿，特别容易发生此病。风热感冒多发生在夏秋季，天气炎热，受热空气刺激而引发的以羊体出汗，表现以热象为特征的疾病。饲料灰尘过大，或者放牧时草木灰尘过多，也可以使羊受到刺激发生这样的疾病。长距离运输羊，应激反应比较大，羊身体抵抗力下降，也可引起感冒的发生。

（二）临床症状

风寒感冒表现为体温升高，怕冷、咳嗽、流鼻涕、打喷嚏、摇头等症状，病羊精神不振，食欲减退，在墙壁或食槽上擦鼻止痒，反刍减少或者停止，鼻端发凉，能听到鼻呼吸音，鼻黏膜潮红肿胀，呼吸困难，眼结膜充血、流泪、常伴有结膜炎，口舌青白，舌有薄苔，舌质变红，呼吸加快，肺呼吸音增强，严重时有啰音，常伴咳嗽，耳鼻四肢发凉，有的肌肉震颤，病羊喜欢挤在羊群中间。

风热感冒主要表现为怕热，病羊远离羊群，喜欢卧在泥土或潮湿的地方，口腔黏膜发绀，表现口渴症状，喜欢喝水，眼结膜有黏稠分泌物，粪便干燥秘结。

（三）治疗

1. 治疗原则

风寒感冒以祛风散寒、辛温解表为主；风热感冒以辛凉解表为主。重症者抗菌消炎，对症治疗。

2. 治疗方法

病羊隔离，保持圈舍干净通风，给予清洁饮水和优质青饲料，及时治疗。推荐处方如下。

处方1：肌肉注射柴胡注射液5~20 ml，或30%安乃近注射液5~15 ml；每日1~2次，连用2天。

处方2：防止继发感染可用鱼腥草注射液5~20 ml、氨苄西林钠0.2~0.5 g，肌肉注射，每日2次，连用2 d。

处方3：板蓝根注射液 5~15 ml，头孢噻呋钠0.2~0.5 g，肌肉注射；每日1次，连用2 d。

处方4：每千克体重青霉素2万~3万 IU、硫酸链霉素10~15 mg，板蓝根注射液10~20 ml，肌内注射，每日2次，连用2~3 d。

（四）预防

冬春季节天气突然变冷，在饲料或饮水中加入荆防败毒散可有效预防风寒感冒的发生；夏秋季天气炎热，适当在饲料或饮水中加入银翘解毒散或清瘟败毒散可预防风热感冒的发生。日常管理中要注意通风，羊群保持适宜的密度也是预防感冒发生的主要措施之一。

二、支气管炎的防治

羊的支气管炎是受到刺激后引起支气管黏膜表层和深层的炎症，临床上以黏膜充血，肿胀，咳嗽，流鼻液为特征的一种疾病。寒冷季节和气候突变时容易发生本病。一般根据疾病的性质和病程分为急性和慢性两种。

（一）病因

肉羊受寒冷刺激或继发于感冒，因支气管黏膜防御机能降低，病原菌乘机侵入；吸入刺激性的物质，如有毒气体、尘粒；寄生虫幼虫移行期带入病原菌，引起感染；继发于热性传染病和邻近器官的炎症。

（二）症状

1. 急性支气管炎

病初表现短、干、痛、咳，随着炎性渗出物增多，变为湿而长的咳嗽行为。鼻孔流出浆液性、黏液性或黏液脓性的鼻液，呈灰白色或黄色；胸部听诊肺泡呼吸音增强，并可出现干啰音和湿啰音。

2. 慢性支气管炎

病程长，时轻时重，患畜常发干咳，尤其在运动、采食、夜间或早晨气温较低时干咳明显。胸部听诊可长期听到啰音，长期呼吸困难。

3. 腐败性支气管炎

出现呼吸困难、呼出气体有腐败性恶臭气味，两侧鼻孔流出污秽不洁和有腐败臭味的鼻液。听诊肺部可能出现空瓮性呼吸音。病畜全身反应明显。血液检查，白细胞数增加，中性粒细胞比例升高。

（三）诊断

主要根据病羊频繁咳嗽、流鼻液、气管啰音以及 X 射线检查肺部有较粗纹理的支气管阴影等确诊。

（四）治疗

1. 治疗原则

本病的治疗原则主要是祛除病因，镇咳、祛痰、消炎。

2. 治疗措施

祛痰止咳

（1）当病羊频发咳嗽，分泌物黏稠不易咳出时，应用祛痰剂。

方剂1：碳酸氢钠 10~15 g，远志酊 10~15 ml，温水 100 ml，1 次内服。

方剂2：氯化铵 5 g，杏仁水 10 ml，远志酊 10 ml，温水 100 ml，1 次内服。

（2）病畜频发咳嗽，分泌物不多时，可选用镇痛止咳剂。

方剂3：复方樟脑酊，8~10 ml，内服，每日 2~3 次。

方剂4：麻杏石甘口服液10~30 ml，内服，每天2~3次。

（3）消除炎症，可选用抗生素和磺胺类药物治疗。

方剂5：羊每千克体重青霉素2万~3万 IU、链霉素10~15 mg，鱼腥草10~20 ml，肌肉注射，每日2次，连用2~3 d。

方剂6：病情严重者可用10%磺胺嘧啶钠溶液，羊每千克体重0.5~1.0 ml，静脉或肌肉注射，每天2次，连用2~3 d。为了防止尿石症的发生，可每天口服碳酸氢钠10~15 g，碱化尿液。

（五）预防

该病的预防主要是加强营养管理，增强机体的抵抗力，防寒保暖，防治感冒的发生。对已病患畜充分休息，将病羊置于通风良好、清洁、温暖的厩舍中，给予多汁易消化的饲料，并勤饮清水。

三、支气管肺炎的防治

羊支气管肺炎通常是羊肺部前下位置和肺小叶发生的炎症。羔羊发病率较高，春秋季节多发，有时呈流行性。支气管肺炎是支气管、细支气管和肺小叶群同时发生炎症，因此也称小叶性肺炎。临床上以出现弛张热型、咳嗽、呼吸次数增多，肺部叩诊有散在的岛屿状浊音区、听诊有啰音和捻发音为特征。

（一）病因

因饲养管理不当，过度劳累，受风寒侵袭和理化因素刺激，机体的抵抗力降低，病原菌感染等引发支气管肺炎。支气管肺炎往往会继发于其他疾病，如感冒、支气管炎、流行性感冒。

（二）症状

1. 咳嗽是本病的主要症状。病初干咳、短咳、痛咳，以后发展为湿咳。

2. 流黏液性或脓性鼻液，鼻液附着于鼻孔周围，干涸后堵塞鼻孔，常常影响呼吸，引起一定程度的呼吸困难。

3. 体温升高1.5~2.0 ℃，呈弛张热型，肺小叶炎症消退后体温略降低，但不降到正常体温，心跳加快，可达70~120次/min。

4.肺部叩诊，在肺的前下部有岛屿状浊音区，浊音区周围呈过清音。

5.肺部听诊，病灶区肺泡音减弱，有捻发音，病的中期由于渗出物充满肺泡，肺泡呼吸音消失，有湿啰音。

（三）诊断

1.根据临床症状和病史可作出诊断。

2.有条件的地方可用 X 射线检查，肺部有散在阴影。

（四）治疗

1.治疗原则

加强饲养管理，止咳，消炎，制止炎性物的渗出，促进炎性渗出物的吸收。

2.治疗方法

（1）抗菌消炎　可选用磺胺类药物、青霉素、链霉素、庆大霉素、卡那霉素、氟苯尼考等。

方剂1：羊每千克体重青霉素2万~3万 IU，链霉素10~15 mg，鱼腥草注射液10~20 ml，肌肉注射，每日2次，连用2~3 d。。

方剂2：病情严重羊可用10% 磺胺嘧啶钠溶液，每千克体重0.5~1.0 ml，静脉或肌肉注射，每天2次，连用3~4 d。为了防止尿石症的发生，可每天口服碳酸氢钠 10~15 g，碱化尿液。

方剂3：10% 氟苯尼考注射液5~10 ml、10% 多西环素注射液5~10 ml 混合，肌肉注射每天1次，连用2~3 d。

（2）制止炎性物渗出，促进炎性渗出物的吸收。

方剂4：用5% 或10% 钙化液50~100 ml，维生素 C 注射液10 ml，加入10% 葡萄糖注射液缓慢静注。

（3）对症治疗，主要是强心、防止自体中毒。

方剂5：10% 的樟脑磺酸钠注射液5~10 ml，肌肉注射。

方剂6：5% 碳酸氢钠溶液50~100 ml，维生素 C 注射液10 ml，10% 葡萄糖注射液200~300 ml，一次缓慢静注。

（4）治疗原发病　如继发于其他疾病，应积极治疗原发病，及早消除病因，做到综合防治。

（五）预防

支气管肺炎的预防可参考羊支气管炎的预防措施。

四、异物性肺炎的防治

异物性肺炎又称坏疽性肺炎。肺部吸入异物（食物、药物、呕吐物）或腐败菌侵入肺部，或初生羔羊吸入羊水等，如不及时治疗，均可引起肺局部组织坏死、肺组织分解，临床上以呼吸极度困难，两鼻孔流出脓性、腐败性和极为恶臭的鼻液为特征。

（一）发病原因

发病羊强迫灌药、药浴驱虫操作不当，药液吸入气管，或胃管投药投错部位，部分药误入气管等均可引起本病的发生；母羊难产或产程过长导致新生羔羊吸入羊水；羊患咽炎、咽麻痹、破伤风疾病等因吞咽困难导致食物或药物吸入气管也可引起异物性肺炎。

（二）临床症状

在临床上主要以呼吸困难、呼出恶臭气体，鼻腔流出浆液性或黏脓性味臭的鼻液，听诊出现明显浊音为典型特征。当对羊灌药或药浴等操作后迅速发病，出现咳嗽、不安、惊恐及肺炎症状。体温迅速升高，达40℃，为弛张热。呼吸困难，脉搏增速，呈腹式呼吸，痛性咳嗽，初期干咳，随着病情的发展转变为湿咳。病羊精神沉郁，食欲减退或废绝。肺部听诊有明显湿浊音，叩诊肺区呈浊音。当发生肺坏疽时，则呼气恶臭，两鼻孔流出恶臭而污秽的鼻液，呈褐灰色带红或淡绿色，在咳嗽或低头时常大量流出。

（三）诊断

根据发病原因和临床表现即可作出诊断。

（四）治疗

1. 倒提处置法

当药液进入气管时，立即将患病羊从后腿倒提起来，拍打两肋，让吸入的异物快速排出，此法适用于刚灌药或新生羔羊发生异物性肺炎的紧急处置。

2. 抗菌消炎

应用大量抗生素，制止肺组织腐败分解。

方剂1：青霉素2万~3万 IU / kg、链霉素10~15 mg/ 只，鱼腥草注射液10~20 ml/ 只，肌肉注射，每日2次，连用5~7 d；

病情严重者除用上面方剂治疗外，可用头孢噻呋钠0.2~1.0 g，板陈黄注射液5~20 ml 肌肉注射，每日1次，连用5~7 d。

方剂2：可用10% 磺胺嘧啶钠注射液，羊每千克体重0.5~1.0 ml，加入到0.9% 生理盐水100~300 ml 静脉注射或肌肉注射，每天2次，连用5~7 d。

注意：在静脉注射磺胺嘧啶钠时要静脉注射一定量的碳酸氢钠，防止尿石症。

方剂3：用10% 氟苯尼考注射液5~10 ml、20% 多西环素注射液5~10 ml 混合，肌肉注射，每天一次，连用3~4 d。

3. 对症治疗

治疗方式参考支气管肺炎的治疗。

4. 对严重异物性肺炎不建议治疗，建议淘汰处理。

（五）预防

口服给药或药浴时要注意操作方法，避免将药物、药液等吸入呼吸道；及时治疗咽炎、咽麻痹、破伤风等疾病；准确记录羊的预产期，适时做好助产工作，防止羔羊吸入羊水，羔羊产下后，要及时清理口腔和鼻腔羊水黏液等，可将羔羊倒提10 min 左右，将吸入呼吸道和口腔的羊水等异物全部排出。

第四节　常见产科（后）疾病的防治

产后疾病往往是由于产后饲养管理不善、病原体感染或接产不科学等原因导致繁殖母羊发生的产科疾病，如不进行及时治疗将对肉羊繁殖和生产造成一定影响。

一、早产与流产的防治

当羊的胚胎或胎儿与母体之间的孕育关系被破坏，使妊娠中断就会发生早产或流产现象，此病多发在母羊怀孕3~4月龄。

（一）病因

造成早产和流产原因很多，如感染衣原体病、布鲁氏菌病、沙门氏菌病、蓝舌病等传染性疾病引起的早产和流产；寄生虫病引起的流产性早产和流产；营养物质（如硒）缺乏、母体内激素水平不足、饲养管理不当均可引起的早产和流产等。

（二）症状

早产和流产的预兆及过程与正常分娩相似，怀孕母羊出现流产先兆，如阴门肿胀充血、黏液流出夹杂血液、乳房肿大甚至可以泌乳。部分妊娠母羊流产后表现努责、拱背、频繁排尿等。如排出呈水肿、气肿、色暗、坏死腐败有臭味胎儿时，一般是因子宫炎症引起的流产；因外伤导致胎儿流产，产道多数流出血液颜色新鲜，甚至排出活胎。一般早产的胎儿精心照顾部分可以存活。有时排出干尸样胎儿和浸润胎儿。胎儿干尸化和胎儿浸润是延期流产的表现形式。

（三）诊断

根据母羊预产期不到和临床表现，即可作出具体的确诊。

（四）治疗

1. 有流产先兆时用药物进行保胎

保胎常用的药物有黄体酮15~30 mg，肌肉注射；或皮下注射1% 硫酸阿托品5~10 ml；灌服中草药以安胎。

2. 助产

防止流产不可能时，应及时助产（按难产处理方法），处理后的母羊要防止子宫炎症发生。

3. 对延期流产

用前列腺素（可同时使用己烯雌酚），促使颈口扩张，设法排出胎儿及胎儿骨片。大部分羊的胎儿干尸化，一次性注射雌激素后约24h即可将干尸排出。然后用0.01%的高锰酸钾溶液冲洗，并注射抗生素。另外，宜采用适当的对症疗法。

（五）预防措施

1. 加强对怀孕母羊饲养管理

科学调配日粮是预防早产和流产特别是营养性早产和流产的主要措施之一。加强饲养管理，饲料中足量添加胡萝卜，适当添加精饲料和含硒微量元素添加剂，特别是冬春季抓好补饲工作，以增强孕羊体质，提高抗病能力；实行公母分群饲养，保证栏舍清洁卫生和通风良好。

2. 要严禁喂发霉、变质、冰冻或其他异常饲料，禁忌空腹饮水和饮冰渣水。

3. 在日常放牧管理中禁忌惊吓、急跑、跳沟等剧烈动作，特别是在出入圈门或补饲时，要防止相互挤压。

4. 抓好免疫措施的落实。因地制宜制定免疫程序，提前做好布病疫苗的免疫接种工作。

5. 人工授精时，科学操作，严格消毒，防止感染产道疾病。

6. 及时治疗衣原体病、布鲁氏菌病、沙门氏菌病、寄生虫病等原发病。

二、阴道脱出的防治

阴道脱出是指阴道壁的一部分突出阴门外，或整个阴道翻出脱垂于阴门之外的总称。常见于妊娠后期、年老体弱、多胎、高产的母羊。

（一）病因

1. 激素水平的影响

怀孕后期，胎盘产生过多的雌激素，使骨盆内固定阴道的组织和韧带松弛，引起阴道脱出。

2. 腹腔压力过大

怀孕后期胎儿过大，胎水过多或怀双胎或多胎使腹内压增高。

3. 饲养管理不当

营养不良，体弱消瘦或年老经产，运动不足时，全身组织特别是盆腔内的支持组织张力减弱或降低，可引起本病。

4. 疾病因素

瘤胃臌胀、积食便秘、下痢、分娩瘫痪、产前截瘫、直肠脱出、阴道受到过分刺激、严重的骨软病卧地不起以及产后努责过强等，可继发阴道脱出。

5. 其他因素

放牧回圈拥挤等外力作用所致。

（二）症状

阴道部分脱出时，使阴道壁的位置发生改变，形成皱襞从阴门中突出来。多发生于产前，在母羊卧地时，可见到有一鸡蛋或核桃大的粉红色瘤状物夹在两侧阴口唇之中，或露出于阴门之外，站立时，脱出部分多能自行缩回。如病因未除，反复发生脱出，则脱出的阴道壁会逐渐增大，以致病羊起立后需经过较长时间才能缩回，脱出时间过久，黏膜出现充血、水肿、干燥，甚至出现龟裂，流出带血的液体。脱出的黏膜上常常粘有粪便、垫草和泥土。病羊常表现不安、拱背、努责，不时做排尿姿势。如发炎和损伤严重，又发生在产前强烈持续的努责，可能引起直肠脱出、胎儿死亡和流产。

（三）诊断

阴道脱出可根据临床症状即可作出诊断。

（四）治疗

1. 保守疗法

对站立后能自行恢复的阴道部分脱出，特别是快要生产的病例，治疗时首先是防止脱出的部分继续扩大和受到损伤，这种患病羊分娩后多能自愈。对患病羊站起后不能自行缩回的阴道部分脱出和全部脱出，则应及时整复，并加以固定。

2. 手术疗法

适用于阴道完全脱出和不能自行缩回的部分脱出。整复前对脱出的部分清洗消毒，切忌动作粗鲁引起损伤。对出现水肿瘀血者，事先加以处理，如有破口须用肠线缝合。整复之后应加以固定。固定阴道的方法很多，常用的有圆枕缝合和袋口缝合法两种，严格操作程序。

3. 补中益气

对饲养管理不当造成营养不良、体弱消瘦或年老经产的母羊，灌服中成药补中益气散50~100 g，每天一次，连用5~7 d。

（五）预防

1. 加强妊娠期母羊的饲养管理。妊娠期母羊最好散养，适当增加运动量，供给营养全面的日粮。

2. 妊娠期母羊减少粗饲料的供给量，以母羊吃七八成饱为标准，减轻腹压。

3. 适当控制饮水量，每天饮水2~3次，或自由饮水，减轻腹压。

4. 发现有阴道脱出情况，及时赶羊站立，让脱出的阴道自行恢复。

5. 及时治疗怀孕母羊的瘤胃臌胀、积食便秘、下痢、分娩瘫痪、产前截瘫、直肠脱出等原发病。

三、难产的防治

母羊分娩时，不能将胎儿顺利由产道排出，即为难产。初产母羊因产道狭窄，胎儿过大难产的较多；经产母羊的难产主要是胎位不正（头侧弯，头颈下弯，肩部前置，前肢屈曲，臀部前置）、子宫收缩无力等引起的难产比较多见。

（一）病因

母羊难产的原因较多，常见的有子宫阵缩无力，胎位不正，胎儿畸形或过大，子宫颈狭窄，骨盆狭窄等；如母羊营养不良则自身肌肉收缩无力，阵缩和努责强度不够，胎儿孱弱或活力不足，导致胎儿难分娩；母羊营养过剩不仅表现母羊肥胖，同时表现胎儿发育过大，临产时胎儿难以进入产道，造成产道相对狭窄而引起分娩困难；全舍饲母羊，运动不足，母羊骨骼、肌肉、脏器组织发育不充分，功能得不到很好的锻炼，母羊表现为体格小、体质差，抗应激能力弱，分娩时常会引发难产；母羊临产时的疼痛刺激，外界不良环境干扰，造成神经系统、内分泌系统紊乱，表现为紧张、急起急卧、生殖激素分泌不足或失调，使胎儿胎位、胎势异常或子宫扭转等难产情况发生。

（二）症状

难产的母羊临床症状明显，主要表现为母羊长时间频繁努责，不见胎儿排出，难产后期努责无力，患羊呻吟或瘫痪。

（三）诊断

母羊难产根据临床症状和表现即可确诊。

（四）治疗

1. 治疗原则

通过临床检查，查明难产原因，及时治疗。

治疗之前，要及时查清难产原因，在助产前需进行如下检查。首先了解母羊是否到了预产期，开始分娩的时间、初产或经产、胎膜是否破裂、有无羊水流出、是否进行过助产和治疗等；产前检查重点要放阴道检查和胎位、胎势、胎向确认等方面；还要检查产道是否有黏膜水肿，表面干燥程度和有无损伤，并注意损伤的程度及有无感染；产道检查胎儿时，应注意胎儿是否正常、体格大小及胎儿的生死等情况。

2. 治疗方法

（1）如果胎位正常，羊水已经流出，但子宫收缩无力。可以使用增强子宫收缩的药物，增强子宫收缩力，帮助产出胎儿。可皮下注射催产素20~50 IU；或肌肉注射垂体后叶素10~50 IU。

（2）因母羊剧烈努责，无法操作时，可进行交巢穴或尾椎硬膜外腔麻醉（用2%普鲁卡因5 ml）。趁母畜不努责时，先将胎儿送回子宫腔内，再矫正胎儿的姿势，可按不同的异常产位将其矫正，然后将胎儿拉出产道。

（3）产程过长产道干涩或产道狭窄时，产道内要灌注或涂抹注入一定量的消毒过的液状石蜡等润滑剂，并配合母畜的努责牵引胎儿，以免损伤产道。

（4）做好胎膜剥离和子宫腔及产道的消炎防腐治疗。

（5）取出胎儿后，要及时作好胎儿的救助和处理工作。

（6）矫正胎位确有困难，或子宫颈狭窄、骨盆狭窄时，及时进行剖宫产手术。如胎儿已死，拉出困难，可用隐刃刀或线锯将胎儿切成小块、从产道分别取出。

（7）助产引起子宫出血可注射止血敏8~10 ml 或缩宫素20~50 IU。

（五）预防

1. 适时配种

适时配种就是指母羊发育到适当的时候进行配种，初次配种的母羊年龄不能太小，体重达到成年羊体重的65% 以上。

2. 加强母羊妊娠期的饲养管理

合理配制饲料，避免体型过瘦和过度肥胖。

3. 加强运动，增强体质

怀孕母羊每天应该适当运动，保持良好体况，提高抵抗力。

4. 营造适宜的分娩环境

分娩前将母羊赶到产羔室并保持圈舍干净卫生，安全舒适。

四、胎衣不下的防治

胎衣不下也称胎衣滞留，牛羊等家畜都可发生。母羊分娩后，经过4~6 h 仍不排出胎衣，即为胎衣不下，在临床上发病率特别高，如果治疗不彻底，常常引起子宫炎症、发情异常，严重导致母羊不孕，严重影响肉羊产业发展。

（一）病因

1. 产后子宫收缩无力

怀孕期间饲料单一，营养不良，缺乏无机盐、微量元素和某些维生素；或是产双胎，胎儿过大及胎水过多，使子宫过度扩张；雌激素不足，导致子宫收缩无力。

2. 胎盘炎症

怀孕期间子宫受到感染发生隐性子宫内膜炎及胎盘炎，母子胎盘粘连。常见的有羊感染了布鲁氏菌、胎儿弧菌等，维生素 A 缺乏等均可引起胎儿胎盘与母体胎盘粘连。

3. 流产和早产等原因导致

4. 环境应激反应所致

母羊分娩后，受到惊吓或刺激等干扰产生应急反应，子宫颈口过早闭锁，无法使胎衣及时排出。

（二）症状

母羊产羔后，胎衣未在正常时间内排出；部分胎衣露出阴门外；病羊弓背、举尾和努责现象。经1~2 d，停滞的胎衣开始腐败分解，从阴道内排出污红色混有胎衣碎片的恶臭液体。患病羊表现出体温升高、精神沉郁、食欲减退、泌乳减少等全身症状。

（三）诊断

羊的胎衣不下根据临床症状，结合阴道检查即可确诊。

（四）治疗

1. 治疗原则

促进子宫收缩，加速胎衣排出。

2. 治疗方法

胎衣不下治疗方法有药物疗法和手术剥离两种。

（1）药物治疗

处方1：皮下或肌肉注射垂体后叶素20~40 IU。最好在产后8~12 h注射，如分娩超过24 h，则效果不佳，可隔2~4 h重复注射一次；

处方2：注射催产素20~50 IU；

处方3：苯甲酸雌二醇注射液1~3 mg肌肉注射，每日或隔日一次；

处方4：10%葡萄糖酸钙注射液100~150 ml，10%葡萄糖注射液200~300 ml，维生素C注射液10 ml，一次静脉注射。

处方5：向子宫腔内投放四环素族、土霉素、磺胺类或其他广谱抗生素粉剂及防腐消毒类药物，如0.1%高锰酸钾、0.5%新洁尔灭或0.01%碘溶液等，起到防止腐败的作用，防止继发感染。隔日投药一次，共用2~3次。

处方6：益母生化散（中成药）60~100 g，灌服，每天一次，连用7 d。

处方7：青霉素2万~3万IU、链霉素10~15 mg、鱼腥草10~20 ml肌肉注射，每天2次，连用3~4 d。主要防止继发感染。

（2）手术剥离　捻转剥离胎衣。0.1%高锰酸钾液洗净外阴后，带上长臂手套，手套外消毒并涂抹润滑剂，一手抓住外露胎衣，顺时针方向捻转几周后逆时针方向再捻转剥离胎衣，动作力度要适宜，不易剥离不要强行剥离。剥离胎衣应做到无菌操作，彻底剥净，在5~20 min内剥完，动作要轻，不可粗暴，严禁损伤子宫内膜。对患急性子宫内膜炎和体温升高的病羊，不可进行剥离。

（五）预防

1. 加强饲养管理

增加母羊运动，注意饲料营养的合理搭配及矿物质的补充，特别是钙与磷的比例要适当。做好布鲁氏菌病、沙门氏菌、结核杆菌等的防治工作

2. 科学助产

母羊分娩后，尽早让其舔干羔羊身上的液体；或事先准备一干净脸盆，待产时胎膜破裂后，将羊水接入盆内，加温到38℃左右，等母羊分娩后即让其饮用；按摩乳房，让羔羊吸吮乳汁也有助于子宫收缩促进胎衣排出。

3. 其他预防措施

饮益母草、当归水、红糖汤、温麸皮盐水、干白菜叶等，也可预防胎衣不下。

五、子宫内膜炎的防治

子宫内膜炎是在母羊分娩时或产后由于微生物感染（链球菌、葡萄球菌、大肠杆菌等）所引起子宫黏膜的炎症，为产后最常见的一种生殖器官疾病，是引起母羊不孕的主要原因之一。

（一）病因

常因难产、产道损伤、流产、阴道脱出、子宫脱出、胎衣不下等继发细菌感染引起。人工授精器械消毒不严，操作不规范；助产或剥离胎衣时，术者的手臂、器械消毒不严；胎衣不下腐败分解，恶露停滞等均可引起本病的发生。产房环境卫生差，临产母羊外阴、尾根部污染粪便而未彻底清洗消毒也可引发

本病。引起子宫内膜炎的病原微生物很多，主要有大肠杆菌、链球菌、葡萄球菌、变形杆菌、棒状杆菌、嗜血杆菌、支原体等。

（二）症状

急性子宫内膜炎常常表现出全身症状，食欲减退，反刍减少或停止，精神沉郁，体温升高，轻度瘤胃臌气等。慢性化脓性子宫内膜炎，病畜经常由阴门流出脓性分泌物，特别是在发情时排出较多，阴道和子宫颈黏膜充血，发情周期紊乱或不发情。隐性子宫内膜炎无明显症状，发情周期和排卵均正常，但屡配不孕，或配种受孕后发生流产，发情时从阴道中流出较多的混浊黏液。

（三）诊断

羊患急性子宫内膜炎，临床症状比较明显，不难作出诊断。患隐性子宫内膜炎呈慢性经过，患羊无明显症状，发情周期正常，但屡配不孕，可结合实验室诊断方法进行确诊。

（四）治疗

1. 治疗原则

控制感染、消除炎症，促进子宫腔内病理分泌物的排出，增强机体抵抗力。

2. 治疗方式

（1）冲洗子宫 如果子宫颈尚未开张，可肌肉注射苯甲酸雌二醇注射液1~3 mg，促进子宫颈口开张；子宫颈口开张，肌肉注射催产素20~50 IU 或静脉注射 10% 氯化钙液50~100 ml，促进子宫收缩，诱导子宫内分泌物排出后。用0.1%高锰酸钾液、或0.02%呋喃西林液等冲洗子宫后，灌注青霉素360万 IU，每日或隔日一次，连续3~4次；也可以用土霉素粉1 g 或四环素粉1 g 在子宫内投药，每日或隔日一次，直至排出的分泌物量变少而洁净清亮为止。

注意：对于纤维蛋白性子宫内膜炎禁止冲洗，以防炎症扩散，而应向子宫腔内投入抗生素，且采取全身疗法。

（2）对于子宫蓄脓症的治疗 子宫积脓是子宫内蓄积脓汁并伴有持久黄体和不发情，化脓性放线菌为引起本病的主要原因。治疗可用前列腺素及其类似物，如肌肉注射氯前列醇钠（0.1 mg/ml）2 ml，每天一次，连用2~3 d。能获得良好效果。

3. 对于全身症状明显的病羊，采取输液疗法。

处方：生理盐水200~300 ml、青霉素240万~400万 IU、头孢噻呋钠0.5~1.0 g，10% 的葡萄糖注射液200 ml、维生素 C10 ml、地塞米松5~10 ml，一次静脉注射，每天一次，连用3~5 d。

（六）保健预防

1. 提高机体抵抗力

合理调配日粮，给予富含营养和维生素的全价饲料，适当运动。

2. 加强饲养管理

保持圈舍清洁卫生；严格人工授精技术操作规程，防止子宫感染；科学接产和助产；及时治疗产科疾病，对患有产道疾病，特别是子宫疾病的羊要及时治疗，未治愈前不宜配种。

六、乳腺炎的防治

乳腺炎是指乳腺组织受到微生物感染、机械性损伤、热损伤和化学物质刺激等，所引起的一种炎性变化，乳腺炎是母羊产后常见的一种多发性疾病。

（一）发病原因

1. 病原菌侵入引起乳腺炎

金黄色葡萄球菌、大肠杆菌、链球菌等感染，支原体、真菌、霉菌感染等。隐性乳腺炎约90% 是由链球菌和葡萄球菌引起的。

2. 环境管理因素引起乳腺炎

如羊舍环境卫生不良、饲养管理失宜、羊床及运动场泥泞不堪、羊体及乳房周围积垢太多、卫生条件太差，气温过高（36℃以上）或过低（−5℃以下）等。

3. 自身因素引起乳腺炎

激素失调、乳房缺陷和其他疾病诱发等均可引起本病的发生。处于泌乳盛期或乳产量过高的母羊体能量处于负平衡，老龄羊、多胎次羊相对发病率高。

4.乳腺组织受到机械性、化学性、物理性的刺激引起。

（二）症状

急性乳腺炎常表现为全身症状，主要表现食欲减退或废绝，瘤胃蠕动和反刍停止，体温升高达40.5~42.0℃，呼吸和心跳加快，眼结膜潮红，眼球下陷，精神委顿。泌乳减少或停止，患病乳房有不同程度的充血、增大、发硬、温热和疼痛。乳汁最初无显著变化以后因炎症波及乳腺的分泌部，乳汁变稀薄，且有絮状物或凝块，有时可见脓汁和血液，乳汁中含有大量的乳腺上皮细胞。

慢性乳腺炎病例，患区乳房组织弹性减低、僵硬，泌乳量减少，泌奶时乳汁不同程度地发黄和变厚，有时有凝乳块，乳房肿大。有些患布氏杆菌病的母羊，乳房很大，而没有泌乳能力。

（三）诊断

临床上急性乳腺炎临床症状明显，根据临床症状即可确诊。隐性乳腺炎不显临床症状，必须借助实验室对乳汁检验进行诊断。

（四）治疗

1.治疗原则

消除病因和病原，增强机体抵抗力。

2.治疗措施

临床上多数采取综合防治措施，有条件的要进行药敏实验，消灭病原，临床多用抗生素、磺胺类和呋喃类制剂治疗。

（1）对急性乳房炎的初期　前期进行冷敷，中后期改为热敷，每次20 min，每天1~2次。

（2）对于慢性乳房炎，应用抗生素治疗

方剂1：青霉素每千克体重2万 ~3万 IU，链霉素10~15 mg，鱼金注射液20 ml肌肉注射，每天2次，连用5~7 d。

方剂2：头孢噻呋钠0.5~1.0 g，双丁注射液10~20 ml，乳房注入，每天2次，连用5~7 d。

方剂3：公英散（中成药）100 g，每天1次灌服，连用5~7 d。

方剂4：对高烧不退、食欲减少、全身症状明显的病羊，要采取输液疗法。处方如下：10% 葡萄糖注射液200 ml、生理盐水200 ml、青霉素160万 ~320万 IU，头孢噻呋钠0.5~1.0 g，维生素 C 10 ml 一次静脉注射，每天1次，连用3~5 d。也可一次性静脉注射100 ml 葡萄糖酸钙（10%），促进炎性产物吸收。

方剂5：静脉注射长效磺胺或四环素等消炎药。

方剂6：用6% 的硫酸镁溶液清洗乳房，每天2次，连用3~5 d。

（五）预防措施

加强母羊饲养管理，提高母羊抗病力，减少乳腺炎的发生；加强环境消毒工作和乳房卫生，防治病原微生物侵入机体；加强对隐性乳腺炎的防治，具体措施是在干奶前最后一次挤奶后，向乳房内注入适量抗菌药物，可预防乳腺炎的发生。一般将青霉素320万 IU、链霉素100万 IU，溶于40~50 ml 生理盐水中，注入乳房内，或土霉素眼药膏1支，分别注入四个乳头管内，进行封闭。

乳腺炎有很多病例由于患其他疾病继发，在临床上一定要注意原发病的治疗。乳腺炎发生后，除药物治疗外，还要注意增加挤乳次数，以降低乳房内压和减轻乳腺负担，限制饲喂精料、多汁饲料和饮水，以减少乳汁分泌等措施。做好传染病的防疫检疫工作，如有乳腺炎征兆时，除采取治疗措施外，还应根据情况隔离患病羊只。

七、子宫内翻及脱出的防治

子宫内翻及脱出是子宫角的一部分或全部翻转于阴道内（子宫内翻）或子宫翻转并垂脱于阴门之外（子宫脱出）。母羊常在分娩后1 d 之内子宫颈尚未收缩和胎衣还没有排出时容易发生。

（一）病因

引起母畜子宫内翻及脱出的因素较多，常见的有以下几种情况。

1. 怀孕期饲养管理不科学

母羊妊娠期饲养管理不科学，如饲喂品质低劣、单一饲料，机体瘦弱无力，运动不足或利用过度等，都会导致阴部组织过于松弛，不能够固定子宫而发病，中医上称为虚脱。

2. 怀孕期激素水平不平衡

母羊妊娠末期，体内雌激素分泌增加，导致骨盆腔内的支持组织和韧带明显松弛，从而引起该病的发生。

3. 产后频频努责

母羊分娩过程中，如果子宫和阴道受到严重刺激，如难产时损伤产道，产后发生胎衣不下等，导致用力努责，增高腹压，容易引起子宫脱出；也可能是由于胎儿体型过大，存在过多胎水，且韧带不断伸张从而引起子宫脱出。

4. 子宫收缩弛缓

母羊子宫弛缓能够导致子宫颈闭合时间增长，子宫角体积缩小速度减缓，易因腹壁肌收缩和胎衣牵张而引起子宫脱出。经产次数过多、机体衰老、运动不足、缺乏营养、怀有双胎、胎儿过大等都可导致子宫收缩弛缓。

5. 助产不当

母羊难产或者助产时，尤其是出现产道过于干燥，产程持续时间较长，胎儿姿势轻度不正，胎儿体型过大等情况，助产人员强行牵引胎儿或者过快拉出胎儿，导致子宫内压急剧降低，而腹压相对增高，容易发生该病。

6. 其他

瘤胃臌气、瘤胃积食、便秘、腹泻等诱发本病。

（二）症状

子宫部分脱出时，宫角翻至子宫颈或阴道内而发生套叠，仅有不安、努责和类似疝痛症状，通过阴道检查才可发现。子宫全部脱出时，子宫角、子宫体及子宫颈部外翻于阴门外，且可下垂到关节。脱出的子宫黏膜上往往附有部分胎衣。子宫黏膜初为红色，以后变有紫红色，子宫水肿增厚，呈肉胨状，表面发裂，流出渗出液。

（三）诊断

根据临床症状即可确诊。

（四）治疗

1. 子宫内翻在阴道内的整复

这种类型比较容易整复，使病羊呈站立姿势进行保定，术者对手臂进行快速消毒，然后伸入到阴道，向前轻轻推压套叠的部分，如有需要可将五指并拢成椎状，顶入套叠形成的凹陷内，并不停左右摆动向前推进，直到完全复原。整复后向子宫腔内撒布160万～320万IU青霉素粉然后肌肉注射20～40IU缩宫素，刺激子宫收缩，避免发生再次脱出。

2. 子宫全脱的整复

子宫全部脱出，必须进行整复。首先将病羊站立保定在前低后高的体位，周围环境保持干燥，用温度与肉羊体温持平的0.1%高锰酸钾溶液冲洗脱出部的表面及其周围的污物、剥离残留的胎衣以及坏死组织，再用3%～5%温明矾水冲洗，并注意止血。如果脱出部分水肿明显，可以消毒针刺黏膜，挤压排液，如有裂口，应涂擦碘伏，裂口深而大的要缝合。频频努责，整复子宫有困难，可用2%普鲁卡因4～8ml在交巢穴注射，10min后再行整复。脱出部分用消毒的油纱布包裹，从后腿倒提母羊，趁母羊不努责时用手掌将脱出的子宫托送入阴道，直至子宫恢复正常位置。同时，为防止感染和促进子宫收缩，可在子宫内放置抗生素或磺胺类胶囊，随后肌肉注射缩宫素20～40IU，将阴门做稀疏袋口缝合。经数天后子宫不再脱出时即可拆除。

同时，内服补中益散（中成药）60～100g，每天1次灌服，连用5～7d。

（五）预防

加强妊娠期母羊的饲养管理，供给营养平衡的日粮，特别注意维生素矿物质的添加，钙、磷比例一定要保持平衡；加强产前和产后母羊的护理，如果发现异常要立即采取相应的处理措施。母羊分娩结束后，要立即将其轰起，如果无法站起，则要及时对其进行补糖补钙，避免持续子宫脱出或者生产瘫痪。

第五节　常见营养代谢病的防治

　　肉羊所需的营养物质，按其化学特性和生理功能可归纳为6大类，包括蛋白质、糖类、脂类、无机物、维生素和水，其中一些必须由饲草料和饮水供给，另一些则可在体内合成。当日粮中某些营养物质的供给不足或过量，导致代谢过程的某些方面或某一环节发生紊乱，就会造成代谢机能障碍，导致营养代谢病的发生。动物营养代谢病包括营养疾病和代谢疾病，两者密切联系、往往并存，彼此又有一定的影响。下面就肉羊常见的营养代谢病的防治方法和预防措施进行叙述，希望对生产中出现的此类问题给予帮助。

一、维生素 A 缺乏症的防治

　　维生素 A 缺乏症是由于维生素 A 及胡萝卜素缺乏引起的皮肤、黏膜上皮角化变性、生长发育受阻，临床表现以眼干燥症和夜盲症为特征的一种慢性疾病。多在冬春季节青绿饲料缺乏时发生。羔羊多发，成年羊发病较少。

（一）病因

　　随着禁牧封育政策的落实，养羊业由传统放牧转为集约化设施圈养为主。因饲养不当、管理不科学等，羊只采食青绿饲料量少，日粮组成中棉籽饼、亚麻籽饼、糠麸、麦草、玉米秸秆、劣质干草占相当比例，长期饲喂缺乏维生素 A 和胡萝卜素的饲料导致维生素 A 缺乏；有些病羊患有肝脏疾病和慢性消化道疾病，维生素 A 和胡萝卜素吸收障碍；当日粮中蛋白质、中性脂肪、维生素 E 缺乏以及胃肠道酸度过大，都会影响到维生素 A 和胡萝卜素的吸收和利用，均可引起本病的发生。

（二）症状

　　缺乏维生素 A 的病羊，特别是羔羊，最早出现的症状是夜盲症，常发现在早晨、傍晚或月夜光线朦胧时，患病羊盲目前进、碰撞障碍物、或行动迟缓、小心谨慎；继而骨骼异常，使脑脊髓受压和变形，上皮细胞萎缩，常继发唾液腺炎、副眼腺炎、肾炎、尿石症等；后期病羔羊的眼干燥症尤为突出，导致眼角膜增厚或眼内形成白色云雾状东西。

（三）诊断

根据临床症状（上皮组织角化、神经症状、胚胎畸形、眼干燥症、夜盲症），结合日粮结构分析，以及血液中维生素 A 和胡萝卜素降低即可作出判断。

（四）治疗措施

1. 治疗原则

采取缺啥补啥。

2. 治疗方法

（1）一旦发病，及时更换饲料，多喂青草、优质干草、胡萝卜等富含维生素 A 的饲料。在日粮中加入青绿饲料及鱼肝油，可迅速治愈。

（2）用维生素 AD 滴剂，肌肉注射，羔羊0.5~1.0 ml，成年羊每次2~4 ml，每天1次，连用一周。

（3）给病羔羊口服鱼肝油，每次0.5~2.0 ml，成年羊10~20 ml。

（4）维生素 A 注射液，以每千克体重440 IU 剂量，肌肉注射，每天1次，连用7 d。

（五）预防措施

1. 科学配制日粮，配制日粮时特别要注意日粮中维生素 A 和胡萝卜素的含量。

2. 冬春季节青绿饲料缺乏时要注意多种维生素和胡萝卜素的添加。

3. 青干草要妥善保管，防止发霉变质，豆类饲料要热加工处理。

4. 要及时治疗羊的肝胆疾病和慢性消化道疾病。

5. 改善营养，对妊娠母羊应注意多喂优质干草及胡萝卜等，适当运动，多晒太阳。

二、硒和维生素 E 缺乏症的防治

硒和维生素 E 缺乏症是由硒和维生素 E 缺乏所引起的代谢病。羔羊临床上以运动障碍和循环衰竭，骨骼肌、心肌变性及坏死为特征。该病呈地方性流行，绵羊和山羊羔均可发病，临床上主要以运动障碍和循环衰竭为特征，病理上以骨骼肌和心肌变性坏死为特征，该病又称白肌病或肌肉营养不良症。

（一）病因

妊娠母羊和哺乳期母羊饲草料中缺硒或在饲料中未添加含硒矿物质添加剂，母羊血中微量元素硒含量低于常值；羔羊未及时补硒或母乳不足；长期饲喂低硒饲草（如三叶草）等，或饲料中缺乏维生素E；饲喂过多精料或霉变饲料造成维生素E需要量大增。

（二）临床症状

急性病例羔羊往往不表现症状突然死亡，尤其在运动之后。主要表现兴奋不安，心动过速，呼吸困难，有时有泡沫血样鼻液流出，10~30 min 死亡。

亚急性病例主要表现全身衰弱，肌肉弛缓无力，有的出生后就全身衰弱，不能自行站立，行走不便，共济失调。心搏快，每分钟可达140次以上；呼吸浅而快，达80~100次；病情严重时，后躯颤抖，步态强拘，可视黏膜苍白，有的发生结膜炎、角膜混浊、软化，甚至失明；生长发育越快的羔羊，越容易发病，且死亡越快，多因心力衰竭和肺水肿死亡。

剖检主要病变是骨骼肌、心肌变性及坏死，槟榔肝，肾充血、肿胀，有时肾实质有出血点。

（三）防治措施

1. 加强日常饲养管理

饲喂富含硒和维生素E的饲料。对缺硒地区，每年冬春季对妊娠母羊和哺乳母羊补充麦芽、燕麦和青干草。

2. 做好产前或产后维生素E的补给

给临产前1个月的妊娠母羊注射0.1%亚硒酸钠注射液4~8 ml，配合应用维生素E 150~200 mg，可有效预防新生羔羊白肌病。新生羔羊，在出生后20 d左右，注射0.1%亚硒酸钠溶液注射液1~2 ml，间隔15 d后，再注射1次。

3. 做好合理预防

供给足够的富硒微量元素舔砖供全群羊只自由采食，可起到很好的预防作用；在饲料中添加含硒微量元素添加剂，也可有效预防白肌病的发生。

三、佝偻病的防治

母羊在怀孕期饲料中钙、磷不足或比例失调，或者羔羊在生长过程中，饲料中缺乏维生素 D 及钙、磷或比例失调，导致的以羔羊肢体软弱无力，骨骼变形为主要特征的一种慢性疾病。一般冬季发生的较多。

（一）病因

该病主要见于饲料中维生素 D 含量不足或缺乏以及日光照射不够（即紫外线不足），导致幼畜体内维生素 D 缺乏；怀孕母畜或哺乳幼畜饲料中钙、磷不足或比例不适当，都是本病发生的原因。圈舍拥挤、潮湿、阴暗和污浊，羔羊消化严重紊乱，营养不良，都可成为该病发生的诱因。

（二）症状

病初表现症状不明显，诊断比较困难。随后病畜表现不活泼，经常卧地，出现异嗜癖。肢体软弱无力，站立时，四肢频频替换负重，行走步样僵拘，甚至出现跛行。当病情进一步发展，会出现骨骼变形时，关节肿大。肋骨扁平，胸廓狭窄，脊柱弯曲，肋骨与肋软骨结合部膨大隆起，形成串珠状；头骨颜面部均肿大。四肢管状骨弯曲变形，呈内弧（"O"形）或外弧（"X"形）姿势等则诊断不难。羔羊发育迟缓，消瘦、贫血、便秘或下痢，或二者交替发生。一般体温、脉搏及呼吸无明显变化。

（三）诊断

根据病史、临床症状即可确诊。

（四）治疗

1. 注射维生素 D 注射液

羔羊用0.5~1.0 ml，肌肉注射，每天1次，连用3 d，必要时也可连用。

2. 灌服鱼肝油

每只羊灌服鱼肝油2~3 ml，每天1次；注射维生素 A、D（维丁胶性钙）0.5~1.0 ml，肌肉注射，每周1次。

3. 肌肉注射骨化醇（维生素 D）液

肌肉注射骨化醇液10万~15万 IU，每周 1 次；灌服乳酸钙1~2 g，每天1次。

（五）预防措施

增加羔羊的日照时间，可以促进维生素 D 的吸收；加强运动，及时治疗一些胃肠疾病，增强维生素 D 的吸收；科学配制怀孕母羊日粮，特别要注意饲料中钙、磷的用量和比例；羔羊饲喂优质干草、豆科牧草，灌服或在饲料中添加适量的钙，饮水中增加多种维生素。

四、生产瘫痪病的防治

母羊生产前后发生的以血钙急剧下降，知觉减弱或消失，四肢无力或麻痹，卧地不起以瘫痪为特征的一种疾病，又叫乳热证。生产瘫痪根据发病时间可分为产前瘫痪和产后瘫痪，多胎的高产羊、老母羊、奶山羊发病率较高，本病的复发率较高，少数羊每次分娩前后都会发生。

（一）发病原因

生产瘫痪病的发生是多个方面综合因素所致的物质代谢障碍的急性病理过程，但主要病因是妊娠期日粮中钙不足或磷过多导致，生产前后胎儿迅速增长、乳腺迅速发育、泌乳量激增，导致大量的钙消耗或排出，血钙浓度突然下降所致。日粮中蛋白质过多也可引起羊生产瘫痪病的发生。

（二）临床症状

产前瘫痪症状较轻，瘫痪不明显，母羊在开始时精神萎靡，食欲减弱，头颈姿势异常，伏卧时头颈部姿势不自然，脖颈部侧弯呈"S"形弯曲，但不昏睡，站立不稳或勉强站立，喜欢卧下。产后瘫痪症状典型，步态不稳，目光凝视，肌肉震颤，四肢瘫软在地，有时会卧地昏睡，丧失知觉，还会伴有四肢抽搐，意识消失，体温下降，瞳孔散大，眼睑反射减弱或消失，对痛觉反射越来越弱，呼吸缓慢，心音微弱，流涎，如果不及时治疗，1~2 d 内昏睡死亡。

（三）诊断

生产瘫痪临床症状明显，根据临床症状（瘫痪、昏睡、低血钙、特定的卧

姿 "S" 形等）结合发病时间即可作出诊断。

（四）治疗

1. 治疗原则

找准病因，对症治疗。

2. 治疗措施

（1）补钙疗法　静脉注射10%的葡萄糖酸钙注射液100~150 ml，25%的葡萄糖注射液100~200 ml。注射钙制剂要缓慢，并注意监听心脏功能。

（2）乳房送风　用乳房送风器给乳房打入空气刺激乳腺神经末梢，增加乳房内压力，减少乳房供血量，升高血压，抑制泌乳，从而使血钙不再减少。

（3）乳房注乳　向乳房内注入新鲜乳汁，原理与乳房送风一样。

（4）肌肉注射　维生素 D 注射液每日每千克体重50~100 μg，每天一次，连用3 d。

（5）静脉注射　对于严重病例，可用30% 次磷酸钙注射液20~30 ml 静脉注射。

（五）预防

加强怀孕母羊饲养管理，科学配制日粮。日粮配制中注意钙、磷用量和比例，同时增加饲料中维生素 D 的含量。怀孕母羊要尽量散养，适量增加运动和光照。产前10 d 左右肌肉注射维生素 D_3有一定预防作用，或饮水中添加电解多维。

五、尿石症的防治

尿石症是肉羊育肥过程中经常发生的营养代谢疾病之一。生产中，舍饲圈养的羊尿石症要比放养羊发病率更高，公羊的尿石症要比母羊发病率高。

（一）发病原因

尿石症的发病原因主要和饲养管理有关。在饲料方面主要是饲料中钙、磷、镁的含量和比例不当，特别是饲料中磷、镁含量过高（麸皮、谷类饲料配比过高），容易在尿路上形成磷酸铵镁结晶；饲料中草酸过多或维生素 B_6缺乏；饲料中硅酸盐过多；饲料中蛋白质过剩；维生素 A 和钼缺乏。其他因素如尿路感染、饮水不足、长期大量应用磺胺类药物、甲状腺功能亢进等疾病也能导致尿石症的发生。

（二）临床症状

病羊初期排尿淋漓，排尿时间延长，尿结石小时，无明显的临床症状，可见尿液浓度黏稠或带血尿颜色，后期常呈排尿姿势，有时痛叫。公羊不断抖动腰部频频举尾做排尿姿势，排尿时间延长，痛尿、细尿、点滴尿，尿道不完全阻塞时呈线状或滴状排尿，完全阻塞时则闭尿。外部触诊可发现结石。若治疗不及时，病羊则突然表现安静，是膀胱破裂的征兆，可导致死亡。

（三）诊断措施

尿结石早期诊断比较困难，后期结合临床症状、饲料和饮水情况分析，结合实验室血尿、尿钙、磷的检验结果进行确诊。

（四）治疗方式

1. 治疗原则

除去病因，改善饲养管理，给予足量符合标准的饮水。

2. 治疗措施

注射适量的利尿剂和尿路消炎药剂。

方剂1：注射双氢克尿噻排石。

方剂2：注射青霉素和鱼腥草注射液。

当药物治疗无效时应及时请兽医手术排石。对尿路完全阻塞的肉羊，如果已经达到快出栏的程度，不建议用药治疗，建议及时出栏。

（五）预防措施

科学配制日粮，日粮配制时要特别注意日粮中钙、磷含量比例，重点注意日粮中蛋白质的比例，供给符合饮用标准的饮水并按照标准添加食盐。冬季和早春日粮中要加入适量的维生素 A 和胡萝卜素等。发现病羊，全群立即停喂麸皮，多喂优质青干草和胡萝卜等饲料。

六、异食癖的防治

异食癖是由于羊多种营养物质缺乏及其代谢障碍引起的味觉异常综合征。除羊外，其他各种家畜都可发生，冬春季节多发，特别是舍饲养殖的家畜最易发病，发病原因比较复杂。

（一）病因

羊异食癖发病原因较为复杂，往往有以下几种原因引起。

1. 矿物质缺乏引起

如钙、磷、钠、钴、锰、硫、铁、铜等矿物质缺乏，钙、磷、盐不足最易导致发病。

2. 某些维生素缺乏引起

维生素缺乏特别是维生素 A、B 缺乏，容易导致异食癖的发生。

3. 蛋白质和某些氨基酸缺乏引起。

（二）症状

患病羊重点舔食或啃嚼异物，如啃食粪便、砖块、槽沿等，喜欢吃塑料、抹布、毛发等。往往表现采食量下降，消化不良，反刍减少，背毛粗糙无光泽、皮肤弹性降低，磨牙、便秘腹泻交替出现。异物堵塞肠道时发生腹胀、腹痛，食欲废绝，眼结膜苍白，如不及时治疗，最终衰竭而亡。

（三）诊断

根据异食癖的病史和饲料分析，结合临床症状即可作出初步诊断。

（四）防治

1. 防治原则

加强饲养管理，科学配制日粮。

2. 防治措施

饲料中要加入矿物质和维生素添加剂，最好应用预混料添加剂，确保饲料营养全面，矿物质和微量元素满足羊只需要。多喂青草和优质青干草，在冬季和早春要补饲青贮、大麦芽、酵母粉、胡萝卜素和微量元素添加剂。

七、青草搐搦症的防治

本病是反刍动物放牧于幼嫩的青草或谷苗地之后，突然发生的一种低血镁症。常见于奶山羊、肉用羊，以春夏季节多见。

（一）病因

本病主要发生在春夏季节，生长迅速的青嫩多汁牧草，一般含镁量较少，当放牧或舍饲的羊采食这类牧草，使其血液中镁和钙含量急骤减少所致。当牧草和饲料中含钾过多，可抑制镁的吸收，或者饲料中钙含量不足使动物血钙偏低，均可促进本病的发生。

（二）症状

急性病例，呈现突然发病，停食、竖耳、吼叫、共济失调。明显的神经症状，兴奋不安，四肢肌内震颤，对刺激敏感。牙关紧闭或磨牙，嘴唇附有白色泡沫。眼膜突出，眼球震颤。严重时尾肌和四肢乃至全身肌肉发生阵发性痉挛。重症者，狂奔乱跑，或倒地四肢划动，经常在数小时内死亡。

亚急性病例，病情较轻，步态强拘，尿频，感觉敏感，当痉挛发作时，体温升高，心率和呼吸加快。

慢性病例，病初症状不明显，经一段时间突然表现兴奋不安，或精神沉郁，呆立。亦可出现体质衰弱，发育和增重缓慢，泌乳性能降低等现象。

（三）诊断

根据发病史和临床症状可作出初步诊断，要确诊要结合实验室检测结果。

（四）治疗

常用25%硫酸镁10~20 ml、10%葡萄糖酸钙注射液20~50 ml、10%葡萄糖注射液100~200 ml，1次静脉缓慢注射。亦可配合注射强心剂，如樟脑磺酸钠、安钠咖注射液等。特别注意，钙制剂和强心药同时应用容易引起心室震颤，甚至心脏骤停。确需应用时，要间隔4 h以上。

（五）预防

春夏季节由舍饲转为放牧时宜逐渐过渡，合理放牧，适当补充镁和钙，土壤低镁区，应常年适当补饲镁盐制剂。

第六节　常见传染病的防治

传染病是由病原微生物如细菌、病毒、支原体等侵入羊体，并在羊体内生长繁殖而引起的具有传染性的疾病。肉羊感染传染病后，出现体温升高、食欲不振、生理功能亢进等一系列症状，轻则造成羊采食量下降、生长速度降低或停止，继而出现料肉比增加、生产成本上升；重则造成羊只死亡，严重影响肉羊养殖的经济效益。

一、口蹄疫病的防治

口蹄疫俗名"口疮""辟癀"，是由口蹄疫病毒所引起的偶蹄动物的一种急性、热性、高度接触性传染病。主要侵害偶蹄兽，偶见于人和其他动物。其临诊特征为口腔黏膜、蹄部和乳房皮肤发生水疱。本病有强烈的传染性，一旦发病，传播迅速，往往引起大流行，不易控制和消灭，造成巨大的经济损失，在我国被列为一类动物疫病。世界动物卫生组织（OIE）将其列为 A 类传染病之首。目前，有2/3的 OIE 成员国流行口蹄疫，时刻威胁着无口蹄疫国家和地区的家畜安全和畜产品贸易。口蹄疫病毒属于微核糖核酸病毒科口蹄疫病毒属。

（一）病因

口蹄疫病毒属小核糖核酸病毒科口疮病毒属，是目前所知病毒中最细微的一级，其最大颗粒直径为23 nm，最小颗粒直径为7~8 μm。根据血清学反应的抗原关系，目前已知口蹄疫病毒在全世界有 A、O、C、亚洲Ⅰ、南非Ⅰ、南非Ⅱ、南非Ⅲ7个主型和60 多个亚型。O 型口蹄疫为全世界流行最广的一个血清型，我国流行的口蹄疫主要为 O、A、C 三型及 ZB 型（云南保山型）。口蹄疫病毒对酸、碱特别敏感。在 pH=3时，瞬间丧失感染力；pH=5.5时1 s 内 90% 被灭活；1%~2% 氢氧化钠或 4% 碳酸氢钠液 1 min 内可将病毒杀死。−70~−50 ℃环境下病毒可存活数年，85 ℃ 1 min 即可杀死病毒。牛奶经巴氏消毒（72 ℃ 15 min）能使病毒感染力丧失。在自然条件下，病毒在牛毛上可存活24 d，在麸皮中能存活104 d，阳光直射下60 min 可杀死病毒，紫外线可杀死病毒，乙醚、丙酮、氯仿和蛋白酶对病毒无作用。

（二）流行特点

自然感染的动物有黄牛、奶羊、猪、山羊、绵羊、水羊、鹿和骆驼等偶蹄动物。已被感染的动物能长期带毒和排毒。病毒主要存在于食道、咽部及软腭部。带毒动物成为传播者，可通过其唾液、乳汁、粪、尿、病畜的毛、皮、肉及内脏将病毒散播。被污染的圈舍、场地、草地、水源等成为重要的疫源地。病毒可通过接触、饮水和空气传播。鸟类、鼠类、猫、犬和昆虫均可传播此病。各种污染物品，如工作服、鞋、饲喂工具、运输车、饲草、饲料、泔水等都可以传播病毒引起发病。

流行以冬春季节发病率较高。随着商品经济的发展，畜及畜产品流通领域的扩大，人类活动频繁，致使口蹄疫的发生次数和疫点数增加，造成口蹄疫的流行无明显的季节性。

该病具有流行快、传播广、发病急、危害大等流行病学特点，羔羊和犊牛死亡率较高，其他则较低。病畜和潜伏期动物是最危险的传染源。病畜的水疱液、乳汁、尿液、口涎、泪液和粪便中均含有病毒。该病入侵途径主要是消化道，也可经呼吸道传染。该病传播无明显的季节性，风和鸟类也是远距离传播的因素之一。

（三）临床症状

口蹄疫病毒侵入动物体内后，经过2~3 d，有的则可达7~21 d的潜伏时间，才出现症状。羊主要症状以跛腿为主，严重表现为口腔、鼻、舌、乳房和蹄等部位出现水疱，破溃后形成溃疡，体温升高达40~41 ℃；精神沉郁，食欲减退，脉搏和呼吸加快。成年羊感染口蹄疫病很少死亡，但羔羊死亡率特高，常因心肌麻痹死亡，剖检可见心肌出现淡黄色或灰白色、带状或点状条纹，似如虎皮，故称"虎斑心"。有的羊还会发生乳房炎、流产症状。

（四）诊断

根据该病传播速度快，典型症状是口腔、乳房和蹄部出现水疱和溃烂，可初步诊断，结合实验室诊断确诊。

如果怀疑是口蹄疫病，严格按《中华人民共和国动物防疫法》的有关规定处置。可取羊舌部、乳房或蹄部的新鲜水疱皮3~5 g，装入灭菌瓶内，加50% 甘油生理盐水，低温保存，送有关单位确诊。

（五）预防

1. 加强饲养管理和日常消毒

保持羊舍清洁、通风、干燥、卫生，平时减少机体的应激反应。圈舍、场地和用具以2% 的火碱或10% 的石灰乳，坚持定期消毒，粪便进行堆积发酵处理。

2. 加强检疫，杜绝购进病羊

为防止疫病传播，严禁羊、猪、猫、犬混养，加强检疫监督，严禁从病区引购羊只。

3. 强化监测，尽快确诊

如果怀疑是口蹄疫病需要尽快确诊，并及时向上级业务主管部门报告，建立疫情报告制度和报告网络，按国家有关法规，对羊口蹄疫进行防控。

4. 免疫接种，确保健康

免疫接种是科学预防该病的有效手段，要做好免疫接种工作，必须做到以下几个方面。

（1）科学合理制定免疫程序，做好春秋季免疫接种　结合本场本地区实际，根据当地口蹄疫流行种类、亚型等病毒的毒株实际，科学合理制定免疫程序，根据毒株选用弱毒苗或灭活苗进行免疫注射。

（2）以下情况禁止注射口蹄疫疫苗　一般6月龄内羔羊或怀孕母羊或已发病的羊只不进行注射口蹄疫疫苗。

（3）合理计算疫苗的注射剂量　口蹄疫疫苗的注射剂量与羊的个体大小有关，一般体重越大，剂量适当增加，体重小、剂量适当减少一些。总体来说，其注射剂量可以是推荐剂量的1.5倍（包含注射外溢、注射器残留损耗等）。

（4）及时快速处理好疫苗造成的副反应工作　注射疫苗后个别羊出现精神萎靡不振、产奶量下降、食欲减退、体温稍升高现象。一般不需要特殊治疗，1~3 d 恢复正常。

对于严重过敏反应的羊只，应立即治疗。具体处理方式如下。

方剂1：皮下注射0.1%盐酸肾上腺素1 mg，视病情缓解程度，20 min后可以重复注射相同剂量一次；

方剂2：肌肉注射地塞米松磷酸钠5~10 mg（孕羊不用）。

5. 减少混合感染，提高羊自身免疫能力

加强日常饲养管理，对患有其他病症的羊只采取早发现、早治疗措施，进行对症治疗，减少混合感染，提高其自身免疫能力。保持较强健体质，加强消毒管理是预防该病的有效措施。

二、口疮病的防治

口疮，又称为羊传染性脓疱，是由病毒引起的一种接触性传染病，绵羊和山羊均可发病，且以3~6月龄的羔羊易群发，成年羊散发。主要以口唇、舌、鼻、乳房等部位形成丘疹、水疱、脓疱和结成疣状结痂为特征。

（一）病因

羊口疮属于痘病毒科副痘病毒属的羊口疮病毒。病毒对外界环境有较强抵抗力。本病多发于3~6月龄的羔羊，常呈群发性，疫区的成年羊多有一定的抵抗力。饲养管理不合理，营养缺乏，导致羊体质虚弱，抵抗力下降；羊舍和用具消毒不严，造成饲草、饮水和环境污染；从外地引进的羊只没有严格检疫，病毒携带者或病羊；羊群没有接种疫苗或疫苗接种失败等均可引起本病的发生。

（二）临床症状

羔羊易患口疮病，羔羊通过互相吸吮乳头迅速引起传播。羊患了口疮，初期在吃饲料或饲草时口腔有疼痛的表现，口腔检查，可见黏膜及舌面上有芝麻大小的红点，发展下去，口腔流涎，精神倦怠，吃饲草受到严重影响，口腔外口角边也发出黄豆大小的水疱，甚至嘴唇肿胀，水疱破裂后形成溃疡面，继后结痂，由于嘴巴的经常张开导致结痂产生裂缝，并流出血水，口腔黏膜及舌面也会有红色的水肿块，吃食草料十分困难。有的在乳房无毛区形成水疱、丘疹、结痂；还有的在蹄部形成脓包。体温可达40℃以上，病情严重的精神萎靡不振，逐渐消瘦，卧地不起，最后导致死亡。

（三）治疗

1. 治疗原则

羊发生口疮后，首先要及时隔离病羊，圈舍要彻底消毒。

2. 治疗措施

（1）清洗创面　清洗创面可选用以下药物涂擦：用0.1%高锰酸钾溶液清洗创面，也可用2%龙胆紫，或3%碘酊甘油（碘3 g、碘化钾5 g、75%酒精10 ml溶解后加甘油10 ml）或0.05%的聚维酮碘溶液喷洒，每日2次，连用3 d，效果较好，治愈率高。

（2）创面涂擦药物　可用淡盐水冲洗溃疡面后吹撒冰硼散或青黛散，每天2次，2 d后溃疡面上长出新的肉芽组织，此法疗效很好。也可用磺胺类药物粉剂撒布创面。

（3）对症治疗　当病羊发生口疮混合感染时除了使用抗病毒药物外，还要配合磺胺药和抗生素消炎、补液等措施。

抗病毒可选用病毒唑（三氮唑核苷注射液）100 mg/ml、地塞米松注射液5 mg/ml，按2：1混合肌注，成年羊3 ml，羔羊减半或2 ml；部分严重病例可用板蓝根注射液配合青霉素肌肉注射，每天使用2次，连用3 d。蹄部和乳房处可用土霉素或多黏菌素软膏涂擦。

羊发生口疮后，圈舍消毒可选1%~2%的氢氧化钠溶液用于被病毒污染的圈舍、地面和用具消毒；也可选用生石灰加水配成10%~20%石灰乳或用200~400 mg/kg浓度的三氯异氰尿酸钠溶液消毒污染的圈舍、地面、用具及排泄物。

（四）预防措施

加强饲养管理，增强羊的体质是预防本病的主要措施之一；避免从疫区进羊也是预防本病的重要措施之一。在本病流行地区，可使用与当地流行毒株相同的弱毒疫苗株作免疫接种，每年3月份、9月份接种。可用羊口疮弱毒冻干按每头份加0.9%的生理盐水稀释，做唇黏膜下接种，每只羊0.2 ml，15 d后产生免疫力，怀孕母羊于产前30 d或15 d接种，新生羔羊可从母体初乳中获得较高水平的抗体。

三、布鲁氏菌病的防治

布鲁氏菌病（以下简称"布病"）是由布鲁氏菌属的细菌（简称布氏菌）侵入机体，引起传染－变态反应性的人兽共患的传染病。临床特点为长期发热、多汗、关节炎、母畜流产、睾丸炎、肝脾肿大、易复发、易变为慢性，亦称波浪热或波状热。《中华人民共和国传染病防治法》规定报告的乙类传染病。对畜牧养殖业特别是养羊业危害很大。

（一）病因

羊、牛等动物均可感染本病，性成熟的羊多发；本病的病原体是布氏菌。患病的羊是布氏菌病的主要传染源。患病的羊流产时，大量的病原体随着阴道分泌物排出体外，对周围还未感染的羊构成非常大的威胁。容易感染的羊可能主要是吃了被布氏菌污染的饲料、垫草或者用舌头舔了污染器物而发病。本病成地方性流行。人感染布病多因放牧、接产、屠宰、皮毛加工等过程中个人防护不严所致。布氏菌的宿主很多，已知有60多种动物（家禽、家畜、野生动物、驯化动物）可以作为布氏菌贮存宿主。然而，布病往往先在家畜或野生动物中传播，随后波及人类，是人畜共患的传染病。

各种饲养动物：羊（山羊和绵羊）、牛、猪在布病流行病学上最为重要，既是动物布病的主要传染源，也是人类布病的主要传染源。鹿、犬和其他家畜居次要地位。

我国北方大部分地区羊是主要传染源，有些地方牛是主要传染源。

（二）临床特点

妊娠母（羊）畜流产、胎儿胎衣在子宫滞留、屡配不孕；有的羊出现关节炎症状；母羊流产多发生在3~4月，母羊除流产外，常发生胎衣滞留，不断从阴道排出污灰色或棕褐色的分泌物，其他症状常不明显。公羊可见睾丸炎、附睾炎等。

（三）病理剖检特点

母羊的胎膜因水肿而肥厚，呈胶样浸润，表面覆以纤维素和胀汁。流产的胎儿主要为败血症变化，脾与淋巴结肿大，肝脏中有坏死灶，肺常见支气管肺炎。流产之后母羊常继发慢性子宫炎，子宫内膜充血、水肿，呈污红色，有时还可见弥漫性红色斑纹，有时可见到局性坏死和溃疡。公羊主要是化脓坏死性睾丸炎或附睾炎。睾丸显著肿大，其被膜与外浆膜层粘连，切面可见到坏死灶或化脓灶。阴茎可以出现红肿，其黏膜上有时可见到小而硬的结节。

（四）诊断

本病的流行特点、临诊症状和病理变化均无明显特征。流产是最重要的症状之一，流产后的子宫、胎儿和胎膜均有明显病变，因此确诊本病只有通过细菌学、血清学、变态反应等实验室手段确诊。实验室布病诊断主要是虎红平板凝集实验，这里不再赘述。

（五）治疗

对于患有布病的羊只特别是种羊，均以淘汰为主，不主张治疗。理论上该病对抗生素类药物敏感，如四环素类并用链霉素治疗，利福平并用多西环素（商品名艾瑞德安）治疗，均可获得较好效果。

（六）防控措施

放养（散养）羊以免疫为主。种畜场（基地）、示范性牧场等以净化为主。

1. 加强检疫

种羊引种后隔离观察一个月，确认健康后方能合群。

2. 预防接种

可用布氏菌猪型2号菌苗预防，羊臀部肌肉注射0.5 ml（含50亿菌体），3月龄以内的羔羊和妊娠羊均不能注射。饮水免疫时每只羊内服200亿菌体计算，于2 d内分次饮服。绵羊免疫期1.5年，山羊免疫期1年。

3. 严格消毒

对病羊污染的圈舍、运动场、饲槽等用5% 克辽林、5% 来苏尔、10%~20% 石灰乳或2% 氢氧化钠等消毒；病羊皮用3%~5% 的来苏尔浸泡24 h后利用；乳汁煮沸消毒；粪便发酵处理。

4. 自繁自养

羊场可用健康公羊的精液人工授精；羊群中若发现有布病时，隔离病羊、控制传染源，彻底清理、焚毁羊排泄物和污染物并对全群反复用凝集实验检疫，及时淘汰阳性羊，并彻底消毒。

四、支原体肺炎的防治

支原体肺炎又称羊传染性胸膜肺炎，是由支原体引起的羊高度接触性传染病之一。其主要侵害羊的肺和胸膜，羊临床特征为高热，咳嗽，肺和胸膜发生浆液性和纤维素性炎症，呈急性或慢性经过，病死率很高。本病曾在许多国家的羊群中发生并造成巨大损失。

（一）病原

羊支原体肺炎的病原体为丝状支原体山羊亚种和绵羊肺炎支原体。羊肺疫丝状霉形体（过去称星球丝菌），呈现细小，多形，但常见球形，革兰氏染色阴性。多存在于病羊的肺组织、胸腔渗出液和气管分泌物中。对苯胺染料和青霉素具有抵抗力。自然条件下，丝状支原体山羊亚种只感染山羊，3岁以下的山羊最易感染，而绵羊肺炎支原体则可感染山羊和绵羊。病羊和带菌羊是本病的主要传染源。1%来苏尔、5%漂白粉、1%~2%氢氧化钠或0.2%汞均能迅速将其杀死。

（二）流行特点

本病多发于冬季和早春季节，呈地方流行性；接触传染性很强，主要通过空气、飞沫经呼吸道传染。阴雨连绵，寒冷潮湿，羊群拥挤等常成为诱发因素。

（三）临床症状

根据病程和临床症状，可分为最急性、急性和慢性3种类型。

1. 最急性

流行初期，多见此型。病初体温增高达41~42℃，精神极度委顿，不食，呼吸急促，发出痛苦的叫声。数小时后呼吸困难，咳嗽，鼻孔流浆液或带血鼻液。肺部叩诊呈浊音或实音，听诊肺泡呼吸音减弱、消失或呈捻发音。12~36 h 内，病羊卧地不起，四肢伸直，呼吸极度困难，随每次呼吸全身颤动；可视黏膜发绀，目光呆滞，呻吟哀鸣，不久窒息而亡。病程不超过5 d，有的仅1 d。

2. 急性

急性最常见。病初体温升高，出现湿咳，伴有浆液性鼻漏。4~5 d，变成痛苦的干咳，鼻液转为黏液——脓性并呈铁锈色，黏附于鼻孔和上唇，结成干涸的棕色痂垢。一侧肺部叩诊有实音区，听诊呈支气管呼吸音和摩擦音，按压胸壁表现敏感、疼痛。头颈伸直，口半张，流泡沫状唾液，腰背拱起，腹肋紧缩，70%~80% 的孕羊发生流产。最后病羊倒卧，极度衰弱委顿，濒死前体温降至常温以下，病期多为7~15 d，有的可达1个月，严重的很快死亡，未死的转为慢性。

3. 慢性

多见于夏季，由急性型病例转化而成。全身症状轻微，体温降至40℃左右。病羊时有咳嗽和腹泻，鼻涕时有时无，身体衰弱，被毛粗乱无光。在此期间，若饲养管理不良，或与急性型病例接触，或遭遇某种应激因素，均可导致病情恶化或出现并发症而迅速死亡。

（四）病理剖检特征

病理变化局限于胸部。胸腔常有浅黄色液体，多达100~300 ml，暴露于空气有纤维蛋白凝块。急性型病例多为损害一侧，呈纤维素性肺炎病变；肺肝变区凸出于肺表面，颜色由红至灰色不等，呈大理石样外观。肺小叶间质变宽，小叶界限明显，支气管扩张；胸膜变厚而粗糙，表面有黄白色纤维素附着，心包粘连。

（五）诊断

根据流行特点、典型临症、病变特征，一般可以作出诊断。

（六）防治措施

1. 加强饲养管理

发病季节，除加强羊舍保温干爽、通风换气、清洁卫生、定期消毒等一般措施外，防止引入病羊和带菌羊是预防羊的传染性胸膜肺炎的关键措施。新引进羊只必须隔离检疫1个月以上，确认健康时方可混群饲养。

2. 强化免疫接种

免疫接种是预防本病的有效措施。在疫区及受威胁区每年定期接种羊肺疫兔化弱毒苗，连续3~5年。各地可根据当地病原体的分离结果，选择使用以下菌苗。

（1）山羊传染性胸膜肺炎氢氧化铝胶灭活苗。山羊皮下或肌内注射，6月龄内幼羊3 ml、6月龄以上羊5 ml，免疫期1年。

（2）羊肺炎支原体氢氧化铝胶灭活苗。山羊或绵羊颈侧皮下注射，6月龄以内幼羊2 ml、6月龄以上羊3 ml，免疫期1.5年。

3. 控制措施

（1）封锁疫点，对病羊、可疑病羊和假定健康羊分群隔离和处置。

（2）彻底消毒被污染的羊舍、场地和饲管用具。消毒药液可用3%氢氧化钠溶液、10%石灰乳、0.05%百毒杀等。

（3）病羊的尸体、粪便进行无害化处理。

（4）紧急预防。坚持开展疫苗接种是控制和消灭本病的主要措施，对可疑病羊和假定健康羊可用疫苗进行紧急免疫接种。

4. 病羊治疗

加强护理，结合饮食疗法和必要的对症疗法。用新胂凡纳明（新606）按每千克体重10~15 mg于静脉注射；或用磺胺嘧啶钠注射液按每千克体重50~100 mg于静脉或肌肉注射。

五、梭菌性疾病的防治

羊梭菌性疾病是由梭状芽孢杆菌属中的微生物所致的一类疾病。包括羊快疫、羊肠毒血症、羊猝狙、羊黑疫、羔羊痢疾等。

由D型魏氏梭菌、C型、B型产气荚膜梭菌和B型诺维氏梭菌引起的急性、致死性传染病的总称。

（一）病原

因梭状芽孢杆菌属中的微生物类型不同，引起的病变各不相同，其中由腐败梭菌引起的称为羊快疫，由 D 型魏氏梭菌引起的称为羊肠毒血症，由 C 型产气荚膜梭菌引起的羊猝狙，由 B 型产气荚膜梭菌引起的称为羔羊痢疾，由 B 型诺维氏梭菌引起的称为羊黑疫。

各种梭菌均为革兰氏染色阳性的厌氧大肠杆菌，均能形成芽孢，腐败梭菌常以芽孢形式分布于低洼的草地、熟耕地及沼泽地之中；产气荚膜梭菌芽孢为土壤常在菌，也存在于污水、人畜粪便、饲草料中，牛羊采食被其污染的饲料和饮水后，芽孢便随之进入消化道，在各种诱发因素的共同作用下感染发病，出现典型临床症状，导致死亡。临床上以羊的肠毒血症和羔羊痢疾最为常见。

（二）临床诊断要点

上述这5种病均为突然死亡，均有腹痛症状。羊快疫死后可见天然孔出血，可视黏膜发绀；而羊肠毒血症可视黏膜苍白；羊黑疫死后皮肤呈暗黑色，肝脏有大量凝固性坏死灶；羊猝狙多与羊快疫混合发生，且有腹膜炎、溃疡性肠炎病变；羔羊痢疾临床上脱水严重，症状比较明显。

1. 羊快疫

羊快疫是主要发生于绵羊的一种急性传染病，发病突然，病程极短，其特征病变为皱胃出血性炎症。临床症状主要是突然发病，病羊往往来不及出现临床症状就突然死亡；有的病羊死前有腹痛症状，瘤胃臌气，结膜显著发红，磨牙，最后痉挛而死；有的病羊表现虚弱；还有的病羊排黑色稀便或黑色软便。一般体温不高，死前呼吸极度困难，体温高到40℃以上，维持时间不久病羊即死亡。

羊快疫生前诊断比较困难，如果6~18月龄体质肥壮的羊只，突然发生死亡，剖检时在皱胃黏膜出现出血性坏死病灶，可怀疑为本病。确诊需要进行微生物学检查。

2. 羊肠毒血症

本病的特点为突然发作，很少见到症状，往往在出症状后便很快死亡，病羊死后肾脏组织易于软化，因此又称"软肾病"。羊肠毒血症可分为两种类型即抽搐型和昏迷型。羊肠毒血症的发生具有明显的季节性和条件性。本病多呈散发，绵羊发生较多，山羊较少。2~12月龄的羊最易发病，发病的羊多为膘情较好的。

（1）抽搐型　在倒毙前四肢出现强烈划动，肌肉抽搐，眼球颤动，磨牙，流涎，随后头颈显著抽搐，往往于 2~4 h 内死亡。

（2）昏迷型　病程较慢，其早期症状为步态不稳、感觉过敏，继而昏迷、角膜反射消失。有的病羊发生腹泻，通常在3~4 h 静静死去。

羊肠毒血症可根据肠道、肾脏和其他实质脏器内发现 D 型产气荚膜梭菌，尿内发现葡萄糖为主要诊断要点。死后肾脏组织易于软化，因此又称软肾病。

3. 羊猝狙

羊猝狙常发生于成年绵羊，以1~2岁的绵羊发病较多。常见于低洼、沼泽地区，发生于冬春季节，常呈地方流行性。病程短促，常未见到症状即突然死亡。有时发现病羊掉群、卧地、不安、衰弱和痉挛，在数小时内死亡。

病理变化主要见于消化道和循环系统。十二指肠和空肠黏膜严重充血、糜烂，有的区段可见大小不等的溃疡。胸腔、腹腔和心包腔积液，浆膜上有小出血点。

诊断要点，根据成年羊突然死亡，剖检见糜烂性和溃疡性肠炎，腹膜炎，体腔和心包腔积液，可初步诊断为羊猝狙病。

4. 羊黑疫

羊黑疫常见于1岁以上的绵羊容易感染，以2~4岁的绵羊发生最多。发病羊多为营养良好的肥胖羊只，山羊也可感染。病羊尸体皮下静脉显著扩张，其皮肤呈暗黑色外观。胸部皮下组织经常水肿，浆膜腔有液体渗出，暴露于空气易凝固，液体常呈黄色，但腹腔液略带血色。肝充血肿胀，从表面可看到或摸到有一个到多个凝固性坏死灶，坏死灶的界限清晰，灰黄色，呈不规则圆形，周围常被一鲜红色的充血带围绕，坏死灶直径可达 2~3 cm。羊黑疫肝脏的这种坏死变化具有诊断意义。必要时可做细菌学和毒素检查。

5. 羔羊痢疾

羔羊痢疾是初生羔羊的一种急性毒血症，以剧烈腹泻和小肠发生溃疡为特征。本病常使羔羊发生大批死亡，给养羊业带来重大损失。病原为 B 型产气荚膜梭菌，羔羊在出生后数日内，产气荚膜梭菌可通过羔羊吮乳、舔饲养员的手及羊的粪便而进入羔羊消化道，也可能通过脐带或创伤感染。在外界不良诱因的影响下，羔羊抵抗力减弱，细菌在小肠（特别是回肠）里大量繁殖，产生毒素（主要是 β 毒素），引起发病。主要是母羊怀孕期营养不良，羔羊体质瘦弱；气候寒冷，特别是大风雪后，羔羊受冻；哺乳不当，羔羊饥饱不均均可引起发病。本病主要危害7日龄以内的羔羊，其中又以2~3日龄的发病最多，7日龄以上的很少患病。

临床症状症可分为腹泻型和神经型

（1）腹泻型　病初精神沉郁，低头拱背，不吃乳。不久腹泻，粪便恶臭，有的稠如面糊，有的稀薄如水，后期含有血液，直到成为血便。羔羊脱水现象严重。羔羊逐渐虚弱，卧地不起。若不及时治疗，常在 1~2 d 内死亡，只有少数可能自愈。

（2）神经型　有的病羔腹胀而不腹泻，或只排量稀粪（也可能带或呈血便），但主要表现为神经症状，四肢瘫软，卧地不起，呼吸急促，口流白沫，最后昏迷，头向后仰，体温降至常温以下。病情严重，病程短，若不及时救治，常在数小时到十几小时内死亡。

病理变化主要有严重脱水，消化道病变最显著的病理化是在消化道，皱胃内往往存在未消化的乳块。小肠（特别是回肠）黏膜充血发红，常可见到多数直径为 1~2 mm 的溃疡，溃疡周围有一血带环绕。有的肠内容物呈血色，肠系膜淋巴结肿胀充血，有的可见出血。心、肺病变心包积液，心内膜有时有出血点，肺常有充血区域或淤斑。

羔羊痢疾根据流行病学、临床症状和病理变化一般可以作出初步诊断，确诊需进行实验室检查，以鉴定病原菌及其毒素。沙门氏菌、大肠杆菌和链球菌也可引起初生羔羊腹泻，应注意区别。

（三）羊梭菌病的防治

1. 加强饲养管理

定期驱虫健胃，适当给羊补喂食盐，加强羊的运动，增强抗病力。

2. 做好放牧管理

放牧羊群应该少抢青，不在潮湿、低洼地带放牧，少喂菜根、菜叶等多汁饲料，也是预防羊梭菌病的主要措施之一。

3. 做好免疫接种

免疫接种是预防羊梭菌发生的最重要的措施。疾病常发地区，每年春秋两季注射羊四防菌苗，每只注射1.0~1.5头份，每年至少注射2次，免疫期一般为6个月。如常用羊梭菌病四防氢氧化铝菌苗，可有效预防羊快疫、羊猝狙、羊肠毒血症、羔羊痢疾，皮下或肌内注射1.0~1.5头份，免疫期半年。

4. 发现病羊及时隔离

对病羊的同群羊进行紧急预防接种。病死羊及其排泄物均应消毒、深埋等无害化处理；被病羊污染的所有场地、饲料和用具等需彻底消毒。

5. 对于羔羊痢疾

羔羊痢疾防治要抓膘保暖、合理哺乳、消毒隔离、预防接种和药物防治等措施相结合。

（1）每年秋季注射羔羊痢疾苗或羊快疫、猝狙、肠毒血症、羔羊痢疾、羊黑疫五联苗，母羊产前2~3周再接种1次。

（2）治疗羔痢的常见处方

处方1：羔羊出生后12 h内，灌服土霉素0.15~0.20 g，每日1次，连续灌服3 d，有一定的预防效果。

处方2：土霉素0.2~0.3 g，胃蛋白酶0.2~0.3 g，加水灌服，每日2次；

处方3：磺胺脒0.5 g，鞣酸蛋白0.2 g，次硝酸铋0.2 g，碳酸氢钠0.2 g，或再加水灌服，每日3次；

处方4：乳酶生1~2 g，白头翁口服液5 ml，庆大霉素3~4 ml灌服，每天2次，连用3 d。

六、绵羊痘和山羊痘病的防治

（一）病因

绵羊痘和山羊痘是由痘病病毒引起的羊的急性、热性、接触性传染病，以皮肤和黏膜发生脓疱和痂皮为特征。

痘病病毒对外界环境的抵抗力不强，高温和一般消毒剂都能很快将其杀死。痂皮中的病毒抵抗力较强，在痂皮中能存活6~8周。

痘病以绵羊易感，特别是细毛羊最易感。羔羊较成年羊易感性高。痘病对绵羊的危害性最大，病羊常因败血症死亡。病羊是主要传染源，通过痂皮、脓汁和痘疱液传播。痘病主要通过呼吸道或损伤的皮肤和消化道感染，也可通过吸血昆虫、体外寄生虫感染。世界动物卫生组织将本病列为法定报告的动物疫病，我国将其列为一类动物疫病。

（二）症状

1.潜伏期通常为5~14 d，冬季较长。病初体温升高（41~42 ℃），精神沉郁，低头呆立食欲减退或废绝。

2.咳嗽，寒战，两鼻孔有黏液脓性鼻液。

3.眼睑肿胀，结膜潮红或充血。

4.发病1~2 d，眼周围、唇、鼻翼、阴门、乳房、尾腹面、腿内侧等无毛或毛少处发生红斑、丘疹和水疱。水疱表面中央凹陷，以后水疱液变为脓汁，形成小脓包，最后结痂，痂皮脱落后留下斑痕。

5.严重时可继发肺炎、胃肠炎和败血症而死亡。

（三）诊断

根据临床症状可作出诊断。

（四）治疗措施

对皮肤病变酌情进行对症治疗，如用0.1%高锰酸钾溶液洗净后，涂5%碘甘油、紫药水。对细毛羊、羔羊，为防止继发感染，可以肌内注射青霉素80万~160万 IU，每日1~2次，或用10%磺胺嘧啶注射液10~20 ml，肌内注射1~3次。用痊愈血清治疗，大羊为10~20 ml，小羊为5~10 ml，皮下注射，预防量减半。用免疫血清效果更好。

（五）预防措施

1.加强饲养管理，增强机体抵抗力

加强羊舍的日常通风换气和保温取暖，定期对圈舍进行消毒；合理配制日粮，给肉羊供给合理饲草料，保持机体健康，提高抗病能力。

2. 发现病羊及时隔离

对病羊及时隔离，并对圈舍、用具彻底消毒，粪便、垫草做无害化处理。对假定健康羊和受威胁区的羊用羊痘鸡胚化弱毒疫苗紧急免疫接种。

3. 严格检疫，杜绝病原

购羊或引种要严格检疫，杜绝从疫区引入羊种。

4. 定期做好免疫接种

每年一次，在初春进行。用羊痘鸡胚化弱毒疫苗，不论大小，一律股内侧皮下注射1头份。

七、小反刍兽疫的防治

（一）病因

小反刍兽疫俗称羊瘟，又名小反刍假性牛瘟、肺肠炎、口炎肺肠炎复合症，是由小反刍兽疫病毒起的小反刍动物的一种急性接触性传染病。以发热、口炎、肺炎、腹泻为特征。世界动物卫生组织将其列为法定报告动物疫病，我国列为一类动物疫病。

小反刍兽疫病毒属副黏病毒科麻疹病毒属。与牛瘟病毒有相似的物理化学免疫学特性。病毒呈多形性，通常为粗糙的球形。病毒颗粒较牛瘟病毒大，核衣壳为螺旋中空杆状并有特征性的亚单位，有囊膜。病毒可在胎绵羊肾、胎羊及新生羊的睾丸细胞上增殖并产生细胞病变，形成合胞体。

（二）发展史

1942年本病首次在科特迪瓦共和国发生，其后，非洲的塞内加尔、加纳、多哥、贝宁等地有本病报道，尼日利亚的绵羊和山羊中也发生了本病，并造成了重大损失。亚洲的一些国家也报道了本病，根据国际兽疫局（OIE）1993年《世界动物卫生》报道，孟加拉国的山羊有本病发生，印度德拉邦和马哈拉施特拉邦的部分地区绵羊中发生了类似牛瘟的疾病，最后确诊为小反刍兽疫，此后，泰米尔拉德邦也有受到感染报道。1992年，约旦的绵羊和山羊中发现了本病特异性抗体，1993年，有11个农场出现临诊病例，100多只绵羊和山羊死亡。1993年，以色列第一次报道有小反刍兽疫发生，传染来源不明，为防止本病传播，以色列对其北部地区的绵羊和山羊接种了牛瘟疫苗。1993年，沙特阿拉伯首次发现133个病例。2007年6月小反刍兽疫首次传入我国。2008年1月多个省份暴发小反刍兽疫疫情，发病率和死亡率均达到100%，给我国养羊业造成巨大损失。

（三）流行特点

山羊及绵羊为主要易感动物。本病主要通过直接接触传染，病畜的分泌物和排泄物是传染源，以呼吸道感染为主，一年四季均可发生，但多雨季节和干燥季节多发。

（四）症状

小反刍兽疫潜伏期为4~5 d，最长21 d。初体温升高至41℃以上，维持3~5 d。病羊烦躁不安，背毛无光，口鼻干燥，食欲减退。咳嗽喘气，流黏液脓性鼻涕，呼出恶臭气体。口腔黏膜充血，流涎，坏死。后期发生水样腹泻，严重脱水，消瘦。

（五）剖检病变

从口腔到瘤－网胃口可见坏死性炎症，黏膜炎，出现有规则、有轮廓的糜烂、出血。肠可见出血、斑马条纹，以结肠直肠结合处最明显。淋巴结肿大，脾有坏死性病变。典型的支气管肺炎病变，肺淤血呈暗紫色。鼻甲、喉、气管等处有出血斑。

（六）诊断

根据典型的临床症状和剖检病变可作出诊断。

（七）预防措施

1. 加强饲养管理，增强机体抵抗力。

加强羊舍的通风换气和保温取暖，为肉羊创造适宜的生产环境；合理配制日粮，给肉羊供给合理饲草料，保持机体健康，提高抗病能力。

2. 加强圈舍和环境消毒。

加强圈舍的日常消毒，做到平时每周一次，用1%氢氧化钠溶液喷雾。疫情防控期间每天1次。

3. 做好免疫接种

我国现在使用的小反刍兽疫疫苗有两种，一种是小反刍兽疫弱毒苗，一种小反刍兽疫、山羊痘重组苗。按生物药厂的使用要求和剂量做好具体免疫接种，都能获得较好的效果。

第七节　中毒性疾病的防治

中毒性疾病是肉羊生产中因饲养管理不当或饲喂、误食有毒有害物质后导致羊只机体机能障碍，生产性能受到一定程度影响的疾病，中毒性疾病不具有传染性。

一、瘤胃酸中毒的防治

羊瘤胃酸中毒又称羊谷物酸中毒，是由于采食大量谷物或其他富含碳水化合物的精料后，导致瘤胃内产生大量乳酸而引起的一种急性代谢性酸中毒。本病常发于奶牛和乳山羊，临床特征主要是消化机能障碍、瘤胃运动停滞、脱水、酸血症、运动失调、衰弱，严重者常引起死亡。

（一）病因

因羊采食过量玉米、大麦、小麦、稻谷、高粱等谷物饲料或日粮中精饲料比例过高；长期饲喂酸度过高的青贮饲料或采食过量苹果、青玉米、甘薯、马铃薯、甜菜等含糖分高的饲料，均可导致羊瘤胃酸中毒。

（二）症状

本病呈散发性，一般2~6胎发病较高，一年四季都可发生，但以冬春季较多；临产前、后3 d内母羊发病最多；产乳量越高，越易发病。发病急剧，病程短，病死率高。发病多在喂料后4~8 h内，特别是饲喂大量玉米后，常成急性中毒。

根据病程长短临床表现略有不同。

1. 最急性型病例

常在无任何症状的情况下，于发病后1~3 h内死亡，或仅见精神沉郁，喜卧，有时出现腹泻，昏迷，很快死亡。

2. 急性型病例

病羊行动迟缓，步态不稳，瘤胃臌胀，内容物多为液体；病初卧地时多呈犬坐姿势，不久即横卧地上，四肢僵直，双目紧闭，头有时向背部弯曲或甩头，呻吟，磨牙，体温正常或稍高（39.5 ℃左右），心跳加快（100 次 /min 左右），呼吸急促（60 次 /min 以上），常在采食后3~5 h 内突然死亡。

3. 亚急性型病例

病羊表现精神沉郁，食欲减退，反刍停止，鼻镜干燥，无汗，眼球下陷，肌肉震颤，走路摇晃，有的排黄褐色或黑色、黏性稀粪，有时含有血液，少尿或无尿，有的卧地不起，此种类型多发生于分娩后3~5 h，病程可持续4~7 d，多以死亡告终。

4. 轻微病例

病羊精神惊恐，食欲减退，反刍减少，瘤胃蠕动减弱，瘤胃胀满，呈轻度腹痛，粪便松软或腹泻。若无特殊变化，一般经3~4 d，可自动恢复。

（三）鉴别诊断

要注意与瘤胃积食和急性瘤胃臌气相区别。瘤胃内多为液体和脱水体征明显，对瘤胃酸中毒有诊断意义。

（四）防治措施

1. 预防措施

（1）加强饲养管理　供给充足的优质干草，控制精料饲喂量；青贮饲料酸度过高时，要经过碱处理后再饲喂。

（2）添加碳酸氢钠　饲料中精料较多时，按混合饲料总量计算，加入2%的碳酸氢钠、0.8% 氧化镁或2% 碳酸氢钠与2% 硅酸钠。

（3）母羊产前和产后往往日粮中精料比例较高，要进行健康检查。发现尿液的 pH 下降、酮体阳性者，须及时调整和治疗。

2. 治疗措施

治疗原则：清除瘤胃内的乳酸，大量补液解除脱水和酸中毒，防止并发症并采取对症治疗等。

治疗措施：羊瘤胃酸中毒病情急剧，病死率很高，要及时实施治疗措施，以免贻误最佳治疗时机。

（1）洗胃疗法 一般病例，采用洗胃方法清除瘤胃内乳酸。用较大口径的胃管，1%~3%碳酸氢钠溶液或石灰水（石灰水配比：生石灰1 kg，加水5 L，充分搅拌，取其上清液）反复冲洗，直到胃液成碱性为止，最后再灌入冲洗液500~1 000 ml于瘤胃内（根据体格大小，确定灌入量），以中和瘤胃内的乳酸及其他挥发性脂肪酸。

（2）解除脱水 生理盐水或5%葡萄糖生理盐水注射液500~800 ml、20%安钠咖注射液5 ml、40%乌洛托品注射液5~10 ml，一次静脉滴注，每天1次，连用2次，以补充体液。同时可加入5%碳酸氢钠注射液100~200 ml/只，以解除体内积存的酸性物质。

为防止继发瘤胃炎、急性腹膜炎或蹄叶炎，消除过敏反应。可肌内注射抗生素，如青霉素、链霉素、四环素，肌内注射盐酸肾上腺素注射液1 ml等。

（3）对症治疗 当病畜烦躁不安、严重气喘时，可静脉滴注25%山梨醇或甘露醇注射液100~250 ml，与4倍量的5%葡萄糖生理盐水注射液，一次混合静脉注射，每天早晚各1次。病畜全身中毒减轻，脱水有所缓解，但仍卧地不起时，可适当注射水杨酸类药物和低浓度（5%以内）钙制剂。

（4）手术疗法 因进食大量谷物或精料，洗胃等办法不能奏效时，可及时施行瘤胃切开术，排空胃内容物。

二、氢氰酸中毒的防治

氢氰酸中毒是牛羊采食含有氢氰酸的植物或食入氰化物而引起的中毒性疾病，以突然呼吸困难、四肢痉挛、惊厥和迅速死亡为特征。

（一）病因

牛羊采食了高粱、玉米的幼苗，或采食南瓜藤、苦杏仁、三叶草、木薯、桃仁、亚麻仁、枇杷等含有氢氰酸的植物，植物种子或误食氰化物引起中毒。

（二）症状

突然发病，腹痛，起卧不安，呼吸困难，张口伸颈，呼出气体有苦杏仁味。黏膜潮红，眼球外突，瞳孔先缩小，后散大。倒地不起，四肢痉挛，牙关紧闭。可因呼吸麻痹在3~5 min 内死亡。

（三）剖检病变

剖检尸体呈鲜红色，体腔和心包腔内有浆液性渗出液。实质器官变性。肺水肿，气管和支气管内有大量泡沫样液体及不易凝固的血液。胃肠黏膜和浆膜有出血，胃内容物有苦杏仁味。

（四）诊断

1. 根据临床症状和病史及剖检时尸体呈鲜红色、有苦杏仁味，可作出诊断。

2. 必要时可做实验室检查，用普鲁士蓝法和苦味酸法可以确诊。

（五）治疗

1. 治疗原则

解毒为主，消除毒源，对症治疗。

2. 治疗措施

多数家畜来不及治疗。如有治疗机会，采用以下疗法。

（1）药物解毒

处方1：0.1% 亚硝酸钠注射液，按每千克体重1 ml，加入10% 或25% 葡萄糖注射液中静脉注射。

处方2：5% 或10% 硫代硫酸钠注射液，按每千克体重1~2 ml，加入10% 或25% 葡萄糖注射中，在0.1% 亚硝酸钠注射完后紧接着静脉注射。

处方3：1%~2% 亚甲蓝，按每千克体重1 ml，加入10% 或 25% 葡萄糖注射液中静脉注射。

处方4：1% 的过氧化氢溶液60~100 ml 内服；也可用绿豆200~300 g，双花25~30 g，煎汤灌服，每天1次，连用3~5 d。

（2）对症治疗　强心用10% 安钠咖注射液3~5 ml，肌肉或静脉注射，兴奋呼吸用回苏灵（二甲弗林）8~16 ml，配入适量的5% 葡萄糖生理盐水中，静脉注射等。

（3）洗胃疗法　可用0.1%~0.5%高锰酸钾溶液洗胃，破坏毒物。

（六）预防

加强氰化物的管理，防止牛羊误食含有氢氰酸的植物和植物种子。防止故意投毒。

三、有机磷（农药）中毒的防治

有机磷农药是农业上常用的杀虫剂，也是畜牧生产上常用的杀虫药和驱虫剂，如敌百虫、敌敌畏、乐果等。牛羊等家畜误食或因驱虫剂使用不当均可引起有机磷农药中毒事件的发生，特别是放牧羊只多发。其特征是流涎、口吐白沫、瞳孔缩小、腹泻和肌肉强制性痉挛，发病快，死亡率高。

（一）病因

有机磷农药中毒是因牛羊吃了喷洒过有机磷农药的饲草或浸拌过有机磷农药的种子，或拌过有机磷农药的毒饵，或用有机磷农药驱杀体内外寄生虫，治疗皮肤病引起的中毒性疾病。

（二）症状和病理变化

流涎、吐沫，食欲减退或废绝，排粪次数增多，腹泻，出汗，呼吸与心跳增速。肌肉震颤，兴奋不安，瞳孔缩小，视力减弱。最后昏迷倒地，大小便失禁。剖检病死羊主见胃肠黏膜及内脏器官充血、出血，胃内容物有大蒜臭味。病程稍久，所有黏膜呈暗紫色。肝脏、脾脏肿大，肺充血水肿，支气管含有大量泡沫。

（三）诊断

根据临床症状，尸体剖检胃内容物呈蒜臭味，可作出初步诊断。确诊可结合实验室诊断，用胆碱酯酶活性试验或毒物检验确诊。

（四）治疗

1.治疗原则

查清毒源、对症治疗，镇静解痉、抢救为主。

2. 治疗方法

（1）根据病情酌情使用呼吸中枢兴奋药，镇静解痉药和抗感染药。

处方1：肌肉注射乙酰胆碱拮抗剂用阿托品；1% 硫酸阿托品注射液每千克体重0.5~1.0 mg，皮下或肌肉注射。每隔1~2 h 重复一次，直至唾液分泌物减少，肠音减弱，瞳孔散大为止。

处方2：肌肉或静脉注射胆碱酯酶复活剂；用解磷定、双复磷、氯解磷定和双解磷。解磷定每次每千克体重20~30 mg，用5% 的葡萄糖注射液稀释缓慢静脉注射，每隔2~3 h 重复一次，直到症状消除。

处方3：强心补液、护肝　可与解磷定结合使用，在使用葡萄糖氯化钠和解磷定的同时，加入10% 樟脑磺酸钠或20% 安钠咖5~10 ml。

（2）对症治疗　如中毒因皮肤吸收而引起，可用肥皂水或5% 碳酸氢钠溶液冲洗皮肤（敌百虫中毒除外）。

如经口中毒，可2%~5% 碳酸氢钠溶液 500~1 000 ml 灌服分解毒物。

（3）中药治疗　如甘草25 g，绿豆50 g 水煎灌服病羊等。

（五）预防

1. 加强农药管理

不在畜舍内存放农药，预防疥螨时注意不让其舔食，严防恶意投毒。

2. 加强农药安全使用的宣传

加强农药使用知识的宣传，提高群众安全使用农药的知识与技术。

3. 加强肉羊的放牧管理

不到喷洒过农药的草地放牧，不用喷洒过农药的饲草喂牛羊。

四、菜籽饼中毒的防治

菜籽饼是油菜籽榨油后的副产品，是饲喂肉羊的蛋白质饲料之一，家畜饲喂过程中如过量采食未经脱毒处理的菜籽饼容易引起中毒。

（一）发病机理

菜籽饼是油菜籽榨油后的副产品物，含蛋白质30% 以上，因菜籽饼粕中舍有的硫葡萄糖苷，在葡萄糖硫苷酶的作用下产生异硫氰酸盐，噁唑烷硫酮等，硫氰丙烯酯有毒性。家畜过量或长期采食未经去毒处理的菜籽饼而容易引起以胃肠炎、呼吸困难、血红蛋白尿及甲状腺肿大为特征的中毒性疾病。

（二）临床症状

羊大量采食菜籽饼后表现精神萎靡不振、焦躁不安，流涎、采食减少或废绝，磨牙、空嚼，反刍停止；有的羊出现反射迟钝，胃肠蠕动音减弱或停止，便秘等症状；有的羊出现回顾腹部、后肢踢腹，腹胀或腹泻等特征的胃肠炎症状，严重的排出粪便带血；个别的羊出现视觉障碍、瞳孔散大，甚至失明，狂躁不安，感觉过敏，脉搏快而弱；有的羊出现心律不齐，呼吸加快频率达80次/min 以上，或困难呈现肺气肿、肺水肿的症状，有时伴发痉挛性咳嗽，极少数鼻腔流出泡沫状液体，频频排尿，血红蛋白尿或血尿，口腔黏膜、眼结膜发绀，心率减慢，体温正常或低下；个别羊只肌肉震颤，后期站立不稳，跟跄走路，体温下降，倒地不起，呻吟，体温下降，心力衰竭，最终虚脱而死亡。

（三）诊断

菜籽饼中毒可根据病史，结合临床症状即可作出初步诊断，确诊还要结合实验室诊断。

（四）治疗

菜籽饼中毒目前尚无特效解毒药物，需采取综合防治措施和对症治疗。

1. 停止饲喂

立即停止饲喂含有菜籽饼的同批次饲料，并彻底清除混有菜籽饼的饲草料，并对料槽、水槽进行彻底清扫；对圈舍及周边环境进行彻底消毒，以防继发其他病的感染。

2. 全群治疗

（1）取甘草和绿豆若干（甘草20~30 g/只、绿豆30~50 g/只）熬制成汤大剂量饮服。

（2）大量熬制小米米汤全群饮服，或鲜羊奶若干或豆浆若干饮服。

（3）轻型病例全群可大量饮服维生素 C 溶液和葡萄糖水。

3. 对症治疗

（1）对于腹痛并有腹泻症状的可内服淀粉浆（淀粉200 g，开水冲成糊糊），也可用0.5%~1.0% 鞣酸溶液洗胃或内服；

（2）对口吐白沫有流涎症状的肌肉注射硫酸阿托品注射液5~10 ml，每天2次；

（3）对于体温下降，心脏衰弱的在皮下或肌内注射10% 樟脑注射液5~10 ml；

（4）有腹泻严重病例，可用吸附性止泻药如活性炭10~30 g，2% 鞣酸蛋白5~10 g，磺胺脒5~15片口服治疗，每天1~2次。对于腹泻并伴有血痢的肉羊应肌内注射止血敏5~10 ml，具体用量根据羊的体重和血痢情况并结合药物使用说明。

（5）粪便干燥秘结时，可灌服液状石蜡100~400 ml 通肠利便。

（6）对伴有脱水的腹泻严重的病例，进行输液疗法。可用5% 葡萄糖注射液和复方盐水各500 ml，或10% 葡萄糖注射液500 ml 和复方盐水各300 ml 加入维生素 C 注射液10 ml，静脉注射。

（五）预防

家畜饲喂菜籽饼必须经过脱毒处理，严格控制菜籽饼的用量以及在饲料中的添加比例（一般不超过精料量的5%~20%，和肉羊品种体重有关）和用法。这是预防菜籽饼中毒的主要方法。

1. 加强饲料行业的监管

定期对饲料行业，饲料企业、贩运户进行相关业务培训，经营者在出售菜籽饼时要明确告知菜籽饼的用法和用量。

2. 无害化处理菜籽饼中毒死亡的病死畜

对于菜籽饼中毒死亡的病死畜必须进行无害化处理，以防二次中毒的发生。

3. 饲喂菜籽饼前必须进行脱毒处理

菜籽饼脱毒处理的方法可以通过蒸煮祛毒、微生物发酵祛毒、碱化处理（可用氨水或小苏打）祛毒等措施，使菜籽饼中的有毒物质降解而脱除，将菜籽饼进行去毒处理后方可饲喂。

4. 怀孕母羊和羔羊严禁饲喂菜籽饼。

5. 注意饲喂方法和控制数量

菜籽饼未经脱毒处理，不能直接添加给肉羊采食；脱毒处理后必须要和其他饲料配合使用；特别要控制菜籽饼的用量，菜籽饼在饲料中比例因畜种不同而各异，一般肉鸡在10%以下，蛋鸡、种鸡在8%以下、猪在5%以下，反刍兽在5%~20%。

五、尿素中毒的防治

（一）病因

尿素中毒是牛羊误食尿素，或给牛羊饲喂尿素时方法不当，或用量过多而发生中毒的现象。主要以发病急促、全身痉挛、呼吸困难、出汗和瞳孔散大为主要特征。

（二）症状

发病急促，在牛羊食入尿素后30~60 min 突然发病。病畜呻安，肌肉震颤，行走时步态踉跄，全身痉挛，呼吸困难，心率加快（>100次/min），口鼻处流出泡沫。后期全身出汗，瞳孔散大，肛门松弛。羊尿素中毒时，反刍停止，瘤胃臌胀，鼻唇及全身痉挛，呈角弓反张姿势，眼球震颤，不能站立，严重者迅速死亡。

（三）诊断

1. 根据病畜吃过尿素和临床症状可作出初步诊断。

2. 检验定氨值，每百升血超过2 mg 时即可确诊。

（三）治疗

1. 治疗原则

清除毒源、对症治疗。

2. 治疗方法

（1）灌食醋糖 发现羊尿素中毒，立即灌服食醋200 ml、糖100~200 g 加水200 ml。灌服食醋能抑制瘤胃脲酶的活性，并中和尿素分解所产生的氨。

（2）补液 葡萄糖酸钙50~100 ml 溶解于10%或25%葡萄糖注射液

200~300 ml 中，10% 维生素 C 注射液5~15 ml，3% 过氧化氢注射液20 m，混合静脉滴注。并肌肉注射10% 的樟脑磺酸钠注射液5~10 ml。

（3）静脉滴注　羊用5% 的硫代硫酸钠注射液20~60 ml、10% 的葡萄糖注射液200~300 ml，混合静脉滴注。

（4）对症治疗　羊尿素中毒引起瘤胃臌气的，立即用胃管或瘤胃穿刺放气，并灌服1% 甲醛溶液200~300 ml，甲醛能与氨结合形成乌洛托品从尿中排出而解毒。

（四）预防

加强饲养管理是预防尿素中毒的根本，最好不要饲喂尿素，若要饲喂必须严格控制用量。

1. 加强尿素管理

不在畜舍存放尿素。在施用尿素时，要随时把尿素袋口扎好，不让牛羊误吃。

2. 在牛羊饲喂尿素时，要严格控制用量，充分搅拌均匀。

在给牛羊添加尿素时，应控制在全部饲料干物质总量的1% 以下、不能把尿素加入饮水中饮服。

六、亚硝酸盐中毒的防治

亚硝酸盐中毒是由于饲料富含硝酸盐，在饲喂前的调制中或动物采食后在瘤胃内转化形成亚硝酸盐，吸收进入血液后使血红蛋白氧化为高铁血红蛋白而失去携氧能力，导致组织缺氧而引起的中毒。临床上以发病突然、黏膜发绀、血液褐变、呼吸困难、神经功能紊乱、经过短急为主要特征。

（一）病因

亚硝酸的产生，主要取决于饲料中硝酸盐含量和硝酸盐还原菌的活力。富含硝酸盐的饲料包括甜菜、萝卜、马铃薯等块根、块茎；白菜、油菜等叶菜类；各种牧草、野菜、农作物的秧苗和秸秆以及燕麦秆等。这些饲料制作不当，如蒸煮不透或小火焖煮时间过长，或在40~60 ℃闷放5 h 以上，腐烂发酵，均有利于饲料中所含的硝酸盐还原为剧毒的亚硝酸盐。

（二）发病机理

亚硝酸盐被动物吸收后使血液中的二价铁血红蛋白氧化成三价铁血红蛋白，从而使血红蛋白失去正常的携氧功能，使组织缺氧，造成全身组织特别是脑组织的急性损害。另外，亚硝酸盐具有扩张血管作用。可使外周循环衰竭，使组织缺氧更加严重，出现呼吸困难，神经功能紊乱，最后导致中枢神经麻痹和窒息死亡。

（三）症状

当家畜食入已形成的亚硝酸盐的饲料后发病急速，一般20~150 min 即可发病，呈现呼吸困难，有时发生呕吐，四肢无力，共济失调，皮肤、可视黏膜发绀，血液变为褐色，四肢末端及耳、角发凉。若能耐过，很快恢复正常，否则很快死亡。

如果是在瘤胃内转化为亚硝酸盐，通常在采食之后5 h 左右突然发病，除上述基本症状外，还伴有流涎、呕吐、腹泻等症状。其呼吸困难和循环衰竭更为突出。整个病程可持续12~24 h。最后因中枢神经麻痹和窒息死亡。

（四）病理变化

血液呈酱油色，稀薄如水样，不易凝固，心有出血点，肌肉、肝、肾呈暗红色。硝酸盐中毒伴有胃肠炎病变，胃肠黏膜有出血点。

（五）诊断要点

根据黏膜发绀、血液褐色、呼吸困难等主要症状，以及发病的突然性、群体性、采食饲料的种类及饲料调制失误，即可初步诊断。通过特效解毒药治疗效果可验证初步诊断的准确性。通过现场做变性血红蛋白检查和亚硝酸盐简易检验可确诊。

变性血红蛋白检查：取少许血液于试管内，暴露于空气中加以振荡，很快转为鲜红色的，为还原型血红蛋白，证明是还原型血红蛋白过多引起的发绀；振荡后仍为棕褐色的，即为变性血红蛋白，可提示为亚硝酸盐中毒。

亚硝酸盐简易检验：取瘤胃内容物或残余饲料的液汁1滴，滴在滤纸上，加10%联苯胺溶液1~2滴，再加10%醋酸溶液1~2滴，如有亚硝酸盐存在，滤纸即变为棕色，否则颜色不变。

（六）治疗措施

特效解毒剂为亚甲蓝（美蓝）和甲苯胺蓝，同时配合使用维生素C和高渗葡萄糖注射液效果更佳。

取1%亚甲蓝注射液（亚甲蓝1g，酒精10ml，生理盐水90ml），牛、羊按每千克体重0.4~0.8ml，静脉注射。也可用5%甲苯胺蓝注射液，牛、羊按每千克体重0.1ml，静脉注射、肌肉注射或腹腔注射。大剂量的维生素C溶液，对于亚硝酸盐中毒疗效也很好，羊的剂量每千克体重1~2g，肌肉注射或静脉注射。高渗葡萄糖能促进高铁血红蛋白的转化过程，故能增强治疗效果。

此外，可根据病情进行输液、使用强心剂和呼吸中枢兴奋剂等。

（七）预防措施

青绿饲料应摊开存放，以免产生亚硝酸盐。在饲喂含硝酸盐多的饲料时，最好鲜喂并限制饲喂量。如需蒸煮，应加火迅速烧开，开盖、不断搅拌，不要焖在锅内过夜。

七、龙葵素中毒的防治

龙葵素中毒是由于牛羊采食了马铃薯的花、茎以及块根幼芽或发芽、变质腐烂的马铃薯所引起中毒性疾病。龙葵素主要含于马铃薯的花、茎以及块根幼芽内，其含量在马铃薯植株各器官中差异较大。据报道，马铃薯的幼芽含龙葵素0.5%，绿叶含龙葵素0.25%，花含龙葵素0.73%，成熟的块根含龙葵素0.004%。随着马铃薯保存期延长，其毒素含量亦随着增高。当保存不当引起发芽、变质腐烂时，含量可高达4.76%。此外，马铃薯茎叶中含有硝酸盐，并可转化为亚硝酸盐，当马铃薯腐烂可产生一种腐败素。龙葵素、亚硝酸盐、腐败素等均可使机体产生中毒。

（一）病因

病因主要是由于马铃薯保存贮藏不当，腐烂发霉或保存时间延长使其发芽，用上述含毒量较高的马铃薯作饲料喂牛羊或牛羊放牧采食了马铃薯的花、茎以及块根幼芽而引起的龙葵素中毒。

（二）发病机理

龙葵素等对胃肠道黏膜有一定的刺激作用，引起胃肠炎症状。龙葵素被机体吸收后侵害中枢神经系统引起感觉和运动神经麻痹；进入血液后，使红细胞溶解而发生溶血现象；作用于皮肤能使皮肤发生湿疹样病变。

（三）症状和诊断

重症的病例，经过很急，神经症状明显，病初兴奋不安，后期表现沉郁。运动步态摇晃，共济失调，后躯无力，甚至麻痹。濒危期眼结膜发绀，呼吸次数减少，心力衰竭，瞳孔散大，一般经2~3 d 死亡。

轻度的病例，口腔流涎，黏膜肿胀。当发展为胃肠炎时，出现剧烈腹泻，粪中带血。

患畜极度衰竭，精神沉郁，肌肉弛缓。孕畜可发生流产。常可见到马铃薯性斑疹症状，表现为口唇周围、肛门、尾根、四肢的凹部，以及母羊的阴道和乳房基部发生湿疹性病灶或水疱性皮炎。

根据采食变质腐烂、发芽的马铃薯或其花、茎等病史，结合临床症状即可确诊。

（四）治疗

当发现有马铃薯中毒的症状时，应立即停止饲喂马铃薯，并更换饲料。

1. 清除肠道有毒物质

可用0.5% 高锰酸钾溶液或5% 鞣酸溶液500~1 000 ml 洗胃或灌肠；同时灌服油类泻剂（液状石蜡）200~300 ml 缓泻。

2. 改善血液循环，加强解毒功能

病羊可用10% 的苯甲酸钠咖啡因（安钠咖）2~4 ml、5% 维生素 C 注射液 5 ml，5% 的硫酸镁注射液 5 ml，10% 的葡萄糖注射液 200~300 ml，混合一次静脉注射。对继发胃肠炎的患畜，可用胺脒和收敛剂鞣酸蛋白灌服。

3. 中药治疗

病羊灌服绿豆甘草汤（绿豆50 g，甘草10 g）500 ml 一次灌服；或用生蜂蜜水、鸡蛋清灌服，轻度中毒可收到较好的效果。

（五）预防

加强饲养管理是有效预防龙葵素中毒的根本措施，做好马铃薯的贮藏管理，加强牛羊管理，禁止牛羊偷食或饲喂马铃薯的花、茎以及块根幼芽或发芽、变质腐烂的马铃薯。

八、霉菌中毒的防治

（一）病因

霉菌种类繁多，广泛存在于自然界中。在规模化养殖场的饲养管理过程中，当玉米、小麦等粮食作物贮存不当时会发生霉变，导致霉菌大量繁殖，产生大量霉菌毒素。玉米发芽最易感染黄曲菌，产生黄曲霉毒素。稻草霉烂被三线镰刀菌感染，内含毒素丁烯酸内酯致病。当家畜食入含有霉菌毒素的饲料或作物秸秆就会造成中毒事件发生。特别是黄曲霉菌中毒导致病羊肝脏损害，肝功能障碍、出血、肝细胞变性、坏死、增生等，对养殖业危害巨大。

（二）症状

病羊发病初期采食量下降，精神沉郁，脉搏增数，呼吸加快；有的病羊瘤胃臌气，弓背缩腹，腹疼、腹泻；严重的病羊有流涎、磨牙症状；有的羔羊出现眼病症状，流泪、角膜混浊、体温下降、脉搏无力、垂头眯眼甚至失明，很快死亡；个别病羊排带血粪便，后躯瘫痪。解剖病死羊见肝脏肿大、出血，质地变硬，胆汁充盈，胆管扩张；个别羊胸腹腔内积有液体，淋巴结水肿，肾脏周围水肿，脾脏增大、变硬。

（三）诊断

通过外围调查了解是否饲喂了添加霉变小麦、玉米、发霉的秸秆饲料，结合发病病畜临床症状及病理剖检变化即可确诊为霉菌毒素中毒。

（四）治疗

1.治疗原则

去病因，强心利尿，保肝利胆，提高免疫力，促进毒素排出。

2. 治疗措施

发现中毒症状，立即停止饲喂发霉变质的饲料。因病施救、对症治疗。

（1）饲料中添加脱霉剂和解毒剂

处方1：在饲料中添加维生素C、黄芪多糖粉、脱霉剂，连用7~14 d；

处方2：在饲料中加入溶酶菌或转移肽，连喂7~14 d；同时在饲料中添加益生元等微生态制剂，修复肠黏膜，缓解肠道损伤。

处方3：在饮水中加入电解多维和葡萄糖粉，混合饮水7~14 d。

（2）对症治疗

①病羊出现前胃迟缓的采用缓泻法，保护肠黏膜，排除肠内毒素。

处方1：液状石蜡100~200 ml 一次性灌服；

处方2：一般病羊用5%葡萄糖注射液200~500 ml，5%维生素C注射液10 ml，40%乌洛托品注射液10~20 ml，10%樟脑磺酸钠注射液5~10 ml，混合静注，每天1次，以解毒、保护肝肾功能、强心利尿。

②病羊出现眼病症状（流泪、角膜混浊）的病羊。除了每天输液（解毒、护肝、强心、利尿）外，还应灌服茵陈蒿散（中成药），每次40~50 g，连用7 d。消炎抗菌，抑制继发感染，可用抗生素和磺胺类药物治疗。

（五）预防

黄曲霉菌中毒目前还没有特效解毒方法，主要预防为主。

1. 加强饲养管理，严防饲料霉变

不要贪图便宜，不要饲喂霉变、虫蛀的饲料，不能用劣质原料及农副产品作为原料配制饲料；入库的小麦、玉米等籽实原料一定要晒干保存；加强饲料库房的管理和检查，严防库房漏雨，发现原料有异味时，应及时晾晒，及时清除发霉变质的饲料。

2. 早发现，早诊断，早治疗

一旦发现牛羊出现轻微的霉菌毒素中毒症状，要立刻停喂霉变饲料，给予含碳水化合物多、易于消化的青绿饲料，并加强护理，轻症病例可以得到恢复。

第八节　常见寄生虫病的防治

羊寄生虫病是肉羊生产中遇到的首要问题，要高度重视。羊寄生虫病的发生，常常从低感染率向高感染率发展，从小面积发生到大面积发生发展。如果羊寄生虫病发生初期采取有效措施，则可有效控制羊寄生虫病的发生和流行；如果羊寄生虫病已大面积发生，证明该地区环境已受到羊寄生虫的污染，在此种情况下要消灭和控制羊寄生虫病就比较困难了。因此，防治措施不得力，可造成羊寄生虫病的流行，导致养羊经济效益遭受严重损失。

当然，无论是体外寄生虫还是体内寄生虫，我们防治过程中要注意具体的操作规程。本书中肉羊的驱虫工作在第五章第一节的饲养管理保健中进行了详细的叙述，这里就驱虫新法的操作规程进行阐述，希望在肉羊常见寄生虫病的防治提供更好的思路和方法。在实际生产的驱虫过程中，首先要合理选择驱虫时间。如冬季驱虫应根据天气预报，选择连续5 d在0 ℃以下的天气时段对放牧羊群开展冬季驱虫。如转场前驱虫应选择在转场前2~3 d进行舍饲驱虫。如舍饲前驱虫的时间选择在羊群全部改为舍饲后一周内进行。如治疗性驱虫的时间选择在经检测发现有寄生虫虫卵或幼虫感染高峰期进行。其次要对驱虫前的虫卵、幼虫进行检测。确认羊只是否感染寄生虫、感染什么寄生虫，决定是否投药，选择什么驱虫药品进行防治寄生虫病。第三是驱虫药品的选择。如果羊只感染多种寄生虫病病原，可选择广谱驱虫药。对于感染强度高、危害严重的寄生虫病可选择特效药。第四是驱虫后的效果检测。由于驱虫药品的质量、人工操作（给药剂量不足）、药品选择不合适等因素往往影响驱虫效果。因此在驱虫后3~5 d，要对驱虫羊只进行检测，监测发现驱虫效果好则下次可继续使用，效果不好则应查明原因，重新驱虫。

一、脑多头蚴病的防治

脑多头蚴病是由多头绦虫的幼虫寄生在牛羊的脑部引起的一种寄生虫病，以强迫运动——转圈或前冲、后退为特征。

（一）病原特征

脑多头蚴的虫体为球形包囊，囊内充满液体，从黄豆大到鸡蛋大，囊液内有许多原头蚴。

（二）生活史与流行特点

1. 生活史

多头绦虫的终末宿主为犬等食肉动物，人也会偶尔感染，中间宿主为牛羊。成虫寄生在终末宿主的小肠内，孕卵节片随粪便排到外界，污染饲草和饮水，被中间宿主食入，在其消化道逸出六钩蚴。六钩蚴穿过肠壁，进入血液，随血液循环到脑，发育成多头蚴，到达其他组织的六钩蚴不能发育而迅速死亡。终末宿主吃了含多头蚴的脑组织，在其消化道发育成成虫。

2. 流行特点

在牧区或农区牛羊与犬经常接触，给脑多头蚴病的流行创造了条件。犬吃了含多头蚴的牛羊脑而被感染。被感染的犬又不断向外界排放孕卵节片污染环境，这就构成了脑多头蚴病的流行链。因此脑多头蚴病在一年四季均可发生

（三）致病作用与症状

1. 致病作用

（1）感染初期，因虫体在脑膜与脑间移行，引起脑炎和脑膜炎。

（2）虫体发育成熟后，压迫脑和脑膜，引起脑贫血、脑萎缩，眼底充血、半身不遂、视神经营养不良、运动机能障碍而出现强迫运动。

2. 症状

（1）前期表现体温升高，心跳和呼吸加快，强烈兴奋。病畜做回旋或前冲、后退运动。

（2）多头蚴的寄生部位不同，症状也有所不同。其典型症状为"转圈运动"，或前冲，后退，或头偏向一侧，或头向上仰。如多头蚴寄生在小脑，则平衡失调，运步异常，易跌倒，对声音敏感，很小的声音就会引起病畜强烈不安，向声源反方向逃避，病畜转圈运动的方向与虫体寄生的部位相反。

（四）诊断

1. 根据典型的临床症状可以确诊。

2. 必要时可用变态反应试验诊断。

脑多头蚴病的变态反应试验与棘球蚴病一样，只是包囊滤液的注射部位不同，脑多头蚴病是将包囊滤液注射到上眼睑皮内，1 h 后眼睑肿胀（1.75~4.20 cm），持续6 h。

（五）治疗

1. 治疗原则

杀死病原、清除病灶。

2. 治疗措施

对病羊淘汰处理。必须留下的主要采取手术摘除治疗，在确定寄生部位后，做开颅手术，小心摘除包囊。

（六）预防

1. 消灭中间宿主

加强对犬的管理，不让犬吃到带多头蚴的牛羊脑和脊髓。

2. 无害化处理病牛羊的脑和脊髓等

病牛羊的脑和脊髓不能食用，要及时焚烧或无害化处理。

3. 加强犬的按时驱虫和科学管理

对多头绦虫病的犬要进行驱虫治疗，驱虫方法与棘球蚴病相同，驱虫时将犬拴好，粪便集中做无害化处理。牧羊犬每年各驱虫1次，用氯硝柳胺片每千克体重100~125 mg 拌在肉馅中内服。驱虫时把牧羊犬拴好，粪便集中做无害化处理。

4. 做好羔羊的免疫接种

对留种的羔羊免疫接种羊棘球蚴（包虫）病基因工程亚单位疫苗1头份，分别在8周龄和12周龄进行两次免疫；已经用本品免疫过的羊，每12个月需加强免疫一次。

二、螨病的防治

螨病又叫疥癣，是由疥螨和痒螨寄生于牛羊的皮肤表面或皮内引起的一种体外寄生虫。羊螨寄生在羊只表皮上，多寄生于毛厚的背部。疥螨寄生于羊皮内，多寄生于毛少或无毛的头部，以剧痒、皮肤结痂和脱毛为特征。

疥螨。成虫呈圆形，腹面扁平。雌螨体长0.33~0.45 mm；雄螨体长0.20~0.23 mm。口器蹄铁状。第1、2对足发达；第3、4对足不发达，从背面看不见。雄虫第1、2、4对足有吸盘，雌虫第1、2对足有吸盘，吸盘钟状，吸盘柄不分节。卵呈椭圆形，大小为150 μm×100 μm。

痒螨。虫体呈长圆形，体长0.5~0.9 mm，肉眼可见。口器长，呈圆锥形；螯肢细长，两趾上有三角形齿；须肢亦细长。躯体背面表皮有细皱纹。肛门位于躯体末端。足较长，特别是前两对。雄虫的前3对足、雌虫的第1、2、4对足有吸盘，吸盘长在一个分三节的柄上。雌虫的第3对足上各有两根长刚毛。雄虫第4对足特别短，没有吸盘和刚毛。雄虫躯体末端有两个大结节，上各有长毛数根；腹面后部，有两个性吸盘；生殖器居于第4基节之间。雌虫躯体腹面前部有一个宽阔的生殖孔，后端有纵裂的阴道，阴道背侧为肛门。

（一）症状

患羊奇痒，经常用嘴啃咬患部皮肤或在木桩、墙角处摩擦，患部脱毛，皮肤上出现破损、脓疮、皮炎、龟裂等，有大量皮屑形成，有时皮肤肥厚变硬。螨病多发于冬季，加上脱毛，常引起死亡。

（二）发展史

疥螨是不变态的节肢动物，其发育过程包括卵、幼虫、若虫和成虫四个阶段。疥螨钻进宿主表皮挖凿隧道，虫体在隧道内进行发育和繁殖。在隧道中每隔相当距离即有小孔与外界相通，作为通气和幼虫出入的孔道。雌虫在隧道内产卵。每个雌虫一生可产40~50个卵。卵孵化为幼虫，幼虫三对足，体长0.11~0.14 mm。孵出的幼虫爬到皮肤表面，在毛间的皮肤上开凿小穴，在里面蜕化变为若虫。若虫钻入皮肤开凿小穴，并在洞穴内蜕化变为成虫。雄虫交配后死亡，雌虫的寿命4~5周。疥螨的整个发育过程为8~22 d，平均15 d。

痒螨寄生于羊只皮肤表面，为永久性寄生虫。体表的温度与湿度，对痒螨发育的速度有很大的影响。羊只瘦弱、皮肤抵抗力较差时容易感染痒螨病；反之，营养良好时则抵抗力强。痒螨具有坚韧的角质表皮，对不利因素的抵抗力超过疥螨，离开宿主以后的耐受力显得更强。例如在6~8℃的温度和85%~100%空气湿度的条件下，在畜舍内能活2个月，在牧场上能活35 d。在−2~−12℃时经4 d死亡，在−25℃时经6 h死亡。

（三）诊断

1.病料的采集

在刀上蘸一些水，选择患部皮肤与健康皮肤交界处，刀面垂直于皮肤，刮取病料。

2.检查方法

（1）直接检查法　在没有显微镜的条件下，可将病料置在阳光下暴晒或在平皿底部加热至40~50℃，然后移去皮屑，在平皿下衬以黑色背景进行肉眼观察。

（2）镜检法　将刮下的皮屑放在载玻片上，滴加10%氧化钠，或液状石蜡，或50%的甘油水，置显微镜下或解剖镜下进行观察。

（3）虫体浓集法　本法主要用于在较多的病料中查找较少的虫体。将病料置于试管内，加入10%的氢氧化钠，在精灯上煮沸数分钟，使皮屑溶解。然后以2 000转/min离心5 min，弃上清液，吸取沉渣进行检查。

（4）平皿内加温法　将病料放置平皿内，加盖，然后将平皿放于盛有40~50℃温水的杯子上10~15 min，虫体粘于平皿底，然后翻转平皿，检查皿底。

螨病一般根据流行病学调查、症状和发病部位进行诊断，但确诊还须实验室检查。

3.痒螨病与疥螨病的鉴别

痒螨病和疥螨病常单独发生，也可混合发生。两病的主要鉴别要点如下。

（1）痒螨病病原为羊痒螨，疥螨病病原为羊疥螨。

（2）痒螨好发部位为背部，然后蔓延全身。疥螨好发部位为头部，然后向体后蔓延。

（3）痒螨患部脱毛严重，皮肤病变不太明显，患部奇痒；疥螨病患部脱毛不太严重，皮肤病变明显。皮肤肥厚变硬，龟裂，脱屑，皮肤皱褶明显，痒感不强烈。

（四）治疗

1. 治疗原则

定期消毒、杀灭病原。

2. 治疗方法

（1）在羊疥癣流行地区要进行春季和秋季药浴。药品使用及浓度如下：

①螨净，初浴浓度0.025%，补充浓度0.075%。

②50%辛硫磷乳油，药浴浓度0.025%~0.050%。

③双甲脒（虫螨脒），药浴浓度0.06%。

④杀灭菊酯成品为20%杀灭菊酯乳油，药浴浓度为0.01%。

⑤敌百虫配成1%~2%水溶液，用于局部涂擦治疗。

（2）对于冬季发生的疥癣羊要进行隔离治疗，轻度感染的羊治疗1次；中度感染的羊要治疗2次；重度感染的羊要治疗3次；每次间隔1周。治疗药品及方法：

①将杀虫油剂对半稀释后涂擦患部。

②肌注碘硝酚，皮下注射伊维菌素或阿维菌素。

（五）预防

要坚持每年春、秋两季的药浴制度；对少数冬季发病的羊只要立即隔离治疗，防止疥癣病的传播。

三、肝片吸虫病的防治

肝片吸虫病是由肝片吸虫寄生于牛羊的胆管中引起的一种寄生虫病，以肝炎、肝硬化、胆管炎、消化紊乱、消瘦为特征。

（一）病原特征

肝片吸虫的成虫呈榆叶状，虫体扁平，新鲜虫呈棕红色，长20~35 mm，宽5~13 mm。虫体前端有一个锥状突起，称头椎。头椎后方变宽形成肩部，肩部后逐渐变窄。虫体有两个吸盘,一个叫口吸盘,位于头椎前端;另一个叫腹吸盘,位于两肩之间,腹吸盘大于口吸盘。雌雄同体。虫卵呈卵圆形,黄褐色或棕黄色。卵的前端稍窄,有一个不明显的卵盖。

(二)生活史与流行特点

1. 生活史

肝片吸虫的成虫寄生于宿主肝胆管内,产出虫卵随胆汁排入小肠,再随粪便排出体外,虫卵在适宜的温度(25~26 ℃)、氧气、水分和光线条件下,发育成毛蚴。毛蚴在水中进入中间宿主椎实螺体内,在椎实螺体内发育成尾蚴,尾蚴钻出螺体,附着于水草上发育成囊蚴,当囊蚴被牛羊食入后,在消化道脱囊,透过肠壁进入血液,或穿过肠壁进入肝,或随血液循环到达胆管内,在胆管内发育成成虫。成虫寿命3~5年。

2. 流行特点

病畜和带虫者是主要传染源。椎实螺是中间宿主。主要感染牛羊。潮湿多雨季节发病。

(三)致病作用与症状

1. 致病作用

幼虫在移行过程中,损伤肠壁及肝,引起肠炎、肝炎和出血。成虫对胆管有持续性刺激和毒素作用,并夺取宿主营养,引起胆管炎、贫血和水种。虫体堵塞胆管,引起黄疸。

2. 症状

(1)急性期 体温升高,精神沉郁,食欲减退,贫血,黄疸。羊多为此型。

(2)慢性期 贫血,消瘦,结膜苍白,眼睑、颌下、胸前、腹下等处出现水肿,食欲减退或异嗜,周期性瘤胃臌气,腹泻。牛多为此型。

3. 剖检病变

肝实质萎缩,硬变。胆管粗厚如索状突出于肝表面,胆管内壁粗糙,内含虫体和粒状磷酸盐结石。

（四）诊断

1. 初步诊断

根据流行特点与症状可作出初步诊断。

2. 剖检

在胆管发现虫体即可确诊。

3. 实验室诊断

实验室诊断通常应用动物粪便虫卵诊断盒，采用漂浮法对羊只粪便进行检查，发现虫卵即可作出诊断。

（五）治疗

1. 治疗原则

定期消毒、杀灭病原。

2. 治疗方法

处方1：贝尼尔，口服，羊按体重计量10~15 mg / kg，牛12.5 mg / kg。肌肉注射，牛羊按体重剂量3~5 g / kg，用生理盐水配成5%~10% 溶液。

处方2：吡喹酮，口服，牛羊按体重计量5 mg / kg。

处方3：硝氯酚（拜耳9015）按体重计量 5 mg / kg，一次口服。针剂：1 mg / kg，肌肉注射。

处方4：硫溴酚（蛭得净）按体重计量20 mg / kg，均一次口服。

处方5：硫双二氯酚（别丁）按体重计量80 mg / kg；口服。

处方6：氯苯氧碘酰胺按体重计量15 mg / kg，一次口服。

处方7：双乙酰胺苯氧醚 按体重计量100 mg / kg；口服。

处方8：丙硫苯咪唑按体重计量15 mg / kg，口服。

处方9：苯硫咪唑按体重计量5 mg / kg，口服。

（六）预防

1. 预防性驱虫

每年进行两次驱虫，第一次在秋末冬初或由放牧转入舍饲之后，第二次在冬末春初。南方地区可每年进行三次驱虫，即夏季再驱虫一次。驱虫常用药物为吡喹酮，牛羊均按每千克体重5 mg内服。每次驱虫后3 d内要集中处理粪便，用生物热消毒法杀死虫卵。

2. 消灭中间宿主

填平或改造水渠和低洼地，用化学药品灭螺。喷洒0.002%硫酸铜溶液灭螺，血防67灭螺浓度2.5 mg/kg；生石灰0.1%；硫酸铜20 mg/kg。

3. 注意饮水和饲草卫生

不到椎实螺滋生地放牧，给牛羊饮用清洁井水或自来水，水生饲草经青贮后再喂牛羊。

四、羊鼻蝇蛆的防治

羊狂蝇蛆病是羊狂蝇（羊鼻蝇）的幼虫鼻蝇蛆寄生在羊的鼻腔和鼻旁窦内引起的一种寄生虫病，以流脓性鼻液，呼吸困难和打喷嚏为主要特征。

（一）病原特征

羊狂蝇的成虫形似蜜蜂，呈淡灰色，有金属光泽，长10~12 mm。头部较大，呈黄色，无口器；翅透明，体背面有黑色斑点，腹部有银灰色与黑绿色的块状斑点。成熟的幼虫呈棕褐色，长30 mm，前端有两个强大两个黑色口钩；背面光滑拱起，腹面扁平，有多排小刺；虫体分节，各节的前缘有几排小刺，后端平齐，有两个黑色气孔。

（二）生活史与流行特点

1. 生活史

羊狂蝇成虫出现于7~9月。雌、雄蝇交配后，雄蝇即死去，雌蝇则栖息于较高而安静的地方，待体内幼虫发育后才开始飞翔。遇到羊只时，突然冲向羊群，将幼虫产在羊鼻孔内或鼻孔周围，一次能产下20~40个幼虫，然后迅速飞去。一只雌蝇在数日能产出500~600个幼虫，产完幼虫后死亡。刚产下的第1期幼虫活动力很强，爬入鼻腔，以口前钩固着于鼻黏膜上，并渐向鼻腔深部移行，在鼻腔、额窦或鼻窦内（少数能进入颅腔内），经两次蜕化变为3期幼虫。幼虫在鼻腔和额窦等处寄生9~10个月。到翌年春天，发育成熟的3期幼虫由深部向浅部移行，当患羊打喷嚏时，成熟幼虫即被喷落地面，钻入土内或羊粪内变蛹。蛹期1~2个月，其后羽化为成蝇。成蝇的寿命2~3周。

2. 流行特点

成蝇野居，5~9月份为最活跃期。在晴朗无风的白天飞出侵袭羊只，阴雨天和夜晚隐蔽于角落里。成蝇直接产生幼虫。

（三）致病作用与症状

1. 致病作用

成蝇侵袭羊群产幼虫时，引起羊群骚动不安，奔跑躲避，严重影响羊只正常采食，使羊只消瘦。幼虫在羊鼻腔存留和移行时，引起鼻黏膜损伤、发炎和出血。

2. 症状

病羊流鼻液，可见有浆液性、脓性或血性鼻液。病羊有呼吸困难、甩头、喷鼻、磨牙、食欲减退、消瘦的症状。个别羊只由于幼虫钻入脑部，出现神经症状；转圈运动，低头不动，常因极度衰竭而死。

（四）诊断

根据流行性病学调查和临床症状进行诊断，必要时可进行剖检诊断。

（五）治疗

1. 治疗原则

杀死病原、清除病灶

2. 治疗措施

处方1：用2%敌百虫水溶液喷入鼻腔，左右鼻腔各10 ml，对羊鼻蝇有一定的治疗作用。

处方2：阿维菌素1%溶液按体重计量0.2 mg/kg，一次皮下注射，药效可持续20 d，且疗效高，是治疗羊鼻蝇比较理想的药物。

处方3：内服氯氰柳胺按体重计量5 mg/kg，或皮下注射2.5 mg/kg，可杀死各期幼虫。

处方4：敌敌畏熏蒸，将羊关在一个密闭的圈舍内，以0.5 ml/m³的剂量，加热使其蒸发，保持40~60 min，虫体可被羊喷出鼻腔。

（六）预防

羊鼻蝇蛆病的驱虫时间，一般在11月份进行较好。

1. 灭蝇

在成蝇活跃期用3%~5%敌敌畏水溶液每天晚上对羊舍（棚）及其周围环境进行喷洒，消灭隐藏的成蝇，注意敌敌畏的用法用量，防治人畜农药中毒。

2. 防蝇

在成蝇飞翔产幼虫的季节，用1%敌敌畏软膏涂于羊鼻孔周围，每4~5d一次，防止成蝇侵袭。或对羊只喷洒杀虫油剂、敌百虫或溴氰菊酯，驱避羊狂蝇虫。

五、消化道线虫病的防治

消化道线虫病是由数十种寄生在消化道内的线虫引起的奇生虫病。病原种类多，主要的病原有寄生在四胃内的捻转血矛线虫、马氏马歇尔线虫、奥氏奥斯特线虫、斯氏副柔线虫、蛇形毛圆线虫；寄生在小肠内的尖刺细颈线虫、长刺似细颈线虫、羊仰口线虫、肿孔古柏线虫、乳突类圆线虫；寄生在大肠内的微管食道口线虫、羊夏伯特线虫、绵羊毛首线虫等。其共同特点是分布和流行广泛，对牛羊危害严重，给养殖业造成重大损失。

（一）症状

虫体感染强度较低时，羊只一般无明显的临床症状；只有大量感染时，才出现临床症状。消化道线虫常呈混合感染。其症状为，患羊食欲不振，消化不良，腹泻，便秘，粪便带血，顽固性下痢或便秘腹泻交替发生。羔羊发育不良，生长缓慢，被毛蓬松，成羊育肥困难，母畜不孕或流产。特别在饲养管理不良的情况下，患羊极度衰弱，贫血，颌下、胸下和腹下发生水肿，体温有时升高；患羊抵抗力下降，常伴发一些综合征，引起羊只死亡。剖检时，可在消化道内发现大量虫体，虫体寄生部位黏膜出现卡他性炎症、出血点、溃疡灶、化脓灶等病理变化。

（二）生活史

消化道线虫属于土源性寄生虫，发育史不需要中间宿主参与。消化道线虫在羊体内存活时间一般不超过1年。成虫排出的虫卵随粪排到外界，在外界环境20℃时，需5~8 d便可发育为具有感染力的3期幼虫；羊只食入带有3期幼虫的牧草后受到感染。3期幼虫对不良的外界环境具有很强的抵抗力，可借休眠状态生存1年左右。

（三）诊断

1. 应用动物粪便虫卵诊断盒

采用漂浮法对羊只粪便进行检查，发现虫卵即可作出诊断。

消化道线虫各属虫卵的形态学特点如下：

（1）类圆线虫卵卵内含有幼虫，虫卵大小为40~60 μm × 20~25 μm。

（2）毛首线虫卵虫卵呈腰鼓状，中部凸起，两端略细，有塞状物。虫卵大小为57~78 μm × 30~35 μm。

（3）细颈线虫卵虫卵较大，呈椭圆形，中部外凸，虫卵大小为160~270 μm × 90~150 μm。卵胚细胞少，4~8个。

（4）马歇尔线虫卵虫卵较大，呈长椭圆形。虫卵大小为60~200 μm × 5~100 μm。卵胚细胞多，细而密。虫卵两端隙较大。

（5）仰口线虫卵虫卵类长方形，两端钝圆，两侧较平，虫卵大小为85~97 μm × 48~50 μm。新鲜虫卵胚细胞较大，数目8~12个，内含暗黑色颗粒。

（6）奥斯特线虫卵虫卵类圆形，侧面外凸。虫卵大小为62~95 μm × 30~50 μm。

（7）毛圆线虫卵虫卵类似卵圆形，一端稍尖，一端钝圆。虫卵大小为55~95 μm × 30~55 μm。

（8）血矛线虫卵虫卵椭圆形，卵壳白色，透明。卵细胞6~30个。

（9）食道口线虫卵虫卵呈长椭圆形，卵壳较厚，卵内有4~16个胚细胞，其界限不明显。虫卵大小70~90 μm × 34~50 μm。

（10）夏伯特线虫卵虫卵较大，椭圆形，卵壳厚；新鲜虫卵为桑葚胚期。虫卵大小为90~120 μm × 40~50 μm。

2. 剖检诊断

对大量死亡，且怀疑消化道寄生虫病的羊只，可进行剖检诊断。根据虫体的寄生部位，形态特征进行虫种鉴定。

（四）治疗

1. 治疗原则

杀灭病原，清除病灶。

2. 治疗措施

（1）对毛首线虫的治疗　多种驱线虫药对毛首线虫无效或较差。在毛首线虫病流行的地区，应选用驱虫谱广（包括毛首线虫在内）的药物或驱毛首线虫的特效药。

①羟嘧啶（特效药）按体重计量5~10 mg / kg。口服。

②敌百虫按体重计量60~80 mg / kg，口服。

（2）对其他消化道线虫的治疗

①丙硫苯咪唑按体重计量10 mg / kg，口服。

②敌百虫按体重计量80 mg / kg，口服。

③左咪唑按体重计量8 mg / kg，口服。

④噻苯唑按体重计量50~80 mg / kg，口服。

⑤噻嘧啶按体重计量25~30 mg / kg，口服。

（6）苯硫咪唑按体重计量5 mg / kg，口服。

（7）氧苯咪唑按体重计量10~15 mg / kg，口服。

（8）伊维菌素按体重计量1 ml / 50 kg，皮下注射。

药品的选用，可根据当地的药源、价格、驱虫谱进行选用。

（五）预防

加强饲养管理和日常消毒就驱虫工作是预防该病的主要措施。

1. 科学驱虫

在消化道线虫感染严重的地区，要进行冬季驱虫、转场前驱虫工作，在驱虫后1~2 d，最好实行舍饲，防止粪便污染草场，对粪便要进行集中堆放，生物热发酵，杀灭粪便中的虫卵。

2. 自然净化

消化道线虫大都是土源性寄生虫，虫卵都需在外界发育1~4周，才能发育为具有感染力的侵袭性3期幼虫或侵袭性虫卵。这种侵袭性幼虫或虫卵对不良环境具有很强的适应性，可存活近1年的时间。自然界的高温和低温对于环境中的虫卵或幼虫具有杀灭作用，也称之为自然净化作用。因此，草场实行轮牧制对于消灭和减少寄生虫病具有重要意义。

六、羊球虫病

羊球虫病是一种原虫病，虫体寄生在羊小肠黏膜里，其中对羊危害最严重的球虫为雅氏艾美耳球虫（*Eimeria ninakohlyakimovae*）、阿撒他艾美耳球虫虫（*E.arloingi*）、小型艾美耳球虫（*E.parva*）、浮氏艾美耳球虫（*E.faurei*）、错乱艾美耳球虫（*E.intricata*）、帕里达艾美耳球虫（*E.pallida*）、颗粒艾美耳球虫（*Egranalosa*）。

（一）症状

患羊精神不振，食欲减退或消失，有渴欲，可视黏膜苍白，腹泻，便血，粪便中常混有剥脱的黏膜和上皮，有恶臭，并含有大量的卵囊。体温有时升高。慢性球虫病羊消瘦，被毛粗乱，肛门周围粘有大量稀粪。羊球虫病的死亡率为10%~20%。小肠黏膜出现卡他性炎症，出血点和溃疡灶。触片检查可查出大量卵囊和裂殖体。

（二）生活史

球虫发育属直接发育型，不需要中间宿主，须经过三个阶段。

1. 无性生殖阶段

在其寄生部位的上皮细胞内以裂体生殖法进行。

2. 有性生殖阶段

以配子生殖法形成雌性细胞，即大配子；雄性细胞，即小配子。两性细胞融合为合子，这一阶段也是在宿主的上皮细胞内进行的。

3.孢子生殖阶段

孢子生殖阶段是指合子变为卵囊后，在卵囊内发育形成孢子囊和子孢子，含有成熟的子孢子的卵囊称感染性卵囊。裂殖生殖和配子生殖在宿主体内进行，称内生性发育；孢子生殖在外界环境中完成，称外生性发育。家畜感染球虫，是由于吞食了散布在土壤、地面、饲料和饮水等外界环境中的感染性卵囊而发生的。感染性卵囊在宿主消化液的作用下，释放出子孢子，这个脱囊过程系是在十二指肠段进行的，须有十二指肠液和胰液的作用，pH为7~8的环境。释放出的子孢子迅速侵入肠上皮细胞，变为圆形的裂殖体。裂殖体的核分裂为许多小核，小核连同其周围的原生质形成裂殖子（非配子）。裂殖子呈腊肠形，一端稍尖，一端钝圆，细胞质呈颗粒状结构，有空泡，核在偏中部位；裂殖子的大小为16μm×2μm~16μm×4μm，在上皮细胞内排列成簇。裂殖体形成大量的裂殖子后，使上皮细胞遭受破坏，裂殖子逸出，侵入新的上皮细胞，再次进行裂殖生殖。如此反复，使上皮细胞遭受严重破坏，引起疾病发作。无性生殖进行若干世代之后，一部分裂殖子转化形成小配子体，后者分裂生成许多小配子（雄性）；小配子有两根鞭毛，活动自如，一部分裂殖子转化形成大配子（雄性），无运动性。小配子与大配子接合（受精）成为合子，合子周围迅速形成一层被膜，成为卵囊。卵囊随宿主粪便排到外界，在适宜条件下，经数日发育为感染性卵囊，被宿主吞食后，重新开始其在宿主体内的裂殖生殖和配子生殖。

（四）诊断

剖检诊断可见小肠黏膜有卡他性炎症，出血点和溃疡灶。粪便触片检查可查出大量卵囊和裂殖体。

（五）治疗

1.治疗原则

杀死病原、清除病灶

2.治疗措施

（1）氨丙啉按体重计量20~25mg/kg，一次口服，连用4~5d。

（2）复方敌菌净（SMD+DVD）按体重计量30mg/kg，连用3~5d。首次量加倍。

（3）其他磺胺类药物（SQ、SM2），可与磺胺增效剂（DVD）合用，治疗羊球虫病效果显著。

（4）痢特灵按体重计量7 mg / kg，每日2次，连用5~7 d。

（六）预防

加强日常饲养管理，做好圈舍日常消毒和季节性驱虫。圈舍应每周彻底清除粪便2~3次，粪便要集中发酵，以便杀灭粪便中的卵囊。对患羊要及时隔离治疗。

第九节　其他疾病的防治

一、捕捉应激综合征的防治

应激是指机体受到强烈刺激时所出现的非特异性全身反应。其目的在于提高机体对外环境的适应能力，调整和维持机体内环境的相对稳定，保证机体正常的生命活动以及在遭受损伤或功能障碍时的正常恢复。但是，当引起应激反应的应激原超过动物的生理调节限度时，强烈的应激反应就会对机体造成伤害。

规模化集约化羊场，由于防疫、监测、药浴、驱虫、分群、鉴定、出售等，造成绵羊捕捉应激次数多、强度大，在生产中危害严重，值得广泛关注。

（一）病因

捕捉应激时，交感神经兴奋，血液中儿茶酚胺大量释放，浓度升高，致使微循环血量减少，羊只表现极度惊恐、心跳加快、呼吸困难；血糖浓度明显升高，能量代谢明显增加，物质代谢总体表现为分解代谢旺盛，合成减少，机体组织细胞对葡萄糖的摄取和利用减弱，脂肪和蛋白质分解加强，血液浓缩，葡萄糖含量增加，线粒体氧化反应活跃，需氧量增加，无氧代谢增强，乳酸大量产生、蓄积从而引发代谢性酸中毒；肾上腺素浓度迅速升高，糖皮质激素分泌增加，机体细胞和体液免疫功能受到一定抑制。因此，当捕捉应激强度过大或持续时间过久，超出了机体自我调节能力时，绵羊就会呈现出一定的疾病，对肉羊生产造成较大的损失。

（二）临床症状

捕捉应激之初，羊只最明显的症状是惊恐不安，穿梭跳跃，集群站立时，目视捕捉者，顿足，呼吸粗喘。时间稍久，个别羊只便出现肌肉痉挛、共济失调、瘫软倒地、起立困难。临床检查，体温一般升高0.5~1.0℃，心率增加，呼吸加快。严重者，牙关紧闭，眼球震颤，尿失禁，后肢强直性痉挛，挣扎而欲起不能或头颈强直侧弯、深度昏迷，如不及时救治，数小时后大多会以死亡而告终。

捕捉应激直接导致死亡者不多，但捕捉过程中，由于羊只惊恐不安而穿梭跳跃、拥挤踩踏所造成的肢体外伤、腿骨骨折以及母羊流产、新生羔羊踩死等情况却时有发生。另外，捕捉应激也会造成羊只长期精神紧张，食欲不振，生长期羔羊发育受阻，甚至还会造成种公羊阴茎垂缕不收，丧失种用价值等。据报道，对捕捉应激急性致死羊只剖检可见，肺组织水肿，间质增宽，心包膜少量积液，心脏、肝脏表面有针尖状散出血点，心肌、骨骼肌灰白松软。

（三）防治措施

1. 加强饲养管理

种公羊、生产母羊、哺乳羔羊、育成公、母羊应严格分群，瘦弱母羊或羔羊也应单独组群。价格昂贵的种羊、围产期母羊及新生羔羊应尽量选择僻静、舒适、条件较好的圈舍饲喂。饲养员也应选择有经验、责任心强者对其进行管理。

2. 减少应激次数

尽量减少生产环节中的捕捉应激次数。如每年两次的药浴和驱虫同时进行；羊痘苗与梭菌苗免疫一次进行；羔羊分群和鉴定同时进行等。以上工作环节同时进行，虽然增加了复合应激，但大大减少了捕捉应激次数，且多年实践中尚未出现明显的不良反应，此法可供养羊者参考。

3. 严禁陌生人员进出圈舍

出售、参观等特殊情况，也应在饲养员或畜牧兽医技术人员的带领或指导下进行。

4. 改善圈舍条件

增添活动围栏等捕捉工具，掌握正确的捕捉方法，减少捕捉应激强度，避免应激危害。

5. 提高抗应激能力

改善羊只体况。实践证明，全舍饲绵羊经过合理搭配日粮，补足矿物质、维生素等饲喂量，提供充足洁净饮水，可明显改善体况，增强抗疾病及抗应激能力。同时，提前让羊只适应环境也是提高抗应激能力行之有效的方法。

6. 采取适当的急救措施

捕捉应激所造成的外伤、骨折等应及时治疗，病危羊可移至安静处，采用强心剂、镇静剂等药物注射抢救，已出现代谢性酸中毒症状的病羊，可加入5%碳酸氢钠注射液输液治疗。

二、腐蹄病

（一）病原

腐蹄病是由于圈舍过度潮湿，蹄部长期被粪尿浸渍角质软化，感染坏死杆菌，促成蹄间腐烂所致。或蹄被碎石块、异物茬尖等刺伤后被污物封围，形成缺氧状况，细菌通过伤口侵入机体。该病原为坏死杆菌，属于厌氧菌，广泛存在于土壤和粪便中，低湿条件适于其生存。其抵抗力较弱、一般消毒药10~20 min 即可将其杀死。常发于湿热的多雨季节。

（二）症状

症状主要表现为跛行。蹄间隙、蹄踵和蹄冠红肿、发热，有疼痛反应，以后溃烂，挤压有恶臭脓液流出。

（三）诊断

一般根据临床症状（发生部位、坏死组织的恶臭味）和流行特点，即可作出诊断。

（四）治疗

除去患部坏死组织，到出现干净创面时，用食醋、4% 醋酸、1% 高锰酸钾、3%

来苏尔或3%过氧化氢溶液冲洗，再用30%硫酸铜或6%~40%甲醛进行蹄浴。若脓肿未破，应切开排脓，然后用1%高锰酸钾溶液洗涤，再涂擦40%甲醛溶液或涂撒高锰酸钾粉。对于严重的病羊，在局部用药的同时，用磺胺类药物或抗生素全身治疗。

（五）预防

经常修蹄，保持圈舍平坦、干燥卫生，定期消毒，定期用10%~40%甲醛溶液蹄浴。

三、创伤性网胃腹膜炎及心包炎的防治

创伤性网胃腹膜炎及心包炎是由于羊误食金属等异物在胃内刺伤网胃壁而发生的一种疾病，该病属于机械损伤性疾病，往往与肉羊的饲养管理特别是饲草加工和饲喂时的管理及粗心密切相关。

（一）病因

该病主要由于尖锐金属异物（如钢丝、铁丝、缝针、发卡、锐铁片等）混入饲草被羊误食而发病。因网胃收缩，异物刺破或损伤胃壁所致。如果异物经横隔膜刺入心包，则发生创伤性网胃心包炎。异物穿透网胃胃壁或瘤胃胃壁时，可损伤脾脏、肝脏、肺脏等脏器，引起腹膜炎及各部位的化脓性炎症。

（二）症状

病羊精神沉郁，食欲减少，反刍缓慢或停止，行动拘谨。表现疼痛、拱背，不愿急转弯或走下坡路，急性或慢性前胃弛缓，慢性瘤胃臌气，肘肌外展以及肘肌颤动。用手敲击触诊网胃区，或用拳头顶压剑状软骨区时，病羊表现疼痛、呻吟、躲闪。创伤性心包炎发病时病羊心动过速，每分钟80~120次，颈静脉怒张，粗如手指；颌下及胸前水肿。听诊心音区扩大，出现心包摩擦音及拍水音。病的后期，常发生腹膜粘连，心包蓄脓和脓毒败血症。

（三）治疗

1. 治疗原则

排除病因，去除病灶。

2. 治疗措施

（1）保守对症疗法　减少活动及饲草喂量，降低腹腔脏器对网胃的压力。可使用抗生素消除炎症。

（2）手术治疗法　切开瘤胃，取出异物。手术应由专业兽医实施。

（四）预防

加强饲养管理。饲养管理人员不能随意将铁丝、铁钉、缝针或其他金属异物随地乱扔，应远离饲草堆放处设置杂物专用堆放箱，以杂物防混入饲草被羊误食。

清除饲草中异物。进行饲草加工时，可在草料加工机械设备（如入草口处）上安装磁铁，以边及时清除铁器。严禁在羊场或羊舍堆放铁器。

四、绵羊脱毛症的防治

绵羊脱毛症是指非寄生虫性被毛脱落，或被毛发育不全的总称。在生产中往往与疥螨病混淆，因诊断不准导致延误病情而造成不必要的损失。

（一）病因

该病的发病机理尚未完全弄清，目前没有可查的科学依据，但多数学者认为，与锌和铜及硫等微量元素的缺乏有关。据笔者时间经验，一方面和肉羊品种有关，另一方面因长期饲喂不全价的饲料或饲养圈舍的不卫生也是导致该病发生的主要原因之一。

（二）症状

被毛粗糙无光泽，表现营养不良，严重者表现为贫血，有的出现异食癖现象，互相啃食被毛，羔羊毛弯曲不够，松乱脆弱，大面积秃毛。其中，锌的缺乏还表现皮肤角化，湿疹样皮炎，创伤愈合慢等特点。严重的出现腹泻，行走后躯摇摆，共济失调，多数背、颈、胸、臀部最易发生脱毛。

（三）防治

该病目前没有可用的特效药物治疗，主要通过日常的营养调控和科学的饲养管理来调理和预防。

一是配制饲料时，尽量做到营养全面、微量元素维生素等科学合理搭配，对于土壤中缺锌、缺硒或缺硫等微量元素的地区，在饲料的配制中要注意添加饲料用碳酸锌（或硫酸锌、氧化锌）等，如按0.02％添加含锌添加剂，在通过饲料来给肉羊补铜的同时加钴效果将更好。尽量做到饲喂饲料的营养全价和维生素微量元素的合理搭配，严格遵循药物的配伍禁忌。

二是在饮水中经常添加可溶性多种复合维生素，即可提高肉羊的免疫力又可有效预防该病的发生。三是对于异食癖现象严重的羊可以在饲料中添加羽毛粉等，饲喂3 d后，吃毛异食癖症状可以得到有效缓解。

五、公羊睾丸炎的防治

公羊睾丸炎主要是因机械损伤后导致感染引起的各种急性或慢性睾丸炎症。

（一）病因

1. 由损伤引起感染

常见损伤为打击、啃咬、蹴踢、尖锐硬物刺伤和撕裂伤等，继发由葡萄球菌、链球菌和化脓棒状杆菌等引起感染，多见于一侧，外伤引起的睾丸炎常并发睾丸周围炎。

2. 血行感染

某些全身感染，如布鲁氏菌病、结核病、放线菌病、鼻疽、腺疫、沙门氏杆菌病、乙型脑炎等可通过血行感染引起睾丸炎症。另外，衣原体、支原体、脲原体和某些疱疹病毒也可以经血流引起睾丸感染。在布鲁氏菌病流行地区，布鲁氏菌感染可能是睾丸炎最主要的原因。

3. 炎症蔓延

睾丸附近组织或鞘膜炎症蔓延；副性腺细菌感染沿输精管道蔓延均可引起睾丸炎症。附睾和睾丸紧密相连，往往会常同时感染和互相继发感染引发综合性炎症。

（二）症状

急性睾丸炎，睾丸肿大、发热、疼痛；阴囊发亮；公羊站立时拱背、后肢功能障碍、步态强拘，拒绝爬跨；触诊可发现睾丸紧张、鞘膜腔内有积液、精索变粗，有压痛。病情严重者体温升高、呼吸浅表、脉频、精神沉郁、食欲减少。并发化脓感染者，局部和全身症状加剧。在个别病例，脓汁可沿鞘膜管上行入腹腔，引起弥漫性化脓性腹膜炎。

慢性睾丸炎，睾丸不表现明显热痛症状，睾丸组织纤维变性、弹性消失、硬化、变小，产生精子的能力逐渐降低甚至消失。

（三）病理变化

炎症引起的体温增加和局部组织温度升高以及病原微生物释放的毒素、组织分解产物都可以造成生精上皮的直接损伤。

（四）治疗

急性睾丸炎病羊应停止使用，安静休息；早期（24 h 内）可冷敷，后期可温敷，加强血液循环使炎症渗出物消散；局部涂搽鱼石脂软膏、复方醋酸铅散；阴囊可用绷带吊起；全身使用抗生素药物；局部可在精索区注射盐酸普鲁卡因青霉素注射液，隔日注射1次。

无种用价值者可去势。单侧睾丸感染而欲保留作种用者，可考虑尽早将患侧睾丸摘除；已形成脓肿摘除有困难者，可从阴囊底部切开排脓。由传染病引起的睾丸炎，首先治疗原发病。

睾丸炎病愈后视炎症严重程度和病程长短而定。急性炎症病例由于高温和压力的影响可使生精上皮变性，长期炎症可使生精上皮的变性不可逆转，睾丸实质性坏死、化脓。转为慢性经过者，睾丸常呈纤维变性、萎缩、硬化，生育力降低或丧失。建议不留种用。

（五）预防

建立合理的饲养管理制度，使公羊营养适当，不要交配过度，尤其要保证足够的运动；经常清除羊舍杂物和硬质，防止对睾丸造成损伤，对布鲁氏菌病定期检疫，并采取相应措施。

参考文献

1. 孙颖士.牛羊病防治（第三版）（畜牧兽医／养殖类专业）中等职业教育国家规划教材 [M].北京：高等教育出版，2021.

2. 孙英杰，高启贤.牛羊病防治，高等职业教育农业部"十二五"规划教材 [M].北京：中国农业出版，2012.

3. 王凤英，陶庆树.牛羊常见病诊治实用技术 [M].北京：机械工业出版社，2018.

4. 杨鸿斌，李世满.肉牛标准化生态养殖与保健新技术 [M].银川：宁夏人民出版社，2020.

5. 王光雷，阿不都努尔·阿地迪买买提.羊寄生虫病的综合防治 [M].乌鲁木齐：新疆科学技术出版社，2012.

6. 牛文智，孙占鹏，曹忠良.滩羊养殖实用技术 [M].北京：金盾出版社，2014.5.

7. 钟声，林继煌.肉羊生产大全 [M].南京：江苏科学技术出版社，2002.

8. 牛文智.肉羊养殖使用技术 [M].银川：宁夏人民出版社，2014.

9. 管清华.养羊技术 [M].长春：吉林科学技术出版社，2010.3.

10. 朱维正.新编兽医手册（修订版）[M].北京：金盾出版社，2000.

11. 阎继业.畜禽药物手册（第二版）[M].北京：金盾出版社，1997.

12. 张晓根，汪德刚，邢钊.畜禽免疫防治手册 [M].北京：中国农业大学出版社，2000.

13. 权凯，赵金艳. 肉羊养殖实用新技术 [M]. 北京：金盾出版社，2013.

14. 沈忠. 肉羊标准化养殖技术 [M]. 北京：金盾出版社，2011.

15. 田梅，夏风竹. 肉羊高效养殖技术 [M]. 石家庄：河北科学技术出版社，2014.

16. 张涛. 兽医临床诊疗技术 [M]. 银川：宁夏人民出版社，2014.

17. 郭伟涛. 肉羊60天育肥出栏技术 [M]. 北京：金盾出版社，2014.

18. 冯德英，孙占文. 架子羊的育肥方法 [J]. 畜牧与饲料科学，2008，（5）.

19. 王雨千，祁宏伟，于维等微生态制剂在肉牛生产上的应用及展望 [J]. 饲料研究，2017，（24）.

20. 陈勇，甄莉有机酸在饲料中的应用 [J]. 中国饲料，2004，（9）.

21. 王建华. 家畜内科学（第三版）（动物医学专业用）[M]. 北京：中国农业出版，2002.

22. 巩福忠，赵振冰，阿尔孜古丽. 生态饲料的配制技术 [J]. 中国动物保健，2005（06）.